2016年度浙江省社科联省级社会科学学术著作出版资金资助出版（编号：2016CBZ06）

浙江省高校人文社会科学重点研究基地教育学
一级学科基地项目（编号：ZJJYX201510）

浙江省教育厅科研项目（编号：Y201431930）

当代浙江学术文库

DANGDAI ZHEJIANG XUESHU WENKU

神经教育学——基于脑的教与学

夏琼　陶冶　秦金亮　著

中国社会科学出版社

图书在版编目（CIP）数据

神经教育学：基于脑的教与学／夏琼，陶冶，秦金亮著．
—北京：中国社会科学出版社，2017. 12
（当代浙江学术文库）
ISBN 978 - 7 - 5203 - 1454 - 1

Ⅰ. ①神…　Ⅱ. ①夏…②陶…③秦…　Ⅲ. ①神经科学—
教育学—研究　Ⅳ. ①Q189②G40

中国版本图书馆 CIP 数据核字（2017）第 280168 号

出 版 人	赵剑英	
责任编辑	田　文	
特约编辑	陈　琳	
责任校对	张爱华	
责任印制	王　超	

出　　　版	中国社会科学出版社	
社　　　址	北京鼓楼西大街甲 158 号	
邮　　　编	100720	
网　　　址	http://www.csspw.cn	
发 行 部	010 - 84083685	
门 市 部	010 - 84029450	
经　　　销	新华书店及其他书店	

印刷装订	北京明恒达印务有限公司	
版　　　次	2017 年 12 月第 1 版	
印　　　次	2017 年 12 月第 1 次印刷	

开　　　本	710 × 1000　1/16	
印　　　张	14.5	
插　　　页	2	
字　　　数	238 千字	
定　　　价	59.00 元	

凡购买中国社会科学出版社图书，如有质量问题请与本社营销中心联系调换
电话:010 - 84083683

神经教育学
——在神经科学与教育学间构筑立交桥

　　长期以来教育心理学研究、微观教育学（教学）研究、儿童发展研究一直停留在儿童"教"与"学"的简单行为观察、演绎、推测的基础上，将"教"与"学"内在的心智活动假设为"黑箱"，只能通过外部的条件刺激变量来对教育者、学习者所引起的反应、主观内省报告来推测心智活动的过程与规律。近年来神经科学的飞速发展，彻底改变了这一研究境遇，并在神经科学与教育学之间构筑神经教育学立交桥。神经教育学是神经科学、教育学以及认知神经科学交叉的产物，它在关注教育实践中的神经科学问题的同时，更多研究神经科学原理、神经科学理论在教育实践中的应用，特别是教育条件、教育情境中的神经科学成果的转化问题。对其脉络的把握需要从以下几个方面加以认识：

一　神经教育学的神经科学基础

　　神经科学是探讨脑与神经系统活动及规律的科学，在相当的时期内局限在神经解剖、神经系统整体的研究。20世纪60年代以来随着细胞生物学、分子生物学、进化生物学、发展生物学的异军突起，神经科学进入从分子、细胞、神经突触、神经环路、神经系统、有机体与环境多层次的研究时代，对神经递质的合成、维持、释放、受体间的相互作用，信息传递中核酸、蛋白、酶等分子活动序列研究，对神经元及神经突触信号传递的研究，对脑的重要部位如大脑皮层、边缘系统、丘脑、海马、嗅球、视网膜功能的研究，对学习、记忆等脑高级功能的研究等提高到一个崭新的水平。这些瞩目的进展展示了一幅神经活动及其机制的精彩画面，深刻地改变了人类对脑活动与其工作原理的认识，使神经科学成为最富有活力的学科之一。神经科学研究的新进展为"学"与"教"提供了更翔实、精确的神经基础，但对"学"与"教"、自我、意识、心灵的神经机制远未达到揭秘的程度，迫切需要在教育情境的水平、教育活动的整体水平上进行跨层次的交叉研究，这一跨学科的研究驱动呼唤着神经教育学的诞生。

二 神经教育学的教育学土壤

教育学研究的主体对象是教育者与受教育者，其"心智"活动一直是微观教育学的基础。对"心智"的探索人类经历了从"黑箱"到"灰箱"再到"晶体"的过程。早期心理物理学对感知觉的研究通过反应时、正确率等指标推知心理过程，特别是以铁钦纳为代表的内省学派遭到以华生为代表的行为主义的强烈攻击，行为主义认为只有外在行为才是客观的，作为"心灵"的黑箱只能通过行为分析来还原。认知革命以"人机类比"来取代行为主义的黑箱理论，纽厄尔和西蒙提出的物理符号系统假设认为，任何一个系统如果它的行为表现出智能的话，就必然具有输入符号、输出符号、存储符号、复制符号、建立符号结构、条件下迁移这六种功能；反过来说，任何一种系统，如果能执行这六种功能，那么，它的行为就能表现出智能的特征。既然人是一个物理符号系统，计算机也是一个物理符号系统，那么我们就能用计算机模拟人的活动；这样人的心智这一"黑箱"可以通过计算机的物理符号系统表征它、类比它，使心智"灰箱"化。20世纪90年代以来随着认知神经科学的兴起，以细胞记录技术的电生理研究绘就了神经环路的脑图景，以脑成像技术绘就了系统的大脑图谱，脑机接口技术实现脑与脑之间直接交流，虚拟现实技术可以复原脑与心智的成长历程，还有情感技术、神经游戏技术、脑图谱技术、动态捕获技术等等，使得心智活动的大脑不再是黑箱而是心智的"晶体"，初现揭开心智与脑奥秘的曙光，实现了脑工作的可记录，脑活动的可观察。人类对心智与脑的认识跃上新阶段。

三 各国"脑科学计划"下的神经教育学呼唤

神经科学的主要研究对象——脑是最复杂的有机体，它由千亿个神经细胞组成，这些细胞又通过百万亿个连接突触集聚成神经网络。它是人类认识世界的最后疆域（last frontier）或宇宙，正如神经科学的奠基人卡赫（Cajal）所言"只要大脑的奥秘尚未大白天下，宇宙将永远是个谜"。对脑的探索与研究成为人类最主要的好奇，发达国家及国际组织纷纷推出各自的"脑科学计划"，推进对脑的基础研究和应用研究。

近年来神经科学与教育的关系成为热门讨论话题，国际组织与发达国家先后推出脑科学研究计划，在脑与教育关联方面成立研究机构、培养专门人才。OECD启动了"学习科学与脑科学研究"，欧盟启动"计算技能与脑发育"研究，日本文部科学省启动"脑科学与教育"研究，德国的脑十年计划，我国《国家中长期科技规划纲要》也将脑科学研究列为重点。高校系统关注脑科学与教育的人才培养，美国哈佛大学教育学院、英国剑桥大学、日本东京大学，我国东南大学、北京师范大学、华东师范大学等都建立了相关的研究生培养项目和相应的研究机构。建立脑与教育的相关学术组织、出版学术刊物，2003年成立"国际心智、脑与教育协会"（International Mind，Brain，and Education Society），哈佛大学创办了《Mind，Brain，and Education》杂志是标志性事件。召开脑与教育方面有影响力的学术会议，OECD、欧盟、中法"做中学"项目分别多次召开有影响的国际会议，IMBES定期在梵蒂冈召开"心智、脑与教育"的国际研讨会，浙江师范大学省级社科重点研究基地国际儿童研究院与教育学一级重点学科联合资助在杭州永久性举办"发展神经科学与早期教育"双年度国际研讨会等。发表学术论文或研究评论讨论教育与神经科学的关系，如唐孝威院士领衔组织的神经教育学研究小组历时3年完成了国内首部神经教育学专著（浙江大学出版社），周加仙博士著的《教育神经科学引论》、主译《受教育的脑：神经教育学的诞生》、《人脑的教育》，方彤等译《教育与脑神经科学》等。

四　矗立在学科立交基座上的神经教育学

从学科内在关系来看，神经科学与教育学的关系类似于神经科学同医学的关系，甚至比其同医学的关系更复杂、更受生态效度约束。从学科基础层面看，神经科学是基础科学，其使命就是对神经系统特别是脑活动奥秘的探索，其研究的深入与精细程度决定我们在教育实践、医疗实践对神经活动、心智活动的认识水平、理解水平。从学科应用实践层面看，脑的复杂性不仅是脑的遗传密码、分子、细胞水平层面的复杂性，更重要的是它在特定条件与情境形成脑的多阶段、多模态、多特质复杂性：病变的脑如自闭症的脑、帕金森症的脑、唐氏综合征的脑、阿尔兹海默综合征的脑、脑瘫的脑等，在发展中形成了胎儿的脑、婴儿的脑、幼儿的脑、学龄儿童的脑、青少年的脑、成人的脑、老年的脑等，在发展内容方面形成了认知脑、情绪脑、社会脑、文化脑等，在教育中形成数学脑、语言脑、运动脑、科学脑、技能脑、美术脑、音乐脑等纷呈多样的脑形态、结构、功能，特别是其活动机制。这些从多角度展现了脑的复杂性，因而诸如社会神经科学、文化神经科学、艺术神经科学、音乐神经科学、游戏神经科学、教育神经科学等名目繁多的分支学科十分流行。

从学科发展的推动力来看，神经科学与教育学存在相互作用、相互关联的交叉立体关系：

一方面，神经科学推动着教育学的发展。神经科学的基本发现、基本理论和基本原理在影响着教育学的主体假设。诸如脑是智能的基础，脑具有可塑性，脑的发展具有关键期，脑功能有能动性，心智与行动有统一性，脑功能是遗传与环境相互作用的产物，脑与心智有个体差异、性别差异等等。在脑与心智研究基础上，可以归纳一系列的教育原则，如基于脑与学习的关系的以脑为基础的教育原则，基于脑可塑性的人可"教"与"学"的教育原则，基于脑的早期发育特性的教育应早的教育原则，基于脑发育关键期的实时性的教育原则，基于脑发育规律的循序渐进的教育原则，基于脑功能的复杂性与多元性的全面与特长教育相结合的教育原则；基于脑功能的能动性的主体性教育原则，基于脑的动机功能的启发式教育原则，基于心智与行为统一性"知""行"统一的教育原则，基于脑功能是遗传与环境相互作用产物的优化环境创设的教育原则，基于脑与智能有个体差异的因材施教的教育原则，基于脑的基础感知功能的直观性教育原则，基于脑的记忆规律的巩固性教育原则，基于脑的情绪功能的愉悦性教育原则，基于脑功能的终身可塑性的终身教育原则等等。可见神经科学的基本发现和研究积累，充实和丰富了教育原则。

神经科学与教育学结合的重要目标之一是增强其对教育实践影响的适切性，而不仅仅满足于对教育原则的充实和丰富。其教育适切性实现的方式是转化，而不是"理论联系实际"、"理论指导实践"。如同"转化医学模式"一样，一方面神经科学的一些发现和原理是方向性的、导引性的，不是具体技术与操作性的指导指南，避免"神经科学神话"覆辙；另一方面，神经教育学研究必须提高生态效度，首先发现、凝练、形成基于教育需求、基于"学"与"教"情境的真实问题，再考虑技术问题、建立动物模型，克服传统神经生物学去情境的技术主义、方法中心、还原论研究范式。这是一个相当艰辛的过程，是神经教育学的重要使命。

另一方面，从教育学对神经科学的推动来看，教育情境中神经科学问题的有益提炼是影响神经科学向应用发展的重要一极。从某种意义上说，人类进化的过程也是人类学习的过程，进化中的学习，学习中的进化描绘了大尺度的人类发展问题。进入信息化社会、知识经济社会，学习与教育成为人的基本生存方式。从终身学习的角度看，个体从生命开始就被抛入了学习的海洋，包括胚胎环境、婴幼儿环境、学校环境、工作环境、退休环境等，个体的生命全程充满着学习，被抛入了嵌套式的教育情境，毫不夸张地说人的心智与脑浸泡在教育与学习中。从整体论而言教育情境中的神经科学研究反映了人重要的存在方式，其研究也具有基础意义。这也是目前部分学者提倡"教育神经科学"的意义所在。事实上将此研究归入神经教育学，将彼研究归入教育神经科学，甚至产生争执，并无实质性意义。重要的是认识到教育与神经科学关联的现实基础和潜在可能，专业地体认当代神经科学对教育实践的意义，使命感地促进教育学与神经科学的高度交叉，在研究方法、研究技术的深度融合，在方法论方面的批判性统整。神经科学（含脑科学）是当今发展最迅速的基础学科之一，但神经科学主流研究还很难摆脱分析主义的还原论，尽管当代的还原论已非行为主义时期的还原论，其研究成果的有效应用，学科交叉后的重大突破，有赖于神经科学与医学、教育学及其他社会科学的相互渗透与大尺度、大跨度统整。

本书是教与学的神经教育学概论，全书从神经教育学的形成，教与学的神经科学基础，注意与学习，内隐认知与学习，镜像神经系统与学习，学习动机与脑的奖赏系统，压力、脑与学习，基于脑的教育实践等方面进行系统梳理，是侧重于基于脑的教与学实践的神经教育学专著。本书主要由夏琼博士组织浙江师范大学神经教育学研究团队完成，从写作计划、相关资料收集、写作讨论、形成初稿、初稿讨论到最终统稿，无不倾注参写人员大量精力。但尚不能弥补资料深度消化、结构尚不完善的不足，这些都是我们努力的方向。路漫漫其修远兮。

秦金亮

前　言

　　这些年来，教育改革一直是社会关注的热点话题，因为教育既系关国家未来，也关乎每个家庭以及每个孩子的成长。如今，我们的教育饱受诟病，学生要么在抱怨他们所接受的教育，要么正在承受学习的压力，最优的学习始终难以发生。本书在一定程度上解释了其中的原因，还表明了基于脑的教学为什么能改善学生的学习。

　　神经教育学强调在神经科学基础上进行教育理论和实践研究，其涵盖的内容非常广泛。本书主要侧重于探讨基于脑的教与学理论及实践。基于脑的教育在今天看来已不再是一个什么新的词汇。事实上，早在 20 年前，Leslie Hart 就曾在其著作《人类的脑与学习》（*Human Brain*，*Human Learning*）中提到了很多关于神经教育学的思想。比如，他认为"教育实践应该与脑功能之间建立起连接"，"如果我们不去了解学生的脑是如何工作的，则会影响学生的成功"等。也就是说，基于脑的教育主张，由于我们做任何事都要用到我们的脑，所以我们需要去了解它的知识并加以正确地运用。

　　但是，基于脑的教育思想自从它一提出就伴随着巨大的争议。其中最具代表性的反对意见认为教育并不能直接从神经科学的研究中受益，期待脑科学研究的教育实践应用还为时尚早，因为我们无法从基础的神经科学研究中作出较大的教育推论。好在事实胜于雄辩，在近几十年的时间里，基于脑的教育经受住了时间的考验，越来越多的实证研究确认了其有效性和必要性。

　　如今，为了更好地推进基于脑的教育，也为了避免一些不必要的争论，我们有必要对一些重要概念进行澄清。首先，基于脑的教学是基于脑科学原理所进行的教与学实践活动。此处的脑科学原理不是来自于某些"神经神话"或伪科学、也不是来自于某些权威人物或神经科学专家，而是来自于基于脑相关学科的实证研究证据。鉴于其核心思想的一致性，在本书中，我们对神经教育学、教育神经科学以及基于脑的教育等概念并不做严格的区分。有时候，为了表述的方便，我们也交替使用。其次，强调基于脑的教育并不是说教育就只需要单纯依赖于神经科学这一个学科就够了。事实上，教育必须是基于多学科的。但必须指出的是，如果忽视了神经科学的研究，则是对教育极其不负责任的表现。因为学校中的每一个老师和学生的所作所为最终都是与脑相关的。

本书主要聚焦于那些有助于教与学的神经科学知识。通过大量的知识和研究来说明我们应当超越传统的简单狭隘的教与学方法。但是，直接把神经科学研究转换成教育实践是不现实的。因而，我们仍然主要采纳间接推断的方式来获取神经科学研究的教育意义。

首先，我们从教与学的神经基础出发，根据现代脑科学研究的重要发现来检视今天的教育。

其次，我们着重选择与教与学紧密相关的神经科学研究主题，包括注意与执行功能、内隐认知与学习、脑的镜像神经系统、奖赏系统以及压力等对学习的影响。详细阐述了它们的工作原理及其在教与学中的作用，并提出了相应的教育教学启示。

最后，我们简单总结了那些有助于更好地教育或有助于大脑更好学习的教育教学原理。抛砖引玉地介绍了如何把我们所知的关于脑如何学习的知识应用到实际的教学环境中。

我们期望本书能够拓展人们对学与教的理解。脑远不是我们想象的那么简单，脑对教与学启示也总是比我们最初的预想更复杂。这不仅仅是一个我们在教育上的所作所为是否正确的问题，而是需要改变我们原有的一些根深蒂固的教育观念。为了真正地拓展我们对这个问题的认识和理解，我们需要与时俱进，把所了解的神经科学新知识融入我们已经知道或熟悉的教育实践中，而不只是一味地抵制或回避。

由于教与学涉及人类活动的多个方面，我们不得不承认和理解其复杂性，超越狭隘的概念和实践，在最大程度上促进教育的真正提高。传统意义上的教与学更多地依赖于内容和课本，这是需要的且并不非常复杂。但是基于人脑的教与学，是需要真正理解脑是如何工作，并把教学提升到那些需要最优心智的高难度领域。与其他同类著作一样，本书中包含了很多启示性而非确定性的答案，因为这是一个发展变化非常迅速的领域，而且影响教育的因素又非常复杂。因此，在基于脑的教育中，承认复杂性、容忍模糊性和接受不确定性永远都是非常重要的。从这个意义来讲，本书提供的实际信息也许并不重要，而更重要的在于提供了我们需要更新教学观念的思想。教师了解神经教育学的目的也不仅仅是为了习得几条基于脑的教育教学原则，更重要的是他们需要理解为什么应该这样做而不是那样做，即需要懂得教学原理背后的神经机制。

总之，在学校教育中，教师应该成为学生学习的"易化者"。为此，教师其实不需要应用另外的方法或途径来"拯救"教育。从教育理论和方法来看，本书所阐明的很多方法可能已经早就听说过或做过了。现在教师需要的是在一个更复杂的背景或框架下来理解教与学。这个背景必须包括人的生理、情绪情感、行为和认知。本书的内容为这个框架的创建作出了贡献。

尽管在未来的日子里，不论是在神经科学领域还是教育领域，我们都毫不怀疑会有更多的知识产生。此外，本书的内容也并没有涵盖完全所有与教与学相关的神经科学知识，还有更多的问题留予未来去解决。但这些并不能否认本书的价值，我们迫切希望基于脑的教与学的神经教育学思想能够得到更多人的关注。通过把神经科学和教育教学连接起来，建构起跨学科的桥梁。从而引发教与学的范式在概念上发生极大的改变，对教育及学生的学习产生长远的影响。

本书主要探讨基于脑的教与学的神经教育学知识。全书共由八章构成，主要围绕对教与学有重要影响的神经科学知识进行阐释，包括基于脑的教育概述、教与学的神经基础、注意与学习、内隐认知与学习、脑的镜像神经系统与学习、学习动机与脑的奖赏系统以及压力、脑与学习的关系等。本书的完成时间较为仓促，不足与错误在所难免，进一步研究与完善是我们努力的方向。

本书主要由浙江师范大学从事神经教育学研究的教师撰写。参加撰写的作者和相关章节如下：第一章由夏琼、秦金亮撰写，第二、五、七、八章由夏琼撰写，第三章由陶冶撰写，第四、六章由夏琼、贾成龙撰写。全书由夏琼进行统稿。

本书撰写工作得到浙江师范大学杭州幼儿师范学院，特别是学院发展认知神经科学实验室的支持。本书的完成还得到浙江大学交叉学科实验室唐孝威院士的大力支持和悉心指导。同时，还要感谢参与本书资料搜集及文献整理的研究生同学，他们是宋璐伶、殷海燕、张丽娟、王芳、李月月等。本书的出版得到浙江省社科联的资助，特此致谢。

夏　琼

目　　录

第　一　章
概　　述

　　教与学在脑中是复杂地交织在一起的。尽管神经科学的研究为我们提供了很多关于学习、记忆、动机、认知发展等方面的知识，却较少有研究是专门针对教育、学校、学生或课程的。长期以来，教育工作者和神经科学研究者的工作相去甚远。他们对于人们是怎样学习的，学习的过程是什么，以及最终如何把科学研究结果转化到实践等问题的认识上存在很大的分歧。如今，令人感到欣慰的是，情况正在发生改变。在神经科学的广阔背景下，教与学的实践拥有了前所未有的新机遇。神经教育学就是一门试图把神经科学研究与教育实践联系起来的学科。

第一节　神经科学与教育的结合

　　赫尔巴特在《普通教育学》一书中就明确指出：教育的最终目的是促进儿童的身心发展。在这一目标的指引下，霍尔通过心理行为调查推动儿童研究的科学化，桑代克通过教育心理学与现代教育测量运动科学化来推动对"学"与"教"规律的认识。然而这始终是一种"黑箱"研究假设，认知神经科学推动下的研究技术手段进步才开启了"学"与"教"研究"晶体"假设可视化时代。现代神经科学用大量的实验事实表明，脑是心理活动最重要的物质载体，脑的发育水平与心理的发展水平相互促进，互为因果，共同发展。我们的教育如何更科学地促进脑的发育、心理的发展是教育研究最基础的课题。随着教育与神经科学的交叉，神经教育学力图在脑、心理与教育实现三位一体的整合研究。

一　神经科学与教育研究的交叉

John Bruer（1994）曾说，"我们送孩子去学校是为了让他们学到课堂之外学不到的东西，从而让他们的智能得到最大程度的发展。"那么，学习和智能的本质是什么？自 20 世纪 50 年代认知心理学兴起以来，这类研究都将关注的焦点转向了人脑内部。认知心理学家们从信息加工的角度对这些问题展开了孜孜不倦的探索，试图揭示人脑的内部认知过程。但由于研究手段和方法的限制，依赖于传统的反应时和正确率等测量指标的认知心理学研究难以真正深入人脑的信息加工本质，因此留下了大量的脑功能"黑箱"。

近二三十年来，随着社会经济和科学技术的高度发展，脑和神经科学研究的新技术和手段不断涌现。借助于先进的无创性的神经电生理技术和脑成像技术，神经科学正在逐步揭开人脑的"黑箱"之谜，阐明认知活动的脑机制。过去相当多的研究数据主要集中在探索脑的功能性模块方面，即脑的功能分区，特别是与认知行为相关的皮层分区（Phillips，1997）。例如，PET 扫描已经揭示了与语言相关的听、说、读、写及语言理解的皮层区。

神经科学研究在社会科学领域，尤其是在教育领域的潜在应用价值激起了人们日益高涨的研究热情，越来越多的研究者加入到神经科学的研究行列。目前，全世界参与神经科学研究的学者已达数十万人。他们的研究范围从分子生物学到行为学，研究兴趣包括视觉，空间认知，听觉和音乐，情绪，模仿，记忆，运动功能，语言，意识，智力，学习，记忆，动机，创造力等。同时也产生了大量的研究成果，出版了很多关于神经科学的书籍。很多书还成为书店里的畅销书，比如，《心智是怎样工作的》（*How the Mind Works*，Steven Pinker，1998），《白板》（*The Blank Slate*，Steven Pinker，2002），《人脑是如何思考的》（*How Brains Think*，William Calvin，1996），《记忆的形成》（*The Making of Memory*，Steven Rose，1992），《人脑是怎样建构思想的》（*How Brains Make Up Their Minds*，Walter Freeman，1999），《人类的脑：导览》（*The Human Brain：A Guided Tour*，Susan Greenfield，1997），《人脑和情绪》（*The Brain and Emotion*，Edmund Rolls，1998）等。这些书已经从多个角度让我们理解了大脑是如何运作的，尤其是关于知觉和学习方面。

但是，尽管神经科学的研究为我们提供了很多关于学习、记忆、动机、认知发展等方面的知识，却较少有研究是专门针对教育、学校、学生或课程的。长期以来，教育工作者和神经科学研究者的工作相去甚远。他们对于教与学的认识存在很大分歧。如今，神经教育学将神经科学的研究纳入到教育研究领域，拓宽了传统的教育研究范畴。它不仅关注课堂中学生学习行为的改变、学生动机的激发等宏观层面的研究，也关注脑在外部环境的刺激下产生的神经连接或功能改变等微观层面的研究。我们认为，承认生物性在人的社会性、行为和心理特征发展等方面的作用，将有助于我们更好地理解清学习的本质，树立"生物—心理—社会"的整体教育观，从而更好地进行教育实践（Carew & Magsamen，2010；Fischer，et al.，2007）。

二 神经教育学的教育目标意义

神经教育学的教育目标意义主要体现在以下两方面：

（一）改善学与教，提高人才培养质量

提高人才培养质量已成为教育改革的重要目标。在当前的教育背景下，学生需要具备广阔的能力。为了能够适应这快速发展的社会和经济环境，学生不仅要具备读写算的基本技能，还需要具备高水平的思维能力，以及自信和在面临挫折时的情绪调节能力。因此，教育者需要培养善于发现知识和创造知识的学生。

神经教育学的主要目标是促进教育的科学性，改善教与学。我们希望能够激发出学习者的高水平学习能力以及处理复杂事物和应对变化的能力。因此，教育需要满足或遵循人脑的需求和预设。对学习者而已，他们最主要的需求就是获取事物的意义。

为了达成这个目标，我们必须清楚地了解学生所能获得的知识类型是表面知识还是有意义的知识。前者主要涉及对事实和过程的记忆，传统教育通常就是带给学生这样的知识。当然，有些记忆确实也是非常重要的。但是，有意义知识却是未来人才成功的关键。

表面知识是任何一个机器人都可以学会的。只要把特定的程序植入机器，就能产生特定的结果。但是，有意义知识却是能对学习者产生意义的。任何一个因为好奇而着迷于飞机的儿童，他们玩弄飞机的方式与那些仅仅是"为了完成任务"的儿童完全不同。后者可能会没有耐心来处理复杂的问题情景。如果仅仅是通过黏合一些碎片似的知识或信息，则不足以让我们学好一门学科或掌握一门技能。要真正地掌握知识必须要感知到它们的关系。人脑天生就具有模式识别的功能。因此，教育者的作用就在于给我们的学生提供有助于其知觉"连接的模式"的经历。

一个重要的问题是，当前学校教育中几乎所有的测试或评估都是针对再认表面知识而设计的。我们常常忽视或误解意义的作用。当然更令人无奈的事实是现在我们的老师是为应对考试而教。这实际上是剥夺了学生进行有意义学习的机会，考试和成绩被放到了最重要的位置。但是，他们却没有利用人脑建立连接的能力。在基于脑的教育框架下，我们应给学生更多机会来展示他们无限的学习能力。考试和评估必须考虑到创造性和开放性，同时也要确保必备知识的掌握。

（二）改进教育政策，提高教育决策的科学性

教育政策的制定终究也会从神经教育学的研究中获益，这也是神经教育学的目标之一。例如，关于入学年龄的问题。在欧美发达国家，各国关于正式教育的入学年龄规定差异也是非常大的，从 3 岁到 6 岁不等。那么，正式学校教育的最佳入学年龄到底应该怎么确定？与此相关的问题还包括：开展早期教育的最佳年龄是几岁？在孩子上学之前父母在家里应该怎么做才是最正确的？儿童的智力发展是否有自然的顺序？儿童读写算能力的获得遵从怎样的发展规律等？搞清楚这些问题对教育政策的制定者来说是非常重要的（Shonkoff & Levitt, 2010）。

还有一个值得关心的问题就是教育预算的问题，这个问题不仅与国家有关，还关系到我们的家庭决策。高成本的教育干预是否有效？对于那些处境不利的儿童，比如，处于较低的社会经济地位或具有某种遗传缺陷的儿童，什么样的干预才是有效的？这些问题的解决将大大提高教育的效率。

三 神经教育学的特点

（一）重视脑的研究，主张进行"与脑协调一致"的教育

神经教育学强调对人脑的研究，认为好的教育应当是能顺应人脑的教育。人脑作为人体的一个器官，跟其他任何器官（比如，心脏或肺）一样，都有其自然的功能。脑能学习正是其功能使然。不仅如此，人脑还有着无法穷尽的学习能力。每一个健康的人脑，不管其年龄、性别、种族或文化背景如何，都具备从背景中分离图形的能力；作判断和估计的能力；各种记忆能力；自我矫正和从经验中学习的能力；无穷无尽的创造能力等等。

那么，如果每个人都有这样的能力，为什么还需要我们去努力教

育呢？

一个主要的原因就是我们还没有完全掌握人脑在学习方式上的复杂性和精巧性，特别是如何让它以最优的方式来进行运作。只有当我们真正理解了其加工过程，我们才能接近人脑的巨大潜能，并能从实际意义上改善教育。用Leslie Hart（1983）的话说，就是存在"与脑协调一致的教育"和"与脑相对抗的教育"。理解两者的差异对现代教育具有重要意义。

例如，传统教育中，很多人认为学习就是对特定事实和技能的记忆。这就像当我们看见月亮就以为已经理解了太阳系一样。他们几乎忽略了大脑还具有处理和记忆日常生活事件的巨大能力，甚至也忽略了大脑所具有的搜寻事物意义的内在潜能。神经教育学则更致力于寻求学习者正在进行的学习是怎样与其过去知识和经验产生联系的，强调有意义学习和对过去经验的利用。虽然所有的学习在某种意义上都是基于大脑的，但是，神经教育学更注重遵循有意义学习的大脑法则以及在教育中把这些法则铭记在心。

因此，脑研究的重要性，一方面是因为它确认了很多我们对传统教育的批判是正确的；另一方面它也能被用来支持那些致力于寻求教育变革的教育工作者。脑科学的研究结果有助于我们更精确地了解哪些做法是无效的以及我们应该怎样做等问题。随着我们对脑科学研究的深入，我们将更有能力去解决教育中的实际问题，比如教学方法的选择，教学效果的评估，如何设计学校和进行教育管理等（Fischer & Daley，2006）。

（二）重视实践研究，注重研究真实生活中的人

神经教育学强调科学研究与实践知识的交互作用。为了把心理、生理和教育联系起来，研究不能囿于象牙塔，而必须进入到真实生活环境中，同时教育实践必须为科学研究所用（Shonkoff & Phillips，2000；Snow，Burns & Griffin，1998）。科学研究和实践知识之间必须形成动态交互，使科学研究来源于实践问题，同时又让科学研究指导和推动实践。例如，当教师和父母把神经科学和遗传学知识运用到实践，并把它联系到儿童在校行为与学习方式的时候，神经科学和遗传学研究会从中获得不同的意义和价值。在学校或家里读一本书不同于在实验室的反应时研究中读单词。脑成像和遗传分析的加入也许能阐明反应时加工的过程，但它并不会在实验室读单词与教室里的阅读之间架起桥梁。

研究和实践间的这种互惠过程植根于现代医学，即医学实践以生物学

为基础，同时，生物知识的医学运用也依赖于临床检验。对于科学家来说要进行有用的教育研究，以及对教师来说要根据研究证据进行最优化的教育，都需要研究与实践的相互交织。

学生是生活在真实社会中的个体，生活在现代社会中的学生与过去有太多的不同。比如，他们生活的世界里充斥着大量的娱乐媒体和技术信息，这些信息都以有意或无意地方式影响着他们（Bavelier，Green & Dye，2010）。他们听到的信息会影响到他们思想的形成，从而影响他们的人格和价值观，最终会影响到他们如何看这个世界和如何与世界打交道。现在的学生不仅需要拥有原先要求的基本的读写算能力，还要求具备高水平的推理技能，以及在面对碎片化信息、面对不稳定、不可预测的世界时的独立思考和调节情绪的能力。当今社会鼓励首创精神、独立性、自我奖励，以及在权威和规则面前保持清醒头脑的能力。因此，现在学生所面临的心理压力也是前所未有的，教育中必须正视这些差异。

教不仅仅是用清楚明白的语言讲授一门学科的知识；教涉及学生是怎么思考的，了解他们的前概念和错误概念；教还涉及知道怎样激发学生的技巧，明白学生真正感兴趣的是什么等。如果学生长期接受的知识都没有与其经验相联系，那么其结果只会导致肤浅的学习，学生可能难以理解这些知识是怎样与生态问题、全球经济、生活质量相联系的，学生也难以从中体验到学习的乐趣。

总之，神经教育学的研究不能脱离学校教育的情景和真实生活中的人。

四　关于神经教育学的争议

任何新事物的发展都不是一帆风顺的，神经教育学的发展也一直在争议中前行。事实上，社会上已经出现了两个截然不同的阵营：一个主张未来的教育应当对神经科学有较强的依赖；另一个则主张神经科学应当别管教育事务。当前人们对神经教育学的争议主要集中在以下两个方面：

（一）基于脑的教学真的可行吗

一些批评家指出，虽然提出神经教育学的初衷是好的，但总体上是有缺陷的。Bruer（1997）在他的论文《教育与脑：难以跨越的鸿沟》中，提出"教育不能直接从神经科学的研究中受益，因为我们无法从教室或幼儿学习的认知神经功能细节的观察中作出较大的教育推论"。

Bruer 的观点主要基于人们对一个特殊的神经科学知识的过度解释：即有关动物的神经形成的知识引发了早期教育中的关键期概念。关键期理论提出，早期儿童的一些学习，比如对母语的习得，看起来是无须费力的。这其实反映的是生命早期是学习语言的关键期，此时的学习效率是最高的，这个时期稍纵即逝。如果错过这个学习的最佳时期，学习会变得很费劲，且效率低下。

Bruer 指出关键期概念的不妥之处在于，因为每一个人都是独特的个体，我们无法预测每个孩子在哪一个年龄段会达到哪一个关键期。但是在神经教育学家看来，这可以作为一个问题来研究，而不能作为提出异议的根据。因为我们在制定教育政策的时候，确实需要参考神经教育学中所提到的发展的关键阶段的知识。而这样的需求也再次确认了神经教育学的观点，即教育学家应当被神经科学研究的方向所影响（Geake & Cooper，2003）。

从另一方面来看，Bruer 的观点也带给了我们重要启示，即对科学的误解会带来很大的问题，有时候甚至会带来危险，或者产生与预期相反的作用。正如社会上现存的大量"神经神话"对教育所产生的误导。

比如，"神经神话"之一，"每个人都有优势半球的偏侧化现象，因此只需对半个脑进行教育"。这其实是对大脑偏侧化研究的误解，导致教师产生了只需教育学生半个大脑（通常是右半脑）的做法，这实在是太令人可笑。这个现象的产生也与越来越多大众传媒的不实报道有关。为了吸引眼球，他们很少去核实主流的教育文献的科学解释，忽略了与此理论相关的大量科学研究事实。比如，相当一部分人并没有表现出左脑优势的偏侧化现象，这个比例对左利手的女性来说甚至达到了 25%（Kolb & Wishaw，1996）；脑损伤幼儿表现出很强的对侧大脑的补偿可塑性（Stiles，1998）。半个脑理论的观点也忽视了偏侧化研究的核心内容，即对裂脑人的研究，该研究表明正常大脑的左右半球之间存在着大量的连接（Barnet & Barnet，1998）。

尽管 EEG 和脑功能成像研究中的模块化证据也表明脑功能的偏侧化效应是存在的。但是，正如上面所提到的，这些模块化的功能脑区之间是相互协调发生作用的，而且大脑的模块化能够促进神经连接的有效性。我们所进行的每一个认知任务其实都是两半球协同工作的结果。学习的神经基础在于神经元之间的连接。这种连接不仅在相邻神经元之间，也在相隔较远的神经元之间。这种连接包括从简单回路到复杂回路，以及从复杂回路到简单回路。

这也是在学校教学活动中能够看到的现象，不管在任何地方，任何时刻，孩子都能够使用这些高度关联的部分或全部模块。在儿童进行算术的fMRI 研究中，Dehaene（1997）发现两个半球中有相当多的脑区处于激活状态。这些高度活跃的神经功能模块包括那些与识别数字、表征数量、语言表达和策略计划相关的脑区。

当儿童首次听到不熟悉语音时，它在大脑中被登记为未分化的神经活动，神经活动是弥散性的。随着接触时间增长，对它的熟悉度增加，儿童就能学会分辨这个语音。反映这个学习过程的神经连接就在左半球的听皮层（颞叶）形成。同时神经连接还会在其他脑区形成，比如反映与这个语音相关的视觉、触觉、味觉信息等。由这个语音所激活的这些相互联结的神经元就形成了一个神经网络。

因此，先前对神经科学研究结果过度简单化的认识并不能否定教育与神经科学的紧密关系。相反，它提示我们在应用神经科学结果于教育的时候应当特别小心。此外，这个领域的研究和发展目前是呈指数级增长的，今天的研究结果很可能会被明天的研究结果所推翻。例如，很多年前，Bruer 提出，认知行为应该会影响神经回路，而不会影响到神经结构的生理特征，比如神经密度。这个看法在当时来看是没有问题的。但是现在的fMRI 研究表明，儿童脑中树突的长度和树突段的数量与儿童接受正式教育的年限呈正相关（Jacobs，et al.，1993）。

总之，学校教育提出我们应根据儿童大脑的个体差异因材施教，神经科学则可以为我们解决怎么做和做什么的问题。

（二）教师需要了解和参与神经教育学的研究吗

有的老师对神经教育学持抵触态度，其原因有可能是他/她正在进行着与脑相对抗的教育，或者是还不确定他/她所进行的教育是否是与脑一致的。

我们希望教师们不要盲目抵制或害怕神经科学的研究成果，因为神经科学的研究很多也是支持现实生活中凭直觉进行的高质量的教育实践的。比如，学校教育里经常会进行考试，那么这个行为是必要且有价值的吗？Henry Roediger's 实验室专门对此进行了研究，结果表明考试不仅测量了学生对知识的掌握程度，而且还起到了巩固知识的作用（Karpicke & Roediger, 2010)。也就是说，提取不仅是一个被动的过程，也是巩固记忆的一种重要方式。因此，这个结果很可能会改变课堂学习的基本结构。此外，日常教学中，教师常常面临的很多困惑。比如，为什么有些孩子的学习比其他人更容易？人的智力与遗传有关吗？男生和女生在思维上有差异吗？这些问题也许都可以在神经科学的研究找到答案。

事实上，如今已有越来越多的公众，特别是教师，开始关注神经科学的研究结果及其对教育的启示。这可以从大众媒体的报道，或有关教育神经科学类书籍的销量中窥其一斑。我们认为，由于神经科学能够提前让我们明白学习的本质，因此，教育专家有必要去研究神经科学对正式学校教育的启示，特别是对课堂教学的启示（Geake，2000）。只有搞清楚教与学的本质，才能进一步谈论如何进行教学改革。而不再是像过去那样教育政策的制定主要是依从传统观念、流行时尚和意识形态。

教师不仅需要了解与教育相关的神经科学知识，还应该参与教育神经科学研究。这样做可以防止教师被边缘化，促进专业自主发展。只有教育与神经科学结合才可能促成教育的神经科学证据得以产生，从而促进教育政策与实践（Geake & Cooper，2003）。

换句话说，教育者需要去了解教育神经科学的原因在于防止其在未来的职业生涯中不被边缘化，否则他们很可能就成为一个只是知识传递的教书匠。Johnson 和 Hallgarten（2002）曾说过，"我们必须授权教师来参与课程和教材的设计，因为处在教学一线的他们最了解学生的情况。"因此，如果一线教师能够更多地了解神经科学的知识，势必会提升课程和教材设计的质量。

随着科技的发展，特别是信息和通信技术产业的发展，课堂教学有被在线学习取代的危机。我们认为教育终将还是保持以人为主的事业，为此，教师必须理解影响学生学习的多重因素，从而更好地掌控孩子的学习。在教师的专业发展知识里面必须包括对神经科学发展的理解。唯如此，教育专家和神经科学专家才有可能真正地进行专业对话（Blake & Gardner，2007；Pickering & Howard-Jones，2007）。

第二节　基于认知神经科学的教育研究方法

随着科技的发展，生物和神经科学在研究工具上的创新为神经教育学的发展提供了巨大的可能。各种强有力的脑成像工具的发明，以及各种评估认知、情绪和学习的方法的涌现，使多学科的联合成为可能，共同说明人类的学习和发展（Fischer, Immordino-Yang & Waber, 2007; Stern, 2005）。借助于这些工具和方法，我们可以在无创性的条件下，观察人脑正在进行的认知活动，使人脑中隐藏的内部加工过程逐步变得清晰可见，研究者和教育者从而可以关注教育干预后的生物影响，并把它们联系到学习与发展上来。这个新的途径（方法）能够同时把信息反馈给实践，从而构建起有关学习与发展方法的基本知识。目前在神经教育学领域常用的研究方法主要包括以下几种：

一　高分辨率脑电图（EEG 和 ERP）

脑电图（EEG）是一种无创性的电生理记录技术，它记录的是头皮的电生理活动。经过半个多世纪的发展，EEG 已经成为一种比较成熟的神经科学研究工具。

（一）工作原理

大脑工作时，神经细胞中离子的运动产生电流，形成各种电活动模式。这种信号具有时刻活动的特点，即便是处于睡眠状态，电信号也会在整个脑中不断闪现。人体组织对于这些电信号具有良好的传导性，在头皮表面形成微弱的（微伏级）电位，脑电装置通过高灵敏度的电极和放大器来探测这些电位。EEG 将记录到的神经电信号放大，然后在显示器上显示出来，就形成了人们熟悉的"脑电波"（Kutas & Dale, 1997; 朱滢, 2004）。

脑电波的谐波成分相当复杂，看上去是一种连续而不规则的电位波动。其频率的测量是通过记录每秒循环或振动的次数来进行的，每秒内振动次数越多，脑电波的频率就越高。按周期长短或频率高低可将 EEG 分为 α 波、β 波、γ 波、θ 波、δ 波等。它们的频率范围分别为：α 波 8—13Hz；β 波 14—25Hz；γ 波 25Hz 以上、θ 波 4—7Hz、δ 波 0.5—3.5Hz（魏景汉，罗跃嘉，2010）。

当一个刺激多次呈现时，电活动可以通过叠加的方式抵消背景噪音的影响而保留刺激出现时间的波形，从而形成事件相关电位（ERPs）。ERPs 是 EEG 的一部分，它反映了刺激对脑的影响，是一种时间分辨率非常高的技术，在刺激呈现后以毫秒为单位产生反应。对人脑产生的 EPRs

有多种分类，最初的分类方法是将EPRs分为外源性成分和内源性成分。外源性成分是人脑对刺激产生的早成分，受刺激物理特性（强度、类型、频率等）的影响，如听觉P50、N1及视觉C1和P1等；内源性成分与人们的知觉或认知心理加工过程有关，与人们的注意、记忆、智能等加工过程密切相关，不受刺激的物理特性的影响，如CNV、P300、N400等。而内源性成分也为研究人类认知过程大脑神经系统活动机制提供了有效的理论依据（赵仑，2010）。

（二）特点

EEG或ERP技术适合的研究人群广，覆盖生命全程。最大的优点是时间分辨率非常高，但缺点是空间分辨率差，且对头动、身体晃动比较敏感。

（三）应用

EEG是认知科学研究者和临床医生常用的一种极有价值的研究工具，尤其在疾病诊断和睡眠生理学领域极具应用价值。研究表明，在健康成年人在清醒状态下，头皮表面记录的EEG波幅为小而快的α波，但在病理状态下（如癫痫发作时）为振幅极高的棘波、尖波或尖慢棘慢复合波。在高度注意和紧张心理状态的时候，会出现高频率的β波；当我们昏昏欲睡进入浅睡眠的时候，脑电波变慢，出现θ波；一旦进入深睡眠，则会出现长而慢的δ波。

此外，由于EEG具有较高的时间分辨率，它在教育研究中也有广泛应用，尤其适合于研究人类语言的高速加工和时间顺序特性。它不仅对特定感觉刺激（比如，一个音节或单词）的出现很敏感，还能够记录特定的认知过程（比如，对句子或短语中语法错误的觉察或再认）。比如，研究者采用EEG技术揭示了婴儿语音知觉发展的时间表。6个月的婴儿对非母语的语音辨别能力与其母语语音的辨别能力是一样好，但是10个月的婴儿对此却表现出差异。即语音辨别能力发展的关键期在6—12个月之间，也就是说，在出生第一年的后半期，婴儿对非母语的辨音能力逐渐变弱（Werker & Tees，1984）。

二 正电子发射断层扫描（PET）

正电子发射断层扫描（positron emission tomography，PET）技术从20世纪70年代末开始获得成功。这种技术通过监测脑的能量消耗，能让研究者捕捉到当个体进行各种心理活动时所激活的脑区。

（一）工作原理

首先需要注射少量放射性葡萄糖进入被试体内，通过血液携带进入脑组织。被试躺在 PET 扫描机内，按要求进行一系列的心理活动，例如，听词、说词和阅读等。负责这些活动的脑区就要消耗比其他区域更多的放射性葡萄糖。同时，放射性物质会发射出一种叫作正电子的反物质微粒，这种微粒与脑中的电子相遇会发生湮灭作用，产生一对方向相反的 γ 射线。γ 射线可以被置于头外的探测器检测到。电脑基于这些信息能构建一张彩色的断层扫描图（Posner & Raichle，1997）。

（二）特点

PET 能呈现出全脑的功能图像。其最大的不足之处在于它需要注射放射性示踪物质，不适合婴幼儿及儿童，成人被试在一年内通常也只能接收一个扫描时段的扫描，因此在应用上有较大的局限性。其次，PET 成像时间慢，大约需要 40 秒才能收集到足够数据建构脑活动图，9 分钟后才能使放射性物质消退（Carter，1998）。

（三）应用

PET 可被用来测量大脑的各种活动，包括葡萄糖代谢、耗氧量、血流量等等。被广泛应用于心理学和教育学研究的各领域，在视知觉、听觉、心理像、记忆、注意等各方面都取得了许多重大的发现。例如，对被试进行大声朗读和默读时的 PET 扫描发现，默读时额叶有更多的激活，额叶的激活常常意味着高水平的思维活动。而大声朗读通常只激活负责语言的皮层运动区。这个结果意味着，人们在默读时对阅读内容的理解更为深刻。再如，PET 研究表明，文盲与非文盲成人在大脑的功能组织上存在差异（Castro-Caldas，et al.，1998）。文盲和非文盲的葡萄牙妇女被动注视重复出现的单词与非单词，发现在注视非单词的时候，文盲与非文盲的整体脑区差异显著。由此说明，童年时的读写学习改变了成人大脑的功能性组织。

三　功能磁共振成像（fMRI）

功能磁共振成像（fMRI）是 20 世纪 90 年代初，随着 MRI 快速成像技术的发展而出现的新技术。与 PET 类似，它同样能检测人脑在执行相关任务时大脑皮质功能区的激活情况，但同时又很好地克服了 PET 技术的不足。

（一）工作原理

fMRI 是基于血氧水平（Blood Oxygenation Level Dependent，BOLD）的大脑活动成像。当被试进行某个活动的时候，比如做算术，或是轻叩手指，负责这些活动的脑区就会需要更多的能量消耗，更多的血液会流入这个脑区。血液中的氧改变了磁场的强度使得释放的电波信号变得更强，fMRI 扫描机能够检测到这种强度的变化，并快速产生一系列图像。在刺激出现后大约半秒钟内脑就会进行反应，因此，fMRI 的快速扫描可以清晰地展示脑对不同刺激进行反应或完成不同任务时各脑区的激活情况。

（二）特点

fMRI 是一种具有高空间分辨率的脑功能成像技术。它的成像速度也非常快，大约 2—6 秒就能整合出整个脑的功能图像。但是它的时间分辨率比较差，而且由于它的测试环境有较强的噪音，而且通常要求被试处于静止不动的状态，所以这个方法运用在年幼的婴儿身上受到限制。

（三）应用

鉴于 fMRI 的良好特性，它在教育和心理方面的应用极其广泛。比如，以成人为被试的研究表明，与阅读有关的脑区包括左半球的额叶、颞顶叶和枕颞区。但是跨语言的 fMRI 研究显示出了一些有意思的差异。研究表明，与阅读相关的脑区依赖于语言的拼写在何种程度上表征了语音对于直接（拼写即代表发音）的文字系统（意大利文）的学习者，比较起非直接的文字系统（英文）或基于图形的文字系统（汉语），在阅读时有高度相似的脑区激活。但是直接拼字（意大利文）的熟练读者在左颞平面表现出了更大激活，这个脑区涉及单词—声音的转换；然而英语读者却在左侧枕颞区有更大的激活，这个区域被认为是识别单词形状的区域（visual word form area，VWFA）。这个神经区域虽然最初被认为是视觉单词再认的物质基础，但是也被认为涉及单词的语音，例如，通过对拼写的分析推测其发音。英语学习者在这个区域上的更大激活反映了拼写—语音的一致性，而这个一致性对解码英语来说是非常重要的。汉语读者在视空区域有更大激活，大概与再认复杂汉字有关（Paulesu, et al., 2001；Siok, et al., 2004）。

四 高分辨率脑磁图 （MEG）

脑磁图 （MEG） 是另一种时间分辨率较高的脑成像技术，它同时还具有较好的空间分辨率。它记录的是被试在认知加工过程中脑的电磁信号的变化。

（一） 工作原理

根据电磁感应原理，大脑工作时形成的电流能够在头颅外表产生感应磁场，脑磁图装置便是通过捕捉这种极微弱的磁信号 （相当于地磁场的百万分之一） 来反映大脑内部的神经活动 （朱滢，2004）。

（二） 特点

MEG 具有 EEG 和 MRI 的优点，具有极好的时间分辨率和空间分辨率，而且其测试环境无噪音，因此研究范围更广泛，既适合研究成人也适合儿童。

（三） 应用

脑磁图不仅在临床医学上应用广泛，同样也应用于人类的教育与心理研究，特别是在语言加工研究中。研究者已经使用这个方法探究了新生儿和出生一年以内婴儿的语音辨别能力。新的头部追踪方法能够使研究者矫正婴儿在成像时的头部运动，并同时检验婴儿在加工语音时的多个脑区的活动。研究表明，语言加工的知觉系统和运动系统的交互作用是在生命早期的发展过程中逐步建立的。其中 3 个月是一个重要的时间点。3 个月之前的婴儿接触人类语音时只会导致颞上回威尔尼克区的激活；但 3 个月之后的婴儿则开始显示出威尔尼克区和布洛卡区的同时激活，而且其激活强度随年龄的增长而增强 （Imada，et al.，2006）。

五 近红外成像技术 （fNIRS）

近红外成像技术 （functional near—infrared spectroscopy，fNIRS） 是目前兴起的一种新型脑成像技术，它主要通过近红外光谱对脑功能进行无损性测量。近红外成像技术以其安全性高、性能佳、噪音小、价格低廉、空间和时间精度相对较高等优势越来越多地受到心理学与教育学研究者的青睐，已被广泛运用于儿童发展与教育心理学、运动心理学、工程心理学等领域的研究。

（一）工作原理

近红外成像技术利用近红外光的衰减量来推知与认知活动相关联的脑区及神经活动强度。由于大脑在认知活动过程中需要消耗大量的氧，而氧的消耗会刺激大脑局部血管的舒张，促使毛细血管血流量的增加，导致局部脑血流的增加，进而表现为大脑血氧水平的迅速提高，血液中氧合血红蛋白和脱氧血红蛋白的浓度发生变化。氧合血红蛋白和脱氧血红蛋白对近红外光的吸收很小，具有良好的散射性，而皮层组织的散射所导致的衰减被认为是恒定的，因此人在认知活动过程中被测量到的近红外光的衰减量可被看成是由于神经活动过程中氧合血红蛋白和脱氧血红蛋白浓度的变化所致的。也即从人的认知活动过程中氧合血红蛋白和脱氧血红蛋白的浓度变化，我们可以推测与该认知活动相关联的脑区及其神经活动的强度。

（二）特点

近红外成像技术的特点主要有以下几方面：

1. 因为皮层组织散射所导致的衰减被认为是恒定的，所以近红外成像技术不易受实验过程中被试头动的影响，因此该技术适用于有一定动作表现的语言认知、运动等的研究。

2. 近红外成像仪无噪音、被试不需要躺在仪器舱内，因此较适合幼儿，也较适合在自然情景中开展对认知神经活动的研究。

3. 采样频率较高，约在10Hz左右，便于研究者对其进行时间序列分析，从而了解神经活动的时间特性。

4. 近红外光能够更好地穿透头骨从而得到更为清晰的大脑皮层图像。

5. 近红外成像仪能够直接测量血氧水平的变化。

6. 对于那些需要追踪观察的研究以及需要检测发展阶段的实验，fNIRS在短期内进行多次重复测量的成本比较低廉。

7. 近红外成像仪器逐渐向便携、遥感式发展，这些技术发展使得在自然情景中对人的神经机制进行研究更为便捷。

（三）应用

近红外成像技术在发展神经科学和教育研究中的应用广泛，这里主要介绍其在幼儿社会认知研究、儿童语言学习研究、儿童游戏研究和课堂教学活动研究的应用（丁晓攀、傅根跃，2013）。

1. 婴幼儿社会认知研究

儿童的社会认知是心理发展的重要内容。在传统的行为研究中，我们通常通过心理理论、道德判断、观点采择、视觉偏好等多种范式来考察婴幼儿的社会认知发展水平，很少有人能研究儿童，特别是婴儿的社会认知神经机制。近红外成像技术的出现，突破了传统的通过视觉偏好或眼动技术研究儿童社会认知的局限，可以在真实的社会交往情景中研究儿童的社会认知及其神经机制。

2. 儿童语言学习研究

以往关于儿童语言学习认知神经机制的研究受到研究技术的很大限制，例如语言学习过程儿童需要发音，在使用 fMRI 或者 ERP 时噪音较大，而且会限制幼儿发音，而近红外成像仪在使用时基本没噪音，而且也不受实验过程中被试的发声影响，有利于对儿童的语言学习研究。

3. 儿童游戏研究

游戏是儿童学习的主要方式。限于研究的技术条件，很少有研究者关注游戏对儿童脑功能发展的影响以及儿童游戏时的神经机制。前者需要进行长期追踪研究；后者则涉及如何甄别儿童游戏时产生的大量运动导致的数据伪迹。近红外成像技术对运动研究有较高的适应性，为此类研究提供了良好的技术手段。

4. 课堂教学活动研究

很长时间以来，人们通过传统神经科学的研究方法得到了很多关于教育、学习原理的基础理论研究成果，但是无法检验其在实际应用中的效果。fNIRS 则可以应用于实际教学活动的研究中，以深入探究实际教学情景中儿童的大脑神经机制。

六 前景展望

(一) 多种脑功能研究方法的结合

如前所述，尽管脑功能研究方法多样，但每种方法都存在不足或局限性。因此，如今越来越多的研究者更青睐于采用两种及两种以上的技术结合起来进行研究，形成多重成像技术（Multimodal Imaging），尤其以 fMRI 与 EEG 或 ERP 的结合最为常见。比如，研究者采用 EEG 和 fMRI 一起来研究儿童的语言加工问题。结果发现，具有正常语言能力的儿童具有"一侧化"的脑，即左半球比右半球更大更活跃。而具有语言障碍的儿童则通常具有一个平衡发展的脑。即左右半球的大小和激活程度几乎完全一样。因此，研究者认为，左半球发育不足是导致无法以足够快的速度进行正常言语处理的原因。此外，研究者还根据这些儿童的语言迟缓特点，进一步研发了一个被称作"快速进步"（Fast Forward）的语言干预方案，这个方案已经成功地加快了许多儿童的语言处理水平（Tallal，2000）。这也是研究与实践相结合的极好例子。

（二）脑功能研究技术将在学校教育中越来越普及

目前，探究脑功能的这些研究方法主要还是应用于实验室研究中，这在一定程度上限制了它在教育领域中的作用。我们相信，随着社会的进步以及神经教育学的崛起，这些研究方法将会在日常学校教育中得到广泛应用。正如英国伦敦大学学院的 Paul Fletcher 教授所推测的，我们的学校教育会随着教育神经科学的发展而发生相应的变化。为了说明基于神经教育学的学校教育与传统教育的区别，他生动地给我们例示了未来可能发生的教育情景（Geake & Cooper，2003）。

设想一下我们在教育中最常见的一个场景：某个晚上，在某所小学里，家长正在跟老师交流孩子的学习问题。当前他们正在讨论的是她的孩子克里斯的数学成绩较差的问题，表现在计算错误率较高，特别是对于要求多步心算的题目。

在此场景里，老师首先表明她已经关注克里斯的数学成绩有一段时间了。为了提高她的数学成绩，老师从学校的脑成像测评中心获取了克里斯的事件相关脑成像报告。学校的脑成像测评中心拥有相关的脑成像和脑电记录设备，每学期都会对全体同学的认知脑成像情况进行定期采集，并作为资料保存起来，以供后期的诊断和评估用。这样的测评有时候直接发生在课堂中，比如，给每个学生佩戴一个近红外设备以记录其课堂学习中脑内的变化。

在看过克里斯的脑成像报告后，了解到他的问题主要是由于短时记忆较弱导致的。于是，教师根据她的专业知识，推荐进行实时的生物反馈法对其数学学习进行干预。即通过生物反馈来监控孩子的多步心算问题，从而加强其短时记忆神经回路。经过一段时间的干预训练，再次回到脑成像中心进行测评，以评估其干预的效果，并做进一步的计划。

在此过程中，父母对教师的专业性表示非常满意，特别是老师能直接找到孩子问题的症结，并能据此作出有效的干预方案。作为教师也很高兴能以如此专业的方式来进行学校教育。她觉得她之前进行的有关教育和神经科学的培训经验非常值得，特别是她之前对于数学学习困难所做的神经相关研究，此时正好派上用场。

虽然这仅仅是一个设想，但相信这一天将在不久的将来就会到来。

参考文献

朱滢：《实验心理学》，北京大学出版社 2004 年版。

赵仑：《ERPs 实验教程（修订版）》，东南大学出版社 2010 年版。

魏景汉、罗跃嘉：《事件相关电位原理与技术》，科学出版社 2010 年版。

孙占用、吕佩源：《脑磁图在神经科的应用》，《国外医学神经病学神经外科学分》2002 年第 29 卷第 6 期，第 490—493 页。

陆菁菁、金征宇：《功能磁共振成像的研究背景和临床应用》，《国外医学临床放射学分册》2003 年第 26 卷第 6 期，第 356—358 页。

丁晓攀、傅根跃：《近红外成像技术在幼儿心理研究中的应用》，《幼儿教育（教育科学）》2013 年第 12 期，第 11—23 页。

Barnet, A. B. & Barnet, R. J. (1998). *The Youngest Minds*. New York: Simon & Schuster.

Bavelier, D., Green, C. S. & Dye, M. W. G. (2010). Children, wired: for better and for worse. *Neuron*, 67(5), 692—701.

Blake, P. R. & Gardner, H. (2007). A first course in mind, brain, and education. *Mind, Brain, and Education*, 1(2), 61—65.

Bruer, J. T. (1997). Education and the brain: a bridge too far, *Educational Researcher*, 26(8), 4—16.

Carew, T. J. & Magsamen, S. H. (2010). Neuroscience and education: an ideal partnership for producing evidence-based solutions to guide 21st century learning. *Neuron*. 67, 685—688.

Carter, R. (1998). *Mapping the mind*. Los Angeles: University of California Press.

Castro-Caldas, A., Petersson, K. M., Reis, A., et al. (1998). The illiterate brain: learning to read and write during childhood influences the functional organization of the adult brain. *Brain*, 121, 1053—1063.

Dehaene, S. (1997). *The Number Sense: how the mind creates mathematics*. Harmondsworth: Penguin.

Fischer, K. W. & Daley, S. (2006). Connecting cognitive science and neuroscience to education: Potentials and pitfalls in inferring executive processes. In L. Meltzer (Ed.), *Understanding executive function: Implications and opportunities for the classroom* (pp. 55—72). New

York：Guilford.

Fischer，K. W. ，Daniel，D. B. ，Immordino-Yang，M. H. ，et al. (2007). Why mind，brain，and education? Why now? *Mind，Brain，and Education*，1(1)，1—2.

Fischer，K . W . ，Immordino-Yang ，M . H . & Waber ，D . P . (2007). Toward a grounded synthesis of mind，brain，and education for reading disorders：An introduction to the field and this book. In K. W. Fischer, J. H. Bernstein, & M. H. Immordino-Yang (Eds.)，*Mind，brain，and education in reading disorders* (pp. 3—15). Cambridge ，UK ：Cambridge University Press.

Geake，J. G. (2000) Knock down the fences：implications of brain science for education，*Principal Matters*，4，41—43.

Geake，J. & Cooper，P. (2003). Cognitive neuroscience：implications for education? *Wesminster Studies in Education*，26(1)，7—20.

Imada，T. ，Zhang，Y. ，Cheour，M. ，Taulu，S. ，Ahonen，A. & Kuhl，P. K. (2006). Infant speech perception activates Broca's area： a developmental magnetoencephalography study. *Neuroreport*，17，957—962.

Jacobs，B. ，Schall，M. & Scheibel，A. B. (1993) A quantitative dendritic analysis of Wernike's area in humans. II：Gender，hemispheric，and environmental factors，*Journal of Comparative Neurology*，327，97—111.

Johnson，M. & Hallgarten，J. (2002) *From Victims of Change to Agents of Change：the future of the teaching profession.* London：IPPR.

Karpicke，J. D. & Roediger，H. L. (2010). Is expanding retrieval a superior method for learning text materials. Memory & Cognition，38(1)，116—124.

Kolb，B. & Wishaw，I. Q. (1996). *Fundamentals of Human Neuropsychology.* New York：Freeman & Co.

Kutas，M. & Dale，A. (1997) Electrical and magnetic readings of mental functions，in：M. D. Rugg (Ed.) *Cognitive Neuroscience* (Hove，Psychology Press).

Paulesu，E. ，Fazio，F. ，McCrory，E. ，Chanoine，V. ，Brunswick，N. ，Cappa，S. F. ，et al. (2001). Dyslexia：cultural diversity and biological unity. *Science*，291，2165—2167.

Phillips，W. A. (1997). Theories of cortical computation，in：M. D. Rugg (Ed.) *Cognitive Neuroscience*，Hove：Psychology Press.

Pickering，S. J. & Howard-Jones，P. (2007). Educators' views on the role of neuroscience in education：findings from a study of UK and international persperctives. *Mind，Brain，and Education*，1(3)，109—113.

Posner，M. I. & Raichle，M. E. (1997). *Images of mind.* New York：Scientific American Library.

Shonkoff, J. P. & Levitt, P. (2010). Neuroscience and the future of early childhood policy: moving from why to what and how. *Neuron*, 67, 689—691.

Shonkoff, J. P. & Phillips, D. A. (Eds.). (2000). *From neurons to neighborhoods: The science of early childhood development.* Washington, D. C.: National Academy Press.

Siok, W. T., Perfetti, C. A., Jin, Z. & Tan, L. H. (2004). Biological abnormality of impaired reading is constrained by culture. *Nature*, 431, 71—76.

Snow, C. E., Burns, M. S. & Griffin, P. (Eds.). (1998). *Preventing reading difficulties in young children.* Washington, D. C.: National Academy Press.

Stern, E. (2005). Pedagogy meets neuroscience. *Science*, 310, 745.

Stiles, J. (1998) *The effects of early focal brain injury on lateralization of cognitive function.* Annual Meeting of the American Education Research Association, San Diego, April.

Tallal, P. (2000). Experimental studies of language learning impairments: From research to remediation. In D. V. M. Bishop & L. B. Leonard(Eds.). *Speech and language impairments in children: Causes, characteristics, intervention, and outcome.* Hove, UK: Psychology Press.

Werker, J. F. & Tees, R. C. (1984). Cross-language speech perception: evidence for perceptual reorganization during the first year of life. *Infant Behavior and Development*, 7, 49—63.

第 二 章
教与学的神经基础

  作为长期进化的结果，脑的运行模式有其自然规律，脑的惊人能力的展现是无需意志努力且高效的。如果我们要强迫脑以另外的模式来运行，这势必会影响其正常功能的发挥，最终导致一种不情愿的、低效的且伴随大量错误的运行模式发生。因此，我们现行学校教育效率低下也许不是因为我们不知道神经突触的作用或神经递质的化学传导过程，而是因为我们还没有认识到人脑是学习的器官，我们的教育和环境需要去适应人脑。

  正如一句谚语所说，每一天都是一个新的开始。我们的记忆改变着我们的脑。我们每天早上醒来的时候，脑的生理状态都是不一样的，因为它同化了前一天的经历。事实上，学习导致的是一个生理变化过程，这个过程使我们每一天都与众不同。本章，我们将从脑的结构开始，引导大家认识和理解脑。

第一节　脑的结构与发育

一　脑的解剖结构和功能

  人脑是世界上最复杂、最完善和最高效的物质系统。有科学家曾把脑与城市进行类比，以帮助大家更好地理解脑的复杂性。

  想象一下，在一个遥远的行星上，科学家正在使用天文望远镜观察地球上的大城市。他们最先观察到的是城市的物质结构，进一步分析这些结构的功能，发现它们是类似于工厂、学校、银行、商场这样的机构。它们通过街道、铁路和电线相连。科学家们发现人也是重要的元素，是人使城市或这些组织机构运作。信息或物资从一个地方传送到另一地方，人在其中起了重要作用。

  科学家还注意到城市也被分成很多相邻的部分，很多人是聚集在一组里工作的。特定的组织需要雇佣具有特定技能的人来工作，比如电信公司就需要雇佣懂得通信的人。当然，并非所有的人都是团体的一部分。有些区域的功能是很难触及的。这样的聚类方式在脑中也非常典型。

城市里的每个部分都是同时发挥作用的。在每一天里，大量的组织和个体都同时在工作。电力公司在工作的同时，学校也在开放，银行的工作也并没有妨碍图书馆的运行等。同样，在脑中，很多事情也是这样以平行的方式同时发生的。脑中的不同区域在监控我们的激素水平，个性特征，以及此时我们与计算机的交互等，这些都是同时发生的。因此，脑被认为是一个"平行处理器"。

此外，与脑一样，城市的各个部分也是相互关联和相互依赖的。比如，银行要依赖电力公司、通信公司、自来水公司等；学校也需要水、电、气和通信线路等。事实上，城市里没有任何一个事物是孤立存在的。在人脑中，也存在着大量的连接。脑结构的平行工作与相互关联是同时进行的，这就是所谓的整体加工方式（Caine & Caine，1991）。

认识到人脑工作的复杂性，对我们理解教育是至关重要的。

（一）人的神经系统

人类的神经系统可分为中枢神经系统（central nervous system，CNS）和外周神经系统（peripheral nervous system，PNS）。中枢神经系统包括位于颅腔内的脑和与脑相连的脊椎管内的脊髓两部分。脑和脊髓以外的神经成分则属于外周神经系统，可分为躯体神经和内脏神经。内脏神经系统也被称为自主神经系统或植物神经系统。

中枢神经系统可分为7部分，即脊髓、延脑/延髓（心跳、呼吸和消化等植物神经中枢）、脑桥（主要传输从大脑半球向小脑的信息）、小脑（协调运动功能）、中脑（协调感觉与运动功能）、间脑（丘脑：编码和转输传向大脑皮层的信息；下丘脑：调节植物性神经系统、内分泌活动和内脏器官功能等）和大脑半球（包括大脑皮层、基底神经节、边缘系统等）（管林初，2005）。

大脑由左右对称的两个半球构成。其间留有一纵裂，裂的底部由被称为胼胝体的横行纤维连接。半球表面层为灰质，称大脑皮层。皮层表面有许多的沟和回，增加了皮层的表面面积。大脑皮层的不同区域有着不同的功能，其中包括四个主要的脑叶。枕叶位于脑后方中心部位的下方，是处理视觉刺激的主要中心。颞叶在耳朵上方的脑两侧，主要处理听觉刺激。顶叶在两个半球的顶部，主要处理空间和方位信息。额叶位于脑前部，功能最为复杂，是人类一切高级功能的所在地。大脑皮层的内层为髓质，髓质内藏有灰质核团，如基底神经节、海马和杏仁核等，与记忆、情绪等有关。

中枢神经系统和内分泌系统一起，完成身体大部分的控制功能。中枢神经系统主要由两种细胞构成：神经元和神经胶质细胞。

（二）神经元

神经元，又称为神经细胞，是构成神经系统结构和功能的基本单位，主要存在于脑和脊髓（中枢神经系统）中。人脑大约有 1000 亿个神经元。神经元由细胞体和突起两部分组成。细胞体的形态多种多样，细胞的大小差别也很大。突起主要包括树突和轴突。每个神经元的树突有很多，从细胞体发出后可反复分支，逐渐变细而终止。树突是神经元的输入通道，其功能是将自其他神经元所接收的电信号传送至细胞体。轴突是主要的神经信号传递通道，是由神经元胞体长出的突起，功能是将细胞体发出的神经冲动传递给另一个或多个神经元、或分布在肌肉或腺体中的效应器。通常，每个神经元都有一根细而均匀的轴突，大量的轴突牵连在一起，就形成神经纤维。神经元之间通过神经突触连接在一起，实现信息传递。一个成人脑的神经突触的总量大约 1000000 亿个（许绍芬，1999；Greenfield，1997）。

因此，神经元与身体其他细胞最主要的不同之处在于，它具有信息传递能力。神经元彼此之间通过电信号和化学信号进行"交流"，形成神经网络。此外，神经细胞还有一个特点是，已分化的细胞不能再进行增殖。因此，如果已分化的神经细胞受到致命的损伤，这个细胞较难进行自我修复，其生命就此结束。而且在早期发育阶段，神经细胞的干细胞也已停止活动。

（三）神经胶质细胞

神经胶质细胞又称胶质细胞，是神经组织中除神经细胞以外的另一大类细胞。它为神经元或神经细胞供给营养物质，在保证脑功能正常发挥的过程中起着关键作用。曾有研究者指出，爱因斯坦与普通人的大脑相比存在最显著的差异就在于其拥有比常人多得多的胶质细胞。神经胶质细胞遍布于神经细胞和突起之间，其数量约为神经元的 10 倍，而总体积与神经细胞的总体积相差无几。胶质细胞与神经细胞一样也具有细胞突起，但其胞质突起不分树突和轴突。它与神经细胞不同，终生具有分裂增殖的能力。

神经胶质细胞的功能完全不同于神经元，它们在脑内属于支持性细胞，对传递神经电信号有帮助，但它们并不直接传递电信号。它们的发育较神经细胞晚，大多数在出生后发育，参与髓鞘的形成。

神经胶质细胞的主要作用之一就是促进胎儿脑的发育。一些放射状的神经胶质细胞在神经元移动之前就从其起始位置开始移动，形成暂时的脚手架以推动神经元的移动。此外，还具有多种重要的生理功能，如支持、隔离与绝缘、形成血脑屏障、修复与再生、参与免疫应答、参与神经递质的代谢、维持内环境离子成分的稳定、合成和分泌神经活性物质等（许绍芬，1999）。最新研究还显示，神经胶质细胞也具有长时程可塑性，可能还具有其他高级功能（Duan，2010）。

（四）脑的结构和功能的发展

在我们出生的时候，人脑就具有了特定的结构。正是人脑所拥有的这些基本"装备"使得我们能与外界交互。关于婴儿的研究表明，这个能力从我们出生时就具有了，只是早期展现出来的脑结构主要还是与生存息息相关的。他们掌握着与生存相关的基本功能，比如，呼吸、吃、睡、基础体温的维持等。此外，早期婴儿的脑还具有模式识别的能力，比如，他们能辨识人的脸。

随着脑的不断发展，它应对环境的方式也在不断拓展。大量的神经连接在发展中形成。脑的发展有时候突飞猛进，有时候则会停下来巩固或休息。这个过程与皮亚杰所讲的儿童认知发展阶段一样。刚出生的孩子，大多数神经元只有第1、第2层分枝；出生后，婴儿在与环境的互动中累积了大量的感觉运动经验，促使树突分枝不断生长；在半岁前，脑组织中出现了大量的第3、第4层分枝；在2—3岁时，出现第5、第6层分枝。这种分枝在两个半球中的发展也不一致，3—6月龄的婴儿右半脑的树突更长，分枝更多，尤其是控制吮吸、吞咽、微笑、哭泣和其他表情的区域。而8—18月龄之间的婴儿左半球的树突比右半球生长得更长，树突分枝更多。这种差异可能表现了婴儿语言发展过程中脑的变化，左半球树突的生长可能是由于婴儿学会和运用词汇的结果（Diamond &Hopson，1999）。

二 脑的发育

人的脑非常发达，是进行思维和意识活动的器官。脑也是身体里最

"贪婪"的器官。在静息状态下，脑所消耗的氧和葡萄糖是身体其他组织的 10 倍。因此，虽然脑只占身体重量的 2.5%，但它却消耗了身体能量的 20%。脑与身体的其他组织一样，需要的主要能量物质包括氧、葡萄糖、氨基酸、脂肪、维生素、矿物质和水，以组成、发育和维持数以千万亿的神经细胞和其他细胞的生命和活动。

（一）脑重量的增加

脑发育最快的时期是在怀孕 3 个月的胚胎期到出生后 6 个月这一段时间。其后脑的发育渐趋缓和，到 2 岁时，整个脑已发育近 90%，4 岁时脑的发育基本上趋于完善。按重量来看，新生儿的脑重约为 350 克，是成人脑重的 25% 左右，大脑皮层沟回少且浅，延髓、脊髓基本发育成熟，小脑发育较差。1 岁时脑重为 950 克，植物性神经发育基本完成，神经纤维髓鞘化正在迅速进行。3 岁时小脑发育已基本完成，6 岁时脑重已达 1200 克，是成年人脑重的 85.7%（赵美松、毛礼钟，1992；秦金亮，2008）。

（二）脑细胞的生长

根据胚胎学的研究，神经系统首先在胎内发育，因此，胎龄 10—18 周和出生后第 1 年是大脑发育的关键时刻，也是智力发育的关键时刻。以大白鼠为实验对象的动物研究表明脑细胞的分裂增殖从胎内开始，至出生后 20 天结束。儿童脑组织的发育，与大白鼠相比，在程序上相同，只是时间上有所推迟。有人收集治疗性人工流产和意外死亡的胎儿和儿童 131 例（年龄范围为胎龄 10 周至出生后 7 岁）的脑组织进行研究。结果发现胎龄 10—18 周，神经细胞主要在这时期开始增殖，但在孕期 25 周至头 6 个月为激增期。6 个月后，增殖速度减慢而细胞体积增大。必须指出，脑组织有一个特点，就是细胞的增殖"一次性完成"。错过了这个时机再也无法补偿（苏祖斐，1982）。

细胞生长分为三个阶段：（1）细胞增生期，即去氧核糖核酸合成期，主要表现为细胞分裂，细胞数目增加。（2）细胞增生同时增大，主要表现为细胞数目增加，同时体积增大。去氧核糖核酸合成减缓，蛋白质增加迅速。（3）细胞分裂停止，去氧核糖核酸含量不再增加，蛋白质含量继续增加。一般认为胎儿期 6—10 个月以及出生后第一年，是脑细胞数量增殖期；到 20 岁左右，脑细胞的增大也完全停止。从细胞数目看，过了第二个时期，脑细胞就不再增加；并从 20 岁开始，每天约有 10 万个大脑皮质细胞死亡。曾有人用简单的计算方法推断，当人们脑细胞死亡 1/3 的时候，由于维持脑功能的需要，其他脑细胞的神经纤维，必然要进一步延伸，因而加重了脑细胞的负担，也削弱了脑细胞对不良条件的抵抗能力，以此作为人的存活界限，则人的寿命大致为 120—140 岁（赵美松、毛礼钟，1992）。

（三）大脑皮质的发育

神经管在妊娠第 3 周末形成，神经细胞经有丝分裂每分钟产生约 25 万个新生细胞，进而复制产生神经元。出生时，脑约有 2000 亿个神经元细胞，它们集束而形成神奇的脑。在胎儿时期，新生的神经元从神经管逐渐由内及外，在妊娠后 3—6 个月这 3 个月期间经过三次波浪式的移行，形成脑皮质的三层主要细胞结构。每一个神经元的位置是固定不变的，一经固定，它就开始履行作为突触连接的重任。大脑皮层的发育是在妊娠后期和出生后第一年。

新生儿的大脑皮层表面比较光滑，构造十分简单，沟回很浅。此后，婴儿皮层细胞迅速发展，细胞体积扩大，层次扩展，沟回变深，神经细胞突触日益复杂。同时，神经纤维发生髓鞘化，它的功能就像电线外面的绝缘层加速神经冲动的传导，传向指定的器官。大脑皮层在婴儿 1 岁时开始发挥主要作用；2 岁时，大脑皮层大部分已经发育成熟；8 岁时，人的神经系统的各个部分几乎完全发育成熟。

（四）脑电波

脑电波是脑发育的一个重要参数。α 波是人脑活动的最基本的节奏，频率为 8—13Hz，是大脑处于完全放松的精神状态下，或是在心神专注的时候出现的脑电波。θ 波的频率是 4—7Hz，正常成人在觉醒状态下很少出现。δ 波的频率为 0.5—3Hz，意味着皮层活动性降低。国内外的有关研究发现：新生儿的脑电波多为 δ 波，并且不规则；随着儿童年龄的增长，脑电波趋于规律，频率升高。一般在 5 个月开始出现 θ 波；1—3 岁时 δ 波减少，θ 波增多，同时出现少量的 α 波；从 4 岁开始，θ 波逐渐减少，α 波逐渐占据主导地位，θ 波开始从枕叶、颞叶、顶叶消失；13 岁时左右脑电波基本达到成人水平（左明雪，2002）。

（五）头围

头围测量可以作为判断 0—6 岁儿童脑发育是否正常的重要指标。新生儿的头围平均为 33—35cm，出生后半年增加约 8cm，而后的半年增加约 3cm，所以在 1 周岁时头围为 45—46cm，脑的重量则相应为出生时的

2.5 倍。头围在第 2 年内一般增加 2cm；第 3—4 年共增加 1.5cm；5—8 岁期间还可能再增加 1.0—1.5cm，以后不再增加。相应地反映出儿童在这一时期内脑发育速度和重量逐步减慢直至停止的趋势，以后的变化主要表现为质变，即脑细胞的功能成熟和复杂化。所以在衡量儿童发育状况时，常把头围测量值与同龄儿童正常值作比较。如果大于或小于正常值时，应考虑大脑发育可能有异常。头围过小预示大脑发育不全、克汀病、小头畸形等；头围过大则可能有脑积水、佝偻病等；头围异常往往伴随智力低下（朱华，2004）。

三　脑的个体差异

虽然脑和神经系统的发展都是按预设的路线进行的，但是科学家还是发现了个体脑之间的很多差异（Edelman，1987）。包括：

（a）发育的主要过程，例如，细胞分裂，黏附，分化和死亡；

（b）细胞的形态，例如，形状和大小，树突和轴突的特点；

（c）神经元的连接模式，例如，输入和输出的数量，与其他神经元的连接顺序；

（d）细胞结构，例如，细胞密度，皮质层的厚度，功能柱的分布；

（e）神经递质，空间和时间变量；

（f）动态响应，例如，突触电化学，突触增强，神经代谢；

（g）神经传递，例如，离子通道的功效；

（h）与神经胶质细胞的相互作用。

总之，根据脑的发育过程，我们可以确定的是世界上不可能有两个相同的脑，过去没有，将来也不可能有。即使是同卵双生子，他们也不是两个一模一样的人。这也同样适用于任何其他可能的人类克隆。那些一向谴责克隆实验的反对者应当意识到，我们不可能完全复制希特勒，爱因斯坦，或其他任何人的脑。明白这一点，对于一个教师的最大的意义就在于，他/她应当充分认识并照顾到每个孩子的独特性（Geake & Cooper，2003）。

第二节　神经可塑性

行为神经科学上最重要的发现之一就是揭示了经验可以改变脑结

构，即使脑的发育已经完全。事实上，经验可以改变脑结构的思想最早可以追溯到 19 世纪末期，但真正对此展开实验研究并形成理论却是 20 世纪中叶的事情了。赫布第一次通过实验来说明刺激丰富的饲养环境对大鼠行为的影响（Hebb，1947，1949）。后来，更多的学者进一步证明，经验不仅会导致行为的变化，还会带来脑结构和功能的变化，比如，脑重、皮层厚度、突触、树突结构等。并从细胞水平上揭示出经验还会导致突触形成和树突生长，以及神经胶质细胞和血管组织的变化（Diamond，et al.，1967，1981；Globus，et al.，1973；Greenough & Chang，1989）。

脑具有可塑性的事实有助于我们理解为什么遗传和环境都不能单一地决定我们心理和行为的发展，相反，人的发展是两者相互作用的结果。儿童不是一块白板，只要他们生活在社会中，就会发生生理和心理上的变化。英国首相丘吉尔曾说："我们建造了房屋，但反过来房屋也塑造了我们。"在这里，我们也可以认为，我们的经验塑造了我们的脑，但反过来我们的脑也影响着我们的经验。

一　神经可塑性的定义及类型

（一）神经可塑性的含义

神经可塑性又称脑的可塑性，那么脑的可塑性是什么？这一直是神经发展心理领域里有所争议的问题。心理学家们提出了多种关于脑的可塑性的定义。传统的脑的可塑性定义具有一些共同特征，它们将脑的可塑性看成是大脑对外界刺激或病理损伤所做出的消极被动的反应。以下两种定义颇具代表性：其一，脑的可塑性是指在一定条件下中枢神经系统的结构和机能，即能够形成一些有别于正常模式的特殊模式的能力（蔡伟雄、杨德森，1999）；其二，脑的可塑性是一种辅助系统或能力，它适用于脑发展的早期阶段，可以避免有机体在发展过程中受到脑损伤所带来的消极影响（Stiles，2000）。

后来神经发展心理学家逐渐认识到传统的脑的可塑性定义具有局限性，他们认为可塑性不是脑组织对损伤所做出的消极被动的反应，而是发展过程中的脑以及成熟以后的脑对环境积极适应的特性。他们认为，可塑性是中枢神经系统的重要特性，即在形态结构和功能活动上的可修饰性，可理解为中枢神经系统因适应机体内外环境变化而发生的结构与功能的变化。脑的可塑性是指在人的一生中，脑能够改变其组织与功能的特性，它是脑组织的基本特征。脑的发展是基因以及从环境中输入的刺激等多个方面动态地相互作用的过程。在这个复杂的动态系统中，有机体逐渐适应偶然的输入，满足学习环境的需要，这一适应的过程即为可塑性过程。因此，脑的可塑性更倾向于被认为是经验所导致的脑结构和功能的变化。

（二）神经可塑性的类型

脑的可塑性可以分为经验期待型可塑性和经验依赖型可塑性（Greenough，et al.，1987）。经验期待可塑性是在长期进化过程中形成的，具有物种的特异性和种内个体之间的一致性。例如，人和动物出生后，皮层的突触数目会在一定时间内增殖到顶峰，然后通过修剪，在成年期保持相对稳定的水平，这就是突触发展的倒"U"型发展模式。这个发展模式表明，神经系统通过突触的过量增长来应对预期的经验，根据"用进废退"的原则来保留或删减神经元、突起和突触连接。而经验依赖型可塑性则是个体在特殊经验和特殊环境下形成的，个体之间会存在较大差异（韩太真、吴馥梅，1998）。环境和学习训练所导致的脑结构和功能变化属于经验依赖型可塑性。

二　神经可塑性的表现

脑的可塑性可以表现在脑解剖的可塑性与脑机能的可塑性两个方面。脑解剖的可塑性是指脑的结构与形态能够发生改变的特性；脑机能的可塑性是指脑的机能能够随着脑的形态与结构的变化而变化的特性。

（一）脑解剖的可塑性

脑解剖的可塑性表现在两个方面：一方面，从脑发展的角度来看，可塑性使得发展中的脑对环境具有敏感性以及适应性，从而在形态结构上从儿童期末的脑逐渐发育成成人成熟的脑；另一方面，从动物研究来看，脑具有改变其形态与结构的能力。

（二）脑机能的可塑性

1. 脑的可塑性与认知发展

脑解剖的可塑性使得认知机能具有一定的可塑性。可塑性是大脑对周围环境积极进行适应的一种特性，所以可塑性在脑的正常发展过程中也有所体现。当神经元过量或者突触过剩时，就会发生神经元的自然死亡和突触大规模的丧失，这在生物学上被称为"衰减事件"。例如，哺乳动物中神经元过剩的平均比率大约是50%，即在发展的过程中，20%—80%不同区域的神经元将丧失。而对人类来说，脑发展过程中，也存在着"衰减事件"。"衰减事件"是脑发展的重要特征，它代表了脑的某些形态结构上的变化，这些变化会直接影响到其后认知功能的发展。这主要表现在"衰减事件"使得不同职业的人群形成其典型而特殊的脑结构，这种典型而特殊的脑结构使得不同职业的人群有不同的认知特征，从而满足其职业的特殊需要。Jacobs等人（1993）发现，个体在颞叶威尔尼克（Wernicke）区（负责处理词汇信息的区域）神经元树突分枝与其受教育程度呈正相关。受教育程度越高，总的树突的长度及树突分枝数越多（曹云，邵肖梅，2002）。

2. 脑的可塑性与行为改变

脑与行为之间存在着相互作用，脑的可塑性则将脑结构的变化与行为的改变联系起来。一方面，当脑的形态与结构发生改变时，相应的行为（例如，学习、记忆等）与心理功能也会随之改变。例如，当人们学会了某种运动技能后，与其运动有关的神经系统内的细胞结构就会发生可塑性变化。另一方面，如果经验改变了神经网络结构，由这些神经网络结构调节的行为也会发生一定的变化。因此，脑的可塑性的研究可以成为理解学习、正常行为以及变态行为的一个窗口（kolb，Gibb & Robison，2003）。

行为的可塑性这一特性具有重要的临床意义，医生可以利用行为可塑性的原理开发患肢的运动训练方法。在学习上，行为的可塑性有力地支持了行为主义的强化论。因为多次的行为强化练习可以使脑结构发生可塑性变化，使学生对练习产生适应性，所以能够形成新行为的神经基础，学会新的知识与行为技能。

人类行为与大脑功能可通过以下途径反复循环：外界环境刺激→脑结构与功能的变化（可塑性机制）→行为变化→脑结构与功能的进一步变化（脑可塑性）→行为完善。大脑结构和功能与行为不断的相互影响，相互促进，使大脑功能与行为变化更有机地结合起来（葛德明，1998）。

三 神经可塑性的本质

脑和行为可塑性研究基本假定是，如果行为变化了，那么产生行为的神经回路特征或组织必定也发生了某种变化。反过来，如果神经回路被经验改变了，那么它们的功能也会发生相应的改变。在这方面的研究中，研究者所遇到的最大的挑战是怎样去发现和量化这些变化。总体而言，神经回路的可塑性变化很可能反映了对现存回路的修正，或者是产生了新的神经回路。但是怎样才能测量神经回路的变化呢？因为神经网络是由无数多个神经元组成的，个体之间又存在着错综复杂的连接。因此，寻找可塑性变化的理想位置就是神经元之间的连接，即神经突触。但是，这却是一个极其艰难的任务，因为我们人脑有上千亿个神经元，每个神经元平均有上千个神经突触，在这么庞大的一个网络里去寻找某个神经突触增加了或者减少了，几乎是不可能的事情。如果科学家已经知道与特定行为有关的脑区，那么就可以把研究范围缩小到这些相关区域，不过这留下来需要检验的神经结构仍然是相当复杂。

在19世纪后期，Camillo Golgi发明了一种神经元染色技术，这种技术可以让神经元胞体和树突可视化。神经细胞树突是突触的脚手架，正如树枝为树叶的生长提供位置并让其接受阳光。对于一棵树来说，我们可以通过很多方法来估计其叶子的数量，而不用去数每一片叶子。比如，我们可以选取一些代表性的树枝，测量其长度和树叶的密度。然后，简单地把两者乘起来，就可以大致估计出树叶的总量了。我们可以用相似的方法来估计神经突触的数量，大约95%的神经突触是在树突上的。此外，突触间隙与突触数量之间存在一个大致的线性关系。因此，研究者只需要了解突触间隙的增加或减少就能知道突触组织的变化了。

四　经验与脑的变化

研究者发现，经验能够导致大量的神经变化，主要表现为脑重增加，皮层变厚，神经元变大，树突分支增多，树突棘密度增大，突触和神经胶质细胞增多等。而且这种变化不可小觑，短时间内就能观察到较为显著变化。

（一）环境丰富性

这类研究操纵的自变量主要是动物的饲养环境，通常把一组动物饲养在刺激贫乏的实验室笼子里，另一组则提供更为丰富的环境刺激，最极端的例子是赫布直接把大鼠散养在他的家里，从而为其提供了最自然最丰富的生活环境。当然更多的研究还是人为构建的刺激丰富环境，包括足够的声光刺激，触觉互动，大量可接触客体并定期更换等。

关于脑可塑性的经典研究，最初就是来自加州大学伯克利分校的研究团队的报告，在为期 40 年的时间里，他们持续地对大鼠脑的解剖结构进行研究。一次偶然的机会，研究者发现，那些生活在"刺激丰富"环境中的大鼠脑的重量要远远大于那些生活在"刺激贫乏"的环境中的大鼠脑重（Diamond，et al.，1967，1981；Globus，et al.，1973；Greenough & Chang，1989）。

在大鼠实验中，研究者设置了 4 种环境条件：①刺激贫乏条件，其中每只大鼠都独自居住在一个笼子里，笼子四周除了光秃秃的墙壁外，别无他物。在这个安静、光线暗淡的屋子里，它们甚至连相互对望和接触的机会都没有。②刺激丰富条件，大鼠分组居住在一个大笼子里，笼子足够宽敞、明亮，通常每个笼子有 10—12 只大鼠。饲养员会投放各种各样的玩具供大鼠玩耍，而且玩具的品种保证每天不重样。③刺激超级丰富条件，大鼠每天都有 30 分钟的户外活动时间，它们可以三五成群地游戏玩耍。④刺激最丰富条件，即大鼠生活在真实的自然环境中。

研究发现，实验进行仅仅 2 周之后，就能观察到生活在刺激丰富环境下的大鼠脑发展上的变化。主要表现为：脑重量增加，感觉皮层厚度增加，神经传递速度加快，神经胶质细胞数量增加等。

生活在刺激丰富环境中的大鼠还表现出脑血管直径增加，这是脑细胞营养的另一个重要因素。后来的研究还发现，即使是把老年鼠放入刺激丰富的环境，也能带来其脑发展的积极变化，比如，体感皮层、前额叶皮层和视觉空间皮层的增厚。尽管每只大鼠的这些变化程度不一，但整体上都表现出增长的发展趋势。这很好地说明了脑的可塑性是持续终生的。

（二）特定任务的训练

除了环境刺激的作用，脑的可塑性变化还体现在学习与记忆的影响上面，这方面的研究同样也非常丰富。比如，Chang 和 Greenough（1982）进行了开创性的研究，他们利用了大鼠的视觉通路交叉传递的事实，即左视野的信息经右外侧膝状体投射到右半球。他们把大鼠的一只眼睛遮挡住，然后把它放在迷宫里，对其进行视觉学习训练。最后比较大脑两半球的神经元，结果发现接受训练侧半球的树突增长显著。

与此相关的还有一个研究考察了早期视觉经验对大脑皮层的影响，实验者把一部分猫饲养在四周为垂直黑白条状图形的环境；另一部分饲养在四周为水平平行黑白条状图形的环境。结果发现，早期的视觉经验影响了其神经活动的敏感性，即从小生活在垂直黑白条状物环境下的小猫仅对垂直放置的刺激敏感，表现为神经元活动的兴奋性水平高。而从小生活在水平条状物环境下的猫的神经表现则相反。后来研究者还进一步揭示了早期视觉经验对视觉皮层神经元形态的影响。具体表现为生活在正常环境下的猫的皮层神经元的树突方向是随机分布的，但是特定的视觉经验会改变树突的方向（Tieman & Hirsch，1982）。

在此，也许你会认为视觉学习所导致的脑的可塑性与前面提到的丰富环境刺激的影响具有较高的相似性，但事实上两者对脑的影响还是有差异的。丰富的环境刺激不仅会增加树突的长度，还会增加树突棘的密度；但是接受特定训练的动物通常只会导致树突长度的增加，而不会改变树突棘的密度（Kolb，et al.，1996）。

动作技能的训练对脑的影响也是非常显著的，这方面不仅有动物的研究，还有大量关于人类的研究。乐器演奏是一种复杂技能的学习，需要将多通道的感觉和运动信息与多通道的感觉反馈机制整合起来。因此，乐器演奏技能与脑结构的关系受到许多研究者的青睐。研究发现，长期的音乐训练会导致皮层功能重组，小提琴演奏者左手握弦，使得左手对应的脑内手指代表区，与对照组相比发生扩展位移0.5—0.7cm，而拉弓的右手则无显著差异（Elbert，et al.，1995）。大脑对听觉刺激同样表现出了神经可塑性。非音乐专业人士，对钢琴音调和平滑音调的反应无显著差异；而音乐专业人士对钢琴音调的代表区则显著大于平滑音调的代表区，中央前回、左侧颞叶、右上顶叶皮层灰质体积的增加与音乐的专业化程度呈显著正相关（Gaser & Schlaugv，2003）。

另一个有关经验导致成人记忆相关神经结构变化的例子是"伦敦出租车司机研究"。这些出租车司机都非常擅长于巡回伦敦的各条街道。在此研究中，对他们进行结构性磁共振扫描（MRI）。结果发现，如图2.1所示，这些司机的海马后部（该脑区被认为是环境空间表征的存储位置）比对照组要大。而且，司机的海马体积与其开车年限之间存在着正相关（Maguire，et al.，2003）。

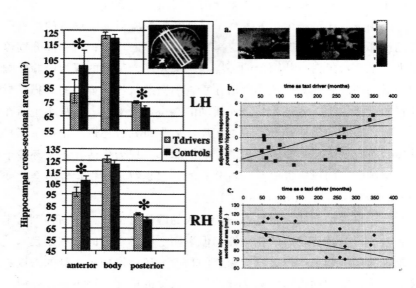

图2.1 伦敦出租车司机海马脑区的可塑性（Maguire，et al.，2003）：
（a）结构性磁共振扫描显示，出租车司机组的海马后部体积显著大于对
照组，而海马前部体积显著小于对照组；（b）后侧海马体积的差异与成
为出租车司机的时间长短显著相关。横坐标显示的是作为出租车司机的
时间（月）；纵坐标显示的是后侧海马的体积变化。（c）前侧海马体积与
成为出租车司机的时间长短显著相关。横坐标显示的是作为出租车司机
的时间（月）；纵坐标显示的是前侧海马体积大小。注：**Hippocampal
cross-sectional area**：海马体积；**Tdrivers**：出租车司机；**Control**：控制
组；**LH**：左侧；**RH**：右侧；**anterior**：前部；**posterior**：后部；**body**：
主体。

这些研究对人脑发展的启示在于，特定的技能训练或许可以选择性地
激发某些脑模块的增长。

五　影响神经可塑性的因素
神经突触的变化受到经验影响的实验研究证据确实令人感到兴奋，但
是其影响的程度，即经验能在多大程度上引起神经突触的变化则是与多种
因素有关的，比如，年龄、性激素、药物、损伤和压力等。

（一）年龄

神经突触的变化是否受到年龄的影响一直是研究者关注的话题。Buell 和 Coleman（1979）首次提出突触的生长会随年龄而逐渐增加，以应对因年老而日益减少的神经元数量。也就是说，皮层的神经突触数量通常是保持稳定的。这与我们日常观察到的成年人并没有因为神经元的减少而出现智力低下的现象一致。

由经验而导致的神经突触的变化也会因年龄的不同而产生不同的效果。研究者把处于不同年龄阶段（青少年期，成年期，老年期）的大鼠放在刺激丰富的环境里，环境经验的影响并没有导致突触数量的变化，相反却出现了质的差异。研究发现，成年鼠和老年鼠的感觉运动皮层的树突长度和突触密度增加，而青少年鼠则表现为突触长度增加但是突触密度减少。也就是说，同样的环境刺激导致了青少年鼠和老年鼠的神经组织产生了不同的变化（Kolb，Gibb & Gorny，2003）。

大量的研究还表明，早期的经验会影响成年后期的神经结构。研究者对刚出生的大鼠进行为期三周每天 45 分钟的触觉刺激干预。结果发现，这样的干预不仅在行为上改善了这些大鼠在成年后的运动和认知技能，还对大鼠的脑神经结构产生了影响，表现为皮层神经元的突触密度减少，但树突长度不变。事实上，进一步的研究还表明，出生前的胎儿期经验也会对成年期的大脑结构产生影响。例如，在怀孕期间生活在复杂环境里的大鼠生出的后代在成年期会表现出较大的突触间隙（Kolb，Gibb & Robinson，2003）。

对人类的研究也发现了类似的现象，在前面提到的音乐训练导致皮层重组研究中发现，如果音乐训练发生在 13 岁以前，即青春期之前开始常规训练的皮层功能重组最为显著。此后练琴的人虽然变化幅度较小，但仍然显著高于对照组，表明神经可塑性在青春期之后仍然存在。Kim 等人（1997）的研究表明，第二语言学习在布罗卡（Broca）区和威尔尼克（Wernicke）区的表征与第二语言学习的起始时间存在着密切关系。研究发现，第二语言习得晚的被试，母语和第二语言在布罗卡区的两个激活部位中心分离，平均相距更远；而第二语言学习较早的被试两种语言的激活部位中心几乎重叠，平均相距非常近。该结果说明，第二语言习得的年龄可能是影响人脑语言区功能重组的一个重要因素，第二语言学习起始时间的早晚可能导致形成不同类型的语言加工系统。虽然这一结论还有待于进一步的研究证明，但是学习经验对大脑功能区的影响已经得到了众多实验的验证。Mechelli 等人（2004）的进一步研究不仅证实了年龄对脑功能代表区的影响，而且还阐明了双语学习者的年龄、掌握程度与脑功能区之间的关系。研究表明，双语学习者大脑左下顶叶的灰质密度随第二语言掌握水平的提高而增加，随第二语言习得年龄的增长而降低，而且脑结构重组的程度与第二语言的掌握水平具有相关性。

（二）性别

很多研究都表明男性和女性的脑在结构上是有差异的，对经验也会做出不同的反应。Juraska 及其同事首次报告了男性比女性的视皮层对经验更敏感。然而，相对于男性而言，女性的海马对经验则更为敏感（Juraska，1990）。

性激素不仅对于个体成长来说是重要的，它还会影响脑的皮层结构。如果把成年鼠的卵巢或性腺切除会极大地改变其皮层组织，这种影响对女性而言更明显。主要的变化表现为脑重明显增加，树突分支增加 25%，突触增加 10%。这说明动物的皮层形态学特征在一生中都与性激素有关（Stewart & Kolb，1994）。

（三）药物

很多人吸食尼古丁、安非他命、可卡因等药物是因为其具有潜在的神经兴奋作用。现代研究表明，长期吸食这类药物不仅会导致成瘾行为，还会导致神经系统的改变。有一种与此有关的神经可塑性被称为行为敏感性。例如，如果给大鼠小剂量的安非他命，最初，它只会表现发动行为（例如，移动、跳跃）的细微增加。但是，如果在随后偶然的情景中给大鼠同样剂量的药物，那么它的活动水平会显著增强，而且这种敏感性会持续数周直至数年，即使药物给予是不连续的。

行为的变化可能是受到过去经验作用的结果，这种影响可能会持续数月至数年。比如对记忆的影响，通常被认为是突触模式发生了改变。有研究者比较了安非他命和生理盐水对神经结构的影响，结果发现，安非他命使用组的被试的神经元有更大的神经突触，组织密度也更大。尽管这些组织结构的变化并没有发生在全脑，而是发生在局部皮层区域，诸如前额皮层和伏核。这两个区域都被认为在药物的奖赏特征中起了重要作用。

（四）损伤

大脑皮层的损伤会导致附近皮层产生结构和功能的变化。Kolb 和

Gibb（1991）把成年大鼠的前额皮层拿掉后，最初会观察到受损部位附近皮层神经元的突触减少，但是仅仅4个月后，就能观察到这些部位的突触开始显著增加，并产生局部功能重建。损伤后的大脑如果能得到及时的干预，也有助于神经结构的改变和功能恢复。比如，研究者通过触觉按摩的方式对受伤的大鼠进行干预，结果确实观察到了大鼠脑惊人的发展变化（Kolb，Gibb & Gorny，2000）。

（五）压力

压力不仅会影响到神经内分泌系统，还会影响到细胞形态。很多来自动物的研究发现压力不仅会影响海马的形状，还会使皮层神经元易受伤害（Sapolsky，1987；Sirevaag，et al，1991；Stewart & Kolb，1988）。尽管长期的压力是否会导致脑结构的改变，目前还缺少实质性的实验证据，但能推测这种可能性是存在的。

六 神经可塑性的教育启示

神经可塑性是人脑适应环境变化的一种能力，即人脑会随着认知环境的变化而产生神经生理层面的改变。认识到人脑的这一特性，有助于我们更好地理解教育与教学相关的诸多问题，包括学习的时机、强化的必要性、错误学习的问题、课程广度和深度的问题等（周加仙、董奇，2008）。

（一）学习中的强化是必要的

自柏拉图以来，在过去的几个世纪里，教育哲学家们一直在努力探讨教育的基本问题，即学习的本质是什么。从神经科学的角度来看，我们可以把问题具体表述为：在我们学习的时候，脑内发生了什么变化以至于我们后来能够回忆相关知识或重现相关行为。20世纪中叶，赫布提出那是突触的功能性作用，即神经元间的信息传递速率变化了（Hebb，1949）。在赫布的模型中，这种功能性神经可塑性是通过神经突触的同步放电而形成的，这些神经突触的激活通常与加工某个特定的刺激有关。其结果可能会形成更强的兴奋或者更强的抑制功能，即形成一个永久性的生理变化。这个模型的效力在于它可以解释脑内的功能性神经回路是如何学习的。神经元组群常常存在于皮层细胞柱里，负责特定的信息加工，例如，一个特定的线条方向，或一个特定的声音频率，或一个特定的音素（Edelman，1992）。神经元回路是不同的神经元组群之间的前馈和反馈通路，它们自已可以通过赫布规则进行学习：即在相同刺激的反复作用下，同步的神经回路会得到强化，变得更加有效。

赫布学习模型对教育的重要启示意义也许是教师们早就知道的：即重复对于有效学习来说是必要的。这反过来可能会影响课程的开发，特别是在减少课程的深度和广度方面，学校是有相当的压力的。因为家庭和社会曾都希望学校能够增加学习的范围。从赫布学习的观点来看学校的课程，课程的深度要优先于课程的广度，以核心知识优先。种类繁多的课程会削弱孩子对基本技能的掌握，或挫败孩子对日常概念的科学理解（Driver，et al.，1985）。

（二）抓住教育时机，开始是关键的

赫布模型不仅可以解释学习效率低下的原因，而且也可以解释为什么"错误的"学习很难消除，或产生相反作用。比如，音乐教师非常清楚，学生练习的是什么，他最终表演的就是什么，与其音乐的正确性无关（St George，1990）。从认知神经科学的角度来看，音乐初学者脑中的神经回路还是相当松散的，需要额叶皮层的控制加工，随着练习的增加，由于强化的作用，最终才能使运动皮层的神经回路变成了自动化加工。也就是说，这些模块之间的捆绑还没有得到强化，因此慢慢地、小心地演奏新作品是很重要的，学习技术上较困难的片段则需要更多的耐心加以练习。由此可以推论，儿童期习得的概念在上学以后可能很难改变。

这在儿童的朴素科学概念发展上已经有很多的研究。比如，很多儿童都以为蝙蝠是鸟，因为它会飞；或者以为月亮的亏盈是由于其改变形状造成的（Baxter，1989）。成年人所拥有的很多朴素的科学概念最初都是在其儿童时期形成的，尽管后来也经历了多年的正式学校教育，但好像这些早期的朴素概念也很难改变。在英国和美国的成人中有高达80％的人都属于这样的情况（McClosky，1983）。这对于那些不影响我们日常生活的科学概念来说好像并不重要，但是如果开车的时候忽略了运动的牛顿定律就可能会带来灾难性的后果。

早期教育的重要性也是很多学者一直强调的。比如，弗洛伊德坚持认为生命的头五年对于后期健康人格的形成是非常重要的。皮亚杰和其他认知心理学家告诉我们生命的早期是认知发展的关键期。总的来说，现代脑研究是支持和认同这些观点的。

（三）重视学习中的上下文背景

赫布强化的另一个特征是，特异性可以通过目标导向的行为或上下文背景的作用得到促进（Kay & Phillips，1997）。也就是说，如果相同学习经历中的每一个例子都引起了同一神经回路中相同神经突触的兴奋性，那么，学习会更有效。分心、胡乱猜测和误导性的概念等都会威胁到学习的效率。这在教育学和神经生理学中都是众所周知的事实。例如，分心很可能会影响另一个神经回路而不是当前学习内容和技能所需要的。那么，依赖上下文的学习则是由于相关神经回路得到强化而产生的。

以上内容对学校教育的启示在于，教师可以在班级教学中的每个阶段设置清楚明白的学习目标，在学习的初期要重视强化的作用。例如，在学习数学的一个新内容时，教师或者教科书可以提出首要解决的问题作为学习目标，而不是让学生直接去获得错误的答案，因为错误的答案和正确的答案一样，都会加强神经元群的联结。这就好比在音乐学习中，通过非常缓慢和仔细的练习来获得准确的节奏，这就避免了最初的学习错误会反复出现在练习的过程中。

（四）学习和成熟不能真正分开

每时每刻我们都在与环境交互，包括父母、玩具、同伴等。人脑会根据我们的日常经历建立起新的连接，然后，这些新的连接又会成为其他经验的一部分。因此，我们基因所布好的发展线路是很难单独解决我们学什么和怎么学的问题的。

这个过程是非常复杂的，Hart（1983）提出可以用下面的公式从概念上来进行演示。

A（特定的脑）＋B（特定的环境）＝C（基于 A 和 B 形成的特定脑组织）

那么，当 C（基于 A 和 B 形成的特定脑组织）与 B1（特定的环境）交互作用，可以得到 D（基于 C＋B1 的特定脑组织），如此等等。

这就是所谓的脑功能程式化结构理论，被称为"proster theory"（"proster"是"programmed structures"的缩写）。

（五）环境影响脑的生理

为了教育目的，我们不再把脑的发展与成长环境和生活经验分开。虽然很多启示仍然有待进一步研究，但最起码我们应该认识到物理环境和经验能够改变人脑的生理结构和运行方式（Evans，2006）。正如前面所提到的，成长在丰富环境中的儿童将拥有更加发达的大脑，反过来这也会增强其学习能力。但是，以下几个方面需要特别注意：

第一，此处的刺激指复杂事件，而非进入脑的孤立的碎片信息；第二，这也并不意味着一个来自富裕家庭且拥有众多玩具的儿童的脑就一定比成天在大街上玩耍的儿童的脑要发达。因为人与环境的相互作用方式实在太多，这一方面用尽了，另一方面可能又发展起来了。

总的来说，早期发展需要安全、一致的环境，在其中儿童能够与其进行大量的情感、社会和认知的交互作用。如果我们从现在做起，保护儿童免遭不良经历的侵害，那么，未来的他们将成为情感上更健康更阳光的一代人。只有当我们最终理解和接受这个概念的时候，我们才有可能会去寻求高质量的学前教育和早期干预，这将是我们社会持续发展的源泉。

（六）特定的学习与经验影响脑的特定区域

空间学习主要改变海马区的结构，而运动技能的习得主要影响小脑的结构。第二语言学习增加了左侧下顶叶的灰质密度，音乐演奏技能则导致中央前回、左侧颞横回、右上顶叶皮层灰质体积的增加。这些研究启示我们，设计有针对性的教与学活动可以对大脑特定的区域进行训练，从而改善大脑特定区域的功能。这种针对性的教学不仅有助于提高正常学习者的学习水平，而且对恢复学习障碍儿童的认知功能具有积极的作用。

（七）发展变化的时间表差异非常大

正常儿童发展变化速度差异非常大。因此，通过参照年龄先后顺序的时间表来评估儿童其实意义不大。每一个脑都自有其发展速度，在同一时期不能以同一标准来要求每一个人。事实上，在发展的另一端，健康的人脑持续终生都在建立连接。人们完全可以做到活到老，学到老。

参考文献

蔡伟雄、杨德森：《脑可塑性与人类行为》，《湖南医科大学学报》（社会科学版）1999 年第 1 期，第 14—17 页。

曹云、邵肖梅：《早期经验和环境对脑发育的影响》，《国外医学妇幼保健分册》2002 年第 13 卷第 1 期，第 28—30 页。

葛德明：《脑发育的可塑性及其在行为进化中的作用》，《北京联合大学学报》1998 年第 12 卷第 1 期，第 183—190 页。

管林初：《生理心理学辞典》，上海教育出版社 2005 年版。

［美］凯斯纳：《学习与记忆的神经生物学》，科学出版社 2008 年版。

秦金亮：《儿童发展概论》，高等教育出版社 2008 年版。

苏祖斐：《脑的发育与营养》，《国外医学：儿科学分册》1982 年第 1 期，第 1 页。

许绍芬：《神经生物学》，复旦大学出版社 1999 年版。

赵美松、毛礼钟：《脑的发育与营养》，《生物学通报》1992 年第 3 期，第 25—26 页。

周加仙、董奇：《学习与脑可塑性的研究进展及其教育意义》，《心理科学》2008 年第 31 卷第 1 期，第 152—155 页。

朱华：《儿童脑的发育与智力》，《河南预防医学杂志》2004 年第 15 卷第 2 期，第 124—125 页。

左明雪：《人体解剖生理学》，高等教育出版社 2002 年版。

Baxter, J. (1989). Children's understanding of familiar astronomical events, International Journal of Science. *Education*, 11, 502—513.

Bryan kolb, Robbin Gibb, (2003). Terry E. Robison. Brain plasticity and behavior. *American Psychological Society*, 12(1), 1—5.

Buell, S. J., Coleman, P. D. (1979). Dendritic growth in the aged human brain and failure of growth in senile dementia. *Science*, 206, 854—856.

Caine, R. N. & Caine, G. (1991). Teaching and the human brain. *Association for Supervision and Curriculum Development Alexandria, Virginia*.

Diamond MC, Dowling GA, Johnson RE. (1981). Morphologic cerebral cortical asymmetry in male and female rats. *Experimental Neurology*. 71;261—268.

Diamond MC, Lindner B, Raymond A. (1967). Extensive cortical depth measurements and neuron size increases in the cortex of environmentally enriched rats. *Journal of Comparative Neurology*, 131;357—364.

Diamond, M. & Hopson, J. (1999). Magic tree of the mind: how to nurture your child's intelligence, creativity, and healthy emotions from birth through adolescence. *New York: Plume*, 13, 104—105.

Driver, R., Guesne, E. & Tiberghien, A. Eds. (1985). *Children's Ideas in Science*. Milton Keynes: Open University Press.

Duan, S. (2010). Progress in glial cell studies in some laboratories in China. *Scice China (Life Science)*, 53(3), 330—337.

Edelman, G. (1987). *Neural Darwinism: the theory of neuronal group selection*. New York: Basic Books.

Edelman, G. (1992). *Bright Air, Brilliant Fire*. Harmondsworth: Penguin.

Elbert, T., Pantev, C., Weinbruch, C., Rockstroh, B. & Taub E. (1995). Increased cortical represent at ion of the fingers of the left hand in string players. *Science*,270(5234),305—307.

Evans,G. W. (2006). Child development and the physical environment. *Annual review of psychology*,57,423—451.

Gaser,C. & Schlaugv, G. (2003). Brain Structures Differ between Musicians and Non-Musicians. *The Journal of Neuroscience*,23(27),9240—9245.

Geake, J. & Cooper, P. (2003). Cognitive neuroscience: implications for education? *Wesminster Studies in Education*,26(1),7—20.

Globus,A. ,Rosenzweig,M. R. ,Bennett,E. L. & Diamond,M. C. (1973). Effects of differential experience on dendritic spine counts in rat cerebral cortex. *Journal of Comparative Physiological Psychology*,82,175—181.

Greenfiefd,S. (1997). *The Human Brain: a guided tour*. London: Weidenfeld & Nicholson.

Greenough,W. , Black, J. & Wallace, C. (1987). Experience and brain development. *Child Development*,58, 540.

Greenough,W. T. & Chang, F. F. (1989). Plasticity of synapse structure and pattern in the cerebral cortex. In A. P eters & E. G. Jones (Eds.), *Cerebral cortex*: Vol. 7 (pp. 391—440). New York: Plenum Press.

Hart,L. (1983). *Human brain,human learning*. New York: Longman.

Hebb, D. (1947). The effects of early experience on problem solving at maturity. *American of Psychology*,2:737—45.

Hebb,D. (1949). *The Organization of Behavior*. New York: Wiley.

Jacobs,B. , Schall, M. & Scheibel, A. B. (1993). A quantitative dendritic analysis of Wernicke's area. II. Gender, Hemispheric, and environmental factors. *Journal of Comparative Neurology*,237,97—111.

Giedd,J. N. (2003). The anatomy of mentalization: A View from developmental neuromaging. *Bullet in of Menninger Clinic*,67(2),132—142.

Juraska,J. M. (1990). The structure of the cerebral cortex: Effects of gender and the environment. In*The Cerebral Cortex of the Rat*, ed. B Kolb,R Tees,483—506. Cambridge,MA: MIT Press.

KAY,J. & Phillips,W. A. (1997). Activation functions,computational goals and learning rules for local processors with ontextual guidance. *Neural Computation*,9,763—768.

Kim,K. H. ,Relkin,N. R. ,Lee,K. M. &Hirsch,J. (1997). Distinct cortical areas associated with native an d second languages. *Nature*,388(6638), 171—174.

Kolb,B. ,Gibb,R. ,Gorny,G. & Ouellette,A. (1996). Experience dependent changes in cortical morphology are age dependent. *Social neuroscience Abstract*,22,1133.

Kolb, B. , Gibb, R. & Gorny, G. (2000). Cortical plasticity and the development of behavior after early frontal cortical injury. *Developmental Neuropsychology*, 18, 423—444.

Kolb, B. , Gibb, R. & Gorny, G. (2003). Experience-dependent changes in dendritic arbor and spine density in neocortex vary with age and sex. *Neurobiology of learning and Memory*, 79, 1—10.

Kolb, B. , Gibb, R. & Robinson, T. E. (2003). Brain plasticity and behavior. *Current directions in psychological science*, 1—5.

Maguire, E. A. , Spiers, H. J. , Good, C. D. , Hartley, T. , Frackowiak, R. S. & Burgess, N. (2003). Navigation expertise and the human hippocampus: a structural brain imaging analysis. *Hippocampus*, 13(2), 250—259.

Mcclosky, M. (1983). Intuitive physics, *Scientific American*, 248, 114—122.

Mechelli, A. , Crinion, J. T. , Noppeney U. , O' Doherty, J. , Ashburner, J. , Frackowiak, R. S. & Price C. J. (2004). Structural plasticity in the bilingual brain. *Nature*, 431—757.

Sapolsky, R. M. (1987). Glucocorticoids and hippocampal damage. *Trends of Neuroscice*, 10, 346—349.

Sirevaag, A. M. , Black, J. E. & Greenough W. T. (1991). Astrocyte hypertrophy in the dentate gyrus of young male rats reflects variation of individual stress rather than group environmental complexity manipulations. *Experimental Neurology*, 111, 74—79.

St George, G. (1990). Teaching and learning the flute, *The Flute*, 6(4), 13.

Stewart J. & Kolb, B. (1988). The effects of neonatal gonadectomy and prenatal stress on cortical thickness and asymmetry in rats. *Behavioral and Neural Biology*, 49, 344—360.

Stewart, J. & Kolb B. (1994). Dendritic branching in cortical pyramidal cells in response to ovariectomy in adult female rats: suppression by neonatal exposure to testosterone. *Brain Research*, 654, 149—154.

Stiles, J. (2000). Neural plasticity and congnitive development. *Developmental Neuropsychology*, 18(2), 237—272.

Tieman, S. B. & Hirsch, H. V. B. (1982). Exposure to lines of only one orientation modifies dendritic morphology of cells in the visual cortex of the cat. *Journal of Comparative Neurology*, 211: 353—362.

第 三 章
注意与学习

　　幼儿园的操场上传来阵阵欢声笑语，王老师正带领着孩子们做"石头、剪刀、布"的游戏。不过王老师对这个最传统的游戏做了改变。她先在地上画了 3 个大大的图案，分别是石头、剪刀和布。然后她要求孩子们看着她高高伸出的手势，又快又对地跑向打败这个手势的区域，比如当出"石头"，就要立刻跑向"布"区域，其余亦然。这个新形式的游戏立刻引起了孩子们极大的兴趣。只见他们一个个仰着小脑袋，眼睛紧紧地盯着王老师伸出的右手，身体作出蓄势待发的样子。王老师的手势一出，他们或欢笑或尖叫地跑向相应区域。在这个过程中，孩子们的差别体现出来，有的孩子跑得迅速而准确；有的孩子会先下意识地冲向与手势一致的区域再半路折回；而有的孩子则一脸懵懂地待在原地不知做何反应。王老师很巧妙地利用这个游戏锻炼了孩子们的注意能力。为什么这么说呢？

　　注意是心理学领域的传统研究课题，其实质是指心理活动对一定对象的指向和集中，而近三十年来认知神经科学的发展，给注意研究提供了更新的视角和发现。目前研究认为，人类大脑的注意网络由三个子网络构成，分别是警觉（alerting）、定向（orienting）和执行控制（executive control）（Petersen & Posner, 2012）。警觉是指实现并维持一种警醒的状态；定向是从感觉输入中选择信息；执行控制是指在反应之间解决冲突。事实上，这三个子网络不仅是功能上的区分，还有着各自特定的神经解剖和神经生化机制。王老师的游戏要求孩子们保持警觉状态，将目光投向特定信号（手势），并在信号出来要作出反应的一刻抑制优势反应（要跑向与手势一致的区域），作出劣势反应（跑向打败手势的区域）。这个过程恰好体现了对注意三个子网络的要求与运用，因此对于锻炼孩子的注意力有极大的好处。

　　那么，注意网络究竟有大脑的哪些部位参与，生化机制如何，是否有相应的测验方法？注意网络的发展及训练又是如何？此外，对于一直存在争论的关于注意和意识的关系，在认知神经科学的研究中有怎样的发现？
本章将对这些问题展开详细阐述。

第一节 注意网络

一 警觉

警觉不会影响个体在感觉和记忆层面上对信息的构建，但是会影响对
关注到的刺激作出反应的速度；良好的警觉状态会提高对目标刺激的反应
速度，但反应的错误率也会上升（Posner & Peterson，1990）。关于警觉的
一个经典研究方法是，在目标刺激/事件出来之前使用一个提示信号，从
而使大脑从静息状态转向准备觉察和反应的状态。通过上述方法发现，警
觉主要由大脑的右半球负责。这一结果与临床观察发现右半球损伤的病人
经常会忽视信号一致。警觉网络更具体的区域涉及脑干的神经调节系统，
丘脑，及右半球的顶区和额区（Petersen & Posner，2012）。

关于警觉网络，更为有意义的是发现了神经递质——去甲肾上腺素
（norepinephrine，NE）的作用。很大一部分的药物研究是在动物身上进行
的，由于灵长类动物与人类大脑的高度相似性，可以依据猴的研究对人类
大脑的活动状况做一定的推断。研究表明，提示信号激活警觉状态时会伴
随着蓝斑（locus coeruleus，NE 的来源）的激活（Aston-Jones & Cohen，
2005）。在猴身上使用改变神经递质状态的药物，结果发现，当药物降低
NE 释放，信号的提示效应会降低，反之依然（Marrocco & Davidson，
1998）。NE 通路主要包括前额叶和视觉背侧通路的顶部区域。猴大脑中
警觉网络的蓝斑投射情况如图 3.1 所示。

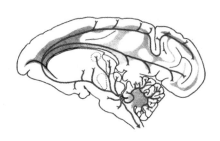

图 3.1 猴大脑中警觉网络的蓝斑投射情况
（Aston-Jones & Cohen，2005）

脑电的关联性负变（contingent negative variation，CNV）又称伴随负反应、伴随负变化、条件负变化、偶发负变化或期待波。它由英国神经生理学家 Walter 于 1964 年发现。CNV 产生的条件与激发警觉状态的研究方法非常相似，也是在目标刺激/事件出现之前先给一个提示信号。提示信号和目标刺激/事件的时间一般相距 1—2s。目标刺激/事件可以是作出某种反应，如按键或是语词反应，或看一幅图画。在提示信号出现后 200—300ms 左右，到目标刺激/事件反应之前，这时在额叶或颅顶部可记录到一个持续时间较长的负相偏转的慢电位，当被试对目标刺激作出反应后，负相电位很快地偏转回到基线。可以看到，CNV 中有警觉的成分存在，不过其背后还包含了决定和期待等更为复杂的心理活动。Nagai 等（2004）结合 fMRI、EEG 和皮肤电手段，发现 CNV 来自前/中扣带回及相邻的区域。

二　定向

定向是对刺激的选择，有两种模式，一是目标驱动（自上而下）的选择；二是刺激驱动（自下而上）的选择。前者一般指根据预先设定的目标有意识地选择刺激或作出反应；后者指个体不自觉地觉察到新异的或预期之外的刺激。这两种定向模式有着其对应的大脑系统。目标驱动的定向涉及背侧注意系统，包括顶内沟（interparietal sulcus，IPs）、上顶叶（superior parietal lobe，SPL）和额叶视区（frontal eye field，FEF）；刺激驱动的定向涉及腹侧注意系统，包括颞顶联合区（temporoparietal junction，TPJ）和腹侧额叶皮层（ventral frontal cortex，VFC）(Corbetta & Shulman，2002；Petersen & Posner，2012)。具体见图 3.2 所示。
目标驱动的实验任务常用的是通过提示线索（箭头）提示目标将要出现的位置，这就要求被试能快速将注意转移到相应位置上。当目标被错误提示时，被试要中断对线索的注意，转向目标位置上，此时就要运用到腹侧注意系统（Petersen & Posner，2012）。不过注意更多的情况是这两种模式交互作用，比如人们会预先设定目标出现的位置或对特征进行定位，而视野中与目标相似的刺激又会不自觉地捕获注意，这种注意情况被称为偶有注意捕获（contingent attentional capture）。

Serences 等（2005）采用 fMRI 了解偶有注意捕获的大脑激活情况。他们的任务是向被试呈现三列字母串，要求被试快速确定中间一列中特定

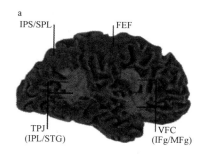

图 3.2　定向网络涉及的脑区（蓝色表示背侧系统，褐色表示腹侧系统）
（Corbetta & Shulman，2002）（IPs：顶内沟；SPL：上顶叶；
FEF：额叶视区；TPJ：颞顶联合区；IPL：下顶叶；STG：颞上回；
VFC：腹侧额叶皮层；IFG：下额回；MFg：中额回）

颜色（如红色）下的字母位于字母表的前一半还是后一半。两侧字母串大部分是灰色，但其中一侧偶尔会夹杂彩色字母（有时是目标色，如红色；有时是非目标色，如绿色）。具体的实验样例和条件设置如图 3.3所示。

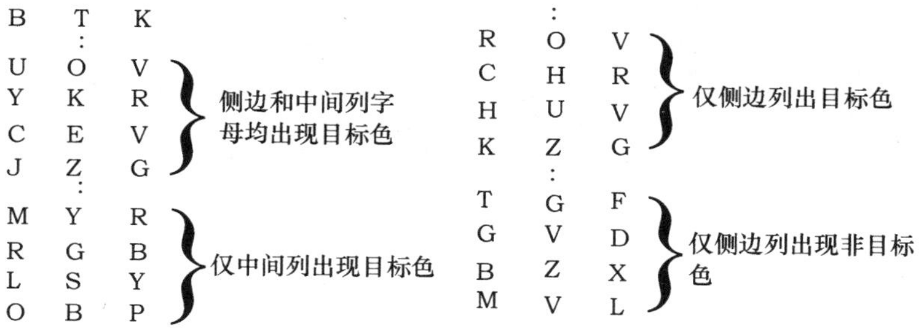

```
B    T    K                           R    :    V
U    :    V         侧边和中间列字      R    O    V      仅侧边列出目标色
Y    O    R         母均出现目标色      C    H    R
C    K    V                           H    U    V
J    E    G                           K    Z    G
     Z              仅中间列出现目标色        :
M    Y    R                           T    G    F
R    G    B         仅中间列出现目标色  G    V    D      仅侧边列出现非目标
L    S    Y                           B    Z    X      色
O    B    P                           M    V    L
```

图 3.3　Serences 等实验的任务条件（由左到右、由上到下的任务依次是：
侧边和中间列字母均出现目标色、仅侧边列出现目标色、仅中间列出现目标色、
仅侧边列出现非目标色）（Serences，et al.，2005）

行为结果发现，当侧边出现目标色时，相比无/非目标色，被试的错误率要高得多。fMRI 分析表明，相比侧边出现非目标色，当侧边出现目标色时，会引起与侧边刺激相应的视网膜部位对应的枕叶区域（外纹状视皮层，extrastriate visual cortex）的激活。这种激活通常反映了有意注意的转移，结合行为学数据，表明侧边出现目标色会捕获到被试的注意。由于对一半被试来说目标色是红色，另一半被试来说目标色是绿色，可见这一皮层的激活和刺激属性没有关系。除视皮层之外，相比侧边出现非目标色，当侧边出现目标颜色时，激活的脑区有 IPS、EFE、前辅助运动区（anterior supplementary motor area，pre-SMA）、TPJ、中额回、下额回（the middle and inferior frontal gyrus，MFG，IFG）及脑岛（insula）（MFG，IFG和脑岛区域总称为 VFC）（见图 3.4）。

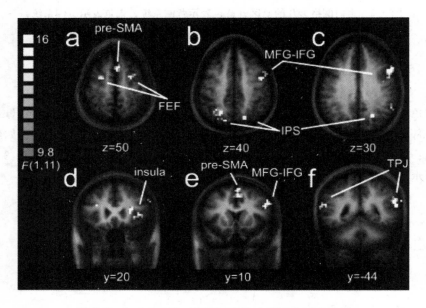

图 3. 4　Serences 等（2005）实验中除视皮层之外的
脑部激活（Serences, et al., 2005）

可以看到，偶有注意捕获是两种注意模式的交互作用，也相应地激活了背侧和腹侧注意系统。在人们预先设定目标特征进行定位时，与目标特征相似的干扰刺激会不自觉地吸引被试注意，也引起 TPJ-VFC 回路更强的激活。Serences 等（2005）认为，这个激活反映了注意对信号特征强度的提升，或是对反应的准备和提升，或是对与注意设定相符合的刺激的确定。总之，TPJ-VFC 回路在根据注意设定对视觉输入进行过滤上发挥作用，对自上而下的注意控制和自下而上的视觉输入进行协调。这个结论和其他研究（Shulman & Corbetta，2012）发现的 TPJ 损伤会导致忽视症状的结果一致。背侧系统的激活也表明，TPJ 和大脑额部及背侧系统存在关键的交互作用，两套系统的同步在空间线索和视觉搜索中起着重要的作用，会提高视觉系统的敏感性，提高目标加工的优先性，从而对目标做出更快的反应。

和警觉网络一样，定向网络同样受到神经递质的影响。位于基底前脑（basal forebrain）的胆碱能系统（cholinergic systems）就在定向中起着重要作用，研究表明猴基底前脑的损伤会干扰定向注意（Voytko，et al.，1994）。不过这个效应实际上是上顶叶在发挥着作用。Davidson 和 Marrocco（2000）将东莨菪碱（scopolamine，一种抑制副交感神经冲动的抗胆碱能药物，使递质乙酰胆碱不能与受体结合）直接注射入猴的外侧顶内沟（lateral intraparietal area）（这个位置相当于人类的上顶叶，并包含受空间定位线索影响的细胞），结果注射对猴转移注意至目标的能力有很大的影响。该研究还发现，抗胆碱能药物（Ach）不影响猴对提示线索的敏感性。可见去甲肾上腺素（NE）涉及的是警觉网络，Ach 涉及的是定向网络，两者独立起作用。有研究者在人、猴和鼠身上使用线索觉察任务将目标何处会发生（定向）和何时发生（警觉）分离出来（Beane & Marrocco，2004），结果同样表明 NE 的释放影响警觉效应，而乙酰胆碱影响定向，两种递质对两个功能的影响相互独立。不过在现实世界中，两者往往协同作用，因为一般情况下，提示线索往往同时提供何时和何处的信息。

三 执行控制

检测执行控制的任务通常涉及冲突解决，最典型的就是 Stroop 任务。该任务的典型范式是向被试呈现一系列颜色词（如"红"、"绿"），这些颜色词用不同的颜色呈现（如"红"字是绿色的，"绿"字是蓝色的），要求被试忽视词本身的字义，而对呈现的颜色作出判断。由于词义与呈现颜色造成认知冲突，会延缓被试作出反应的时间。成像研究发现，这类冲突解决任务主要激活了前扣带回（anterior cingulate cortex，ACC）和外侧前额叶（lateral prefrontal cortex，LPFC）（Botvinick，Braver，Barch，Carter & Cohen，2001）。注意三个子系统的相关脑区见图 3.5。ACC 除被发现和冲突解决存在关系之外，还涉及感觉输入的调整、积极/消极情感的自我调节和多种认知任务。因此，在进行物理和社会性疼痛知觉、奖励、监控/冲突解决、错误觉察和心理理论加工时都会出现的扣带回中部/前部（medial frontal/anterior cingulate）的激活，且大部分时候此处的激活和脑岛前部的激活相联系（Petersen & Posner，2012）。

关于 ACC 和 LPFC 作用有更为细化的观点。有观点认为 ACC 用于监控冲突，LPFC 用于解决冲突（Botvinick，et al.，2001）。另有观点认为，外侧额叶和顶叶（Lateral frontal and parietal regions）对实验初始的瞬态信号敏感，并与任务转换和调整起始有关，而额叶内区皮层（medial frontal cortex）/扣带回和双侧前脑岛（bilateral anterior insula）在维持对信号的注意上起作用（Dosenbach，et al.，2006，2007）。不过这些观点尚待进一步实验的证实。

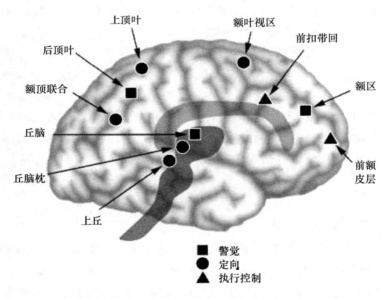

图 3.5　注意三个子系统的相关脑区（Posner & Rothbart，2007）

和执行控制有关的神经递质是多巴胺（dopamine，DA）。研究发现，多巴胺血清素基因和执行控制存在关系，这部分内容将会在第二节执行功能中详细阐述。研究还发现多巴胺和积极情绪存在紧密关系，因此有人推论多巴胺系统在积极情绪对注意的调节过程中起着至关重要的作用（蒋军，陈雪飞，陈安涛，2011）。有研究发现，积极情绪除激活眶额皮层（orbitofrontal cortex，OFC）和扣带回等对情绪刺激进行反应的相关区域外，同时激活了腹侧被盖区、黑质核、尾叶（caudate）等与多巴胺系统及其投射区相关的脑区（Soto，et al.，2009）。Rowe 等（2007）认为，在积极情绪下有更大的冲突或许是因为积极情绪减弱了注意控制或行为抑制能力，导致更多的分心刺激进入意识得到了加工，从而增大了反应冲突。Dreisbach（2006）认为多巴胺可以促使个体在不同的注意集（attention set）之间进行灵活转换，这就解释了为什么积极情绪下往往存在更大的注意灵活性。

四 注意网络测试

为了测试三个子网络的效率，Fan 等（Fan，McCandliss，et al.，2002）设计了注意网络测验（Attention Network Test，ANT）。ANT 只是一个简单的行为反应时任务，却可以同时测量三个注意子网络的效率，因此除了被运用于正常成人，还被广泛运用于儿童，各类和注意损伤相关的病人（阿尔兹海默症、多动症、抑郁症、人格障碍等）乃至猴身上。除了可被应用的人群广泛，ANT 能发挥作用的领域同样宽广：在神经成像研究上它能作为激活任务，在临床上可以用它来确定哪个子网络存在障碍，在药理学上通过它了解生化物质对注意网络的干预效果，在基因研究上用来确定注意网络效率的个体差异的来源。可见 ANT 在注意研究中有着非常重要的作用和影响。

ANT 由提示目标任务和侧抑制任务（flanker task）组成，它的实验逻辑是通过不同的视觉提示任务来测量警觉和定向网络的效率，通过侧抑制任务来测量执行控制网络的效率。典型的 ANT 流程一般如下：（1）屏幕中心出现一个注视点；（2）提示线索（cue）呈现；（3）中心的注视点呈现；（4）要求反应的靶子（target）呈现，当被试按键反应后靶子立即消失；（5）屏幕中心呈现注视点。在 Fan 等（Fan，McCandliss，et al.，2002）实验中，各个步骤及相应的时间如图 3.6 所示。当然，基于不同的实验目的，各个实验的流程时间及线索类型会存在一些差别。

测验条件可按照提示线索的情况分为有提示条件和无提示条件。有提示条件又可根据实验目的分为中央线索、双线索、空间线索等情况；按照

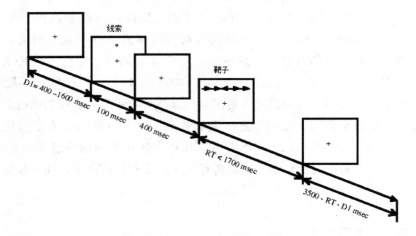

图 3.6 ANT 的实验流程（Fan，et al.，2002）

提示的位置与靶刺激呈现位置是否一致分为有效位置提示条件（如空间线索）和无效位置提示条件（如双线索）；按照一串靶刺激中间箭头方向与周围箭头的方向是否一致分为一致的靶刺激条件和不一致的靶刺激条件。不同的线索和靶刺激条件见图 3.7 和图 3.8 所示。

测验要求被试盯着注视点，手指置于键盘的反应键上，迅速判断靶箭头（单个箭头或一串箭头中间的箭头）的朝向并按键。记录被试的反应时（Reaction Time，RT）和正确率（Accuracy）。一般测验包括多轮的练习和正式实验，总体耗时 30 分钟左右。

ANT 行为数据上对三个注意子网络的操作定义是：

警觉网络效率 = 无提示条件的 RT—有提示条件的 RT；

定向网络效率 = 无效空间提示条件的 RT—有效空间提示条件的 RT；

执行控制网络效率 = 方向不一致的靶刺激条件的 RT—方向一致的靶刺激条件的 RT。

在一般的成人研究中，数值越大表示警觉网络和定向网络的效率越高，而数值越小表示执行控制网络效率越高。

Fan 等（Fan，McCandliss，Fossella，Flombaum & Posner，2005）将 ANT 与 fMRI 相结合，用中央线索提示下的大脑激活减去无提示条件下的大脑激活、空间线索提示下的大脑激活减去中央线索提示条件下的大脑激

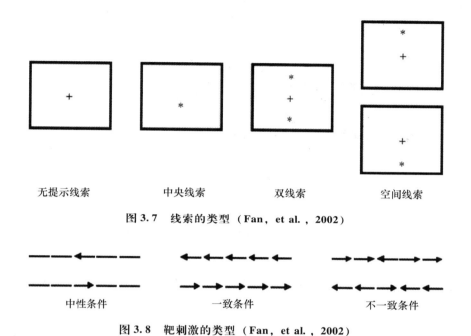

图 3.7 线索的类型 （Fan，et al.，2002）

中性条件　　　　　　　　一致条件　　　　　　　　不一致条件

图 3.8 靶刺激的类型 （Fan，et al.，2002）

活、方向不一致的靶刺激条件下的大脑激活减去一致的靶刺激条件下的大脑激活，试图分别对警觉、定向和执行控制涉及的脑区进行探究。他们的结果发现，和以往对这三个子网络进行单独研究所获得的发现一致，警觉网络激活了丘脑及大脑的顶区和额区，定向网络涉及顶上叶和前额叶的额叶视区，执行控制网络激活了前扣带回。这表明 ANT 确实能对注意的三个子网络进行分离，能有效应用于神经成像的研究。

为了了解注意网络的发展历程，Rueda 等 （Rueda，et al.，2004） 对 ANT 进行了改进使其适用于 4 岁及以上的儿童。他们的改进主要在于将箭头变成了更能激发儿童任务兴趣的 "鱼"，具体见图 3.9。他们在分别比较了 6 岁、7 岁、8 岁和 9 岁儿童，及 10 岁儿童和成人的表现后发现，不同的注意子网络有着不同的发展速率。具体来说，定向网络从 6 岁到 10 岁及至成人都没有显著的变化；警觉网络在儿童阶段大致保持稳定，在 10 岁时有小幅发展，从 10 岁到成人有较大的飞跃；在执行控制上，6—7 岁是快速发展的阶段，继续发展至 10 岁后表现开始稳定。不过上述的发展速率背后有一定的任务依赖性，像定向网络任务和执行控制网络的冲突任务难度不大，而在面对更难的任务时，儿童在上述子网络的能力持续发展就体现出来。

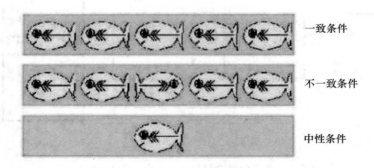

一致条件

不一致条件

中性条件

图 3.9　儿童版 ANT 的靶刺激类型（Rueda，et al.，2004）

第二节　注意与执行功能

一　执行功能

执行功能（executive function，EF）是当前心理学研究的一个重要概念。从历史上看，该概念源于对前额叶皮层（prefrontal cortex，PFC）损伤后果的分析。前额皮层的损伤引起一系列神经心理方面的明显缺陷，如计划、概念形成、抽象思维、决策、认知灵活性、利用反馈、按时间先后对事件排序、流体智力或一般智力、对自己动作的监控等方面的困难。20世纪 80 年代中期以来，发展心理学领域也出现了大量对执行功能的研究。

关于执行功能的本质，提出了多种观点，例如，抑制控制理论、工作记忆理论、抑制控制与工作记忆相结合的理论、认知复杂性与控制理论等。这些观点讨论了执行功能的不同方面，很难用一个确切的定义去限定其内涵和外延。从整体上讲，执行功能指的是涉及对思想和动作进行意识控制的心理过程。它与多种能力的发展有关（如，注意、规则运用、心理理论等），主要涉及三个方面：意识、思想控制和动作控制（李红、高山、王乃弋，2004）。可见，执行功能涉及的领域非常宽广，只要和行为调节有关，如自我调节、抑制控制、努力控制等，都属于执行功能的范畴。由此可以发现，注意涉及行为的定向和调整，正是执行功能必不可少的重要构成部分，或者可以把执行功能视为注意网络、特别是执行控制子网络的延伸和扩展（Petersen & Posner，2012）。事实上，执行功能的不少研究范式，如 stroop 任务、侧抑制任务等和用于研究执行控制的任务是一致的。

Zelazo 和 Müller（2002）将执行功能划分为两类：一类是与额眶皮层（OFC）相联系的"热"（hot）执行功能；另一类是与背外侧前额叶（dorsolateral prefrontal cortex，DLPFC）相联系的"冷"（cool）执行功能。前者以高度的情感卷入为特征，需要对刺激的情感意义做出灵活评价；后者则更可能由相对抽象的，去情景化的（decontextualized）问题引发。相应地，他们将根据是否需要高度的情感卷入，将执行功能的研究任务分为冷执行功能任务和热执行功能任务两种。在儿童研究中，心理理论研究中的错误信念任务、表征变化任务和窗口任务都被视为"热"执行功能任务，而研究儿童自我控制的延迟满足任务是"热"执行功能任务的一项经典范例。"冷"执行任务功能可分为 6 类：（1）搜寻任务，具体包括藏与找任务和多地点搜寻任务，考察儿童在各种情景下找到藏起来的物体的能力；（2）规则运用任务，具体包括强制性卡片演绎分类、斜面滚球任务，考察儿童同时运用多个规则或在几个规则间转换的能力；（3）优势规则（反应）抑制任务，有手部游戏、威斯康星卡片分类测验、灵活选择任务、维度变化卡片分类任务和停止信号任务，考察儿童抑制优势反应、作出劣势反应的能力；（4）矛盾冲突任务，stroop 测验就是典型的该类任务，还有昼与夜 stroop，都要求儿童抑制字面意义和视觉冲突的矛盾；（5）问题解决任务，河内塔和伦敦塔最为典型；（6）图片工作记忆任务，如自定顺序指示（self-ordered pointing，SOP 或 SOPT）任务。

关于执行功能的发展研究，总体上揭示了：（1）执行功能最早出现在发展早期，约在出生第一年末；（2）执行功能发展的年龄跨度很大。重要的发展变化出现在 2—5 岁，12 岁左右达到许多标准执行功能测试的成人水平，某些指标持续发展到成年期；（3）在学前期及以后，执行功能各方面都存在系统性的变化，它们之间是相互促进、共同发展的；（4）执行功能的发展与心理理论、语言、记忆等能力的发展密不可分；（5）不同的儿童期发展障碍，如孤独症和注意缺陷多动障碍（Attention Deficit Disorder with Hyperactivity，ADHD）可能引起执行功能不同方面的缺陷（李红、王乃弋，2004）。

二 注意网络和自我调节的发展

执行功能涉及情绪和认知的控制，而个体对自我情绪和认知的控制被称为自我控制，在儿童期其通常被称为自我调节（Posner & Rothbart，2007）。对于发展早期的执行功能，研究者更多关注的是注意网络与自我调节的关系。在婴儿出生伊始，通常是抚养者向婴儿提供调节措施，如抚摸、摇晃婴儿，转移其注意力，维持其对外界的注意，和其进行社会互动来提升或降低感觉刺激；随着成长，婴儿会将抚养者提供的外在调节方式内化，至幼儿期形成自我调节（Posner, Rothbart, Sheese & Voelker，2014）。

研究发现，生命早期的自我调节发展自定向网络，而非执行控制网络。婴儿在面对新异物体时，通常会先盯着审视一阵（即定向）再去碰触；在面对按照一定序列重复呈现的视觉事件时，会在特定刺激出来前产生预期注视的行为。Sheese 等（2008）考察了 7 个月大的婴儿碰触新异物体的谨慎程度（碰触的潜伏期与审视检查玩具的时间）以及预期注视次数的关系，发现两者呈正相关，而且追踪研究表明，7 个月大的婴儿在预期注视上的表现与其在 4 岁、7 岁时的定向网络表现存在显著相关（Posner, Rothbart, Sheese & Voelker，2012）。情绪调节同样是婴儿发展的重要事件。Rothbart 等（1992）在实验室引发婴儿中等程度的苦恼（distress），结果发现，婴儿将注意力从引发苦恼的物体上转移开来的能力（转移开的总时间）越强，及看向母亲的时间越多，苦恼的程度越低。在日常生活中父母常使用转移注意力策略来让婴儿平静下来，而婴儿也展示了采用定向行为进行早期自我调节的能力。

随着年龄增长，执行控制网络逐步在自我调节中发挥更大的作用。Fjell 等（2012）采用侧抑制任务对 725 名儿童从 4 岁至 21 岁进行了脑成像研究。结果发现，从 4—8 岁，儿童解决冲突的能力和 ACC 的大小存在正相关；8 岁以后，ACC 的联结和反应速度存在正相关。弥散张量成像（diffusion tensor imaging, DTI）技术是通过追踪水分子在长程髓鞘的弥散路径获得大脑的物理连接的数据。DTI 研究发现，ACC 背侧（负责认知）和顶叶、额叶存在联结，ACC 腹侧（负责情绪）和皮层下的边缘区域存在联系；脑岛和任务转换有关，前额叶中部的邻近区域和复杂决策有关（Posner, Sheese, Odludas & Tang，2006）。对 4—6 岁儿童的 EEG 研究发现，4 岁儿童对冲突的解决和扣带回的腹侧存在关系，随着年龄增长，背侧开始发挥作用，可见情绪控制比认知控制发展要早（Rueda，Rothbart，McCandliss，Saccomanno & Posner，2005）。在 ACC 和脑岛前部的相关区域还发现一种 von Economo 神经元。这种神经元对扣带回和其他脑区的联结非常重要，不是所有的灵长类动物都具备，人类的成人比大猩猩要多得多，人类的儿童从婴儿期至儿童后期增长很快（Posner，Rothbart，Sheese & Voelker，2012）。

　　关于自我调节的很重要的研究方式，就是进行儿童气质问卷测量。这些问卷由儿童的主要抚养人填写，报告儿童一些日常行为的出现频率，从而获得儿童的气质表现。1—3 岁幼儿期气质测量表明，注意力集中性、抑制控制、低强度愉悦和知觉敏感性共同构成更高一级的因素，被称为努力控制（Effortful Control，EC）（Putnam，Gartstein & Rothbart，2006）。努力控制在气质研究中定义比较宽泛，包括抑制优势反应作出劣势反应和觉察、纠正错误的能力。努力控制不仅和儿童的认知冲突任务存在很高的相关，而且和儿童对他人的移情、延迟满足能力、避免撒谎等能力存在正相关，与青少年期的反社会行为呈负相关，即努力控制可以帮助儿童发展道德和更好地进行社会化。比如移情研究发现，伤心的脸会激活被试的杏仁核，当伤心程度提高时，还会伴随着扣带回的激活，这似乎表明被试注意到其他人的沮丧（Blair，Morris，Frith，Perrett & Dolan，1999）。从更长远的角度考察，努力控制和个体的学校表现及人生成功，包括健康、收入、成功的人际关系也有很大的关系（Posner，Rothbart，Sheese & Voelker，2012）。

　　上文提到，每个注意子网络受到特定神经递质的影响，因此可以由神经递质了解到和注意有关的基因，这也使得将注意网络个体差异的原因拓展到基因层面。其中和执行控制网络有关的多巴胺 D4 受体基因（dopamine 4 receptor gene，DRD4）得到较为集中的关注，使得人们对个体的自我调节/执行功能的发展有了更深的认识。DRD4 在不同人群中存在较高的变异度，其中第 3 外显子上的 48bp 可变数目顺向重复（variable number of tandem repeat，VNTR）多态性，可出现 2，3，4，5，6，7，8，10 次的重复。DRD4 的 7 次重复等位基因（7 repeat allele）被认为和注意、感觉寻求的发展及 ADHD 存在关系。

　　Sheese 等（2007，2012）进行了一项追踪研究，系统了解了儿童在

18—21 个月与 3—4 岁这 2 个阶段的气质表现（主要是感觉寻求和努力控制这两个因素）、抚养质量和基因分型间的关系。结果发现，父母的抚养质量和 DRD4 的 7 次重复等位基因存在交互作用。在 18—21 个月时，拥有 DRD4 的 7 次重复等位基因的儿童在低质量抚养的情况下有着高水平的感觉寻求（由冲动性、高强度愉悦和活动水平这三个低一级的气质维度构成），不具有这个基因型的儿童不受抚养质量的影响；但是该基因和努力控制不存在任何关系（Sheese，Voelker，Rothbart & Posner，2007）。这一结果表明 18—21 个月的儿童的控制系统主要使用定向网络，该基因对 EC 的影响可能尚未显现。而到儿童 3—4 岁时，拥有 DRD4 的 7 次重复等位基因的儿童所接受的抚养质量越高，EC 能力也越高；同样的，不具有这个基因型的儿童不受抚养质量的影响；该基因型和抚养质量无法预测儿童在感觉寻求和负性情绪上的表现（Sheese，Rothbart，Voelker & Posner，2012）。在扩大样本、更严格地控制实验条件之后，Smith 等人（2012）在 3 岁儿童身上重复了 Sheese 人等（2012）的研究发现。

第三节　注意训练与认知

目前有很多训练方法可以提高注意和自我调节能力。比如上文提及的 Rueda 等人（2005）采用视频游戏对 4 岁和 6 岁儿童实施为期 5 天的注意训练，结果表明不管是从行为上还是电生理上，数据都一致显示儿童的执行控制能力和智力得到显著改善。他们的训练任务都要求使用执行注意，具体方法如下：（1）在使用操纵杆控制电脑里的卡通猫进行系列训练中，第一个是让猫躲避泥地，一直待在草地上；第二个是为移动的猫打伞不让它淋湿；第三个是走迷宫让猫找到食物。（2）预测训练是让儿童预测鸭子钻出水塘的位置，把猫移到鸭子可能出现的位置。（3）工作记忆训练是进行刺激辨别，按照特征对不同卡通形象进行排列。（4）冲突解决任务包括了数字匹配和数字 stroop 两个小任务。6 岁组儿童还会进行抑制控制训练，任务是要求儿童看到草垛后面的羊时快速点击鼠标以将其赶入农场围栏，而在看到披着羊皮的狼时不予点击。控制组或只接受注意力和智力测验，或者是在实验室观看流行的儿童视频。在训练前后，研究者都会用儿童版 ANT、考夫曼简短智力测验（Kaufman Brief Intelligence Test，K-BIT）对儿童进行测试，并在儿童进行 ANT 任务时做 EEG 记录。此外，他们还让父母填写儿童行为问卷（Children's Behavior Questionnaire，CBQ）以调查儿童的气质特征。结果发现，训练之后的儿童表现更加成熟，即与成人的 ANT 成绩更为相近，且 IQ 成绩有了一定程度的提升，而问卷调查表明这两组被试在外向性、努力控制和消极情绪的气质特质上不存在差别。EEG 结果表明，训练之后 6 岁儿童大脑的活动模式和成人接近：相比一致的靶刺激条件，在不一致的靶刺激条件下额中部有更强的负波；EEG模式和 ACC 腹侧的活动存在关系。而训练前的 6 岁儿童及训练前后的 4岁儿童都没有出现上述的活动模式。

　　注意训练下的工作记忆训练还被用于特殊儿童，特别是 ADHD 儿童身上。Klingberg 等人（Klingberg，Forssberg，& Westerberg，2002）让被试接受了以下四种工作记忆训练任务：（1）视觉空间工作记忆任务（visuo-spatial WM task）；（2）数字广度任务（backwards digit-span）；（3）词语广度任务（letter-span task）；（4）选择反应时任务（choice reaction time task）。他们采用阶梯训练法，即根据每个被试在训练任务中的表现和得分逐步调整训练难度，训练每天最少 20 分钟，一周 4—6 天，至少 5周。结果同样发现，训练不仅提高工作记忆本身，瑞文彩色推理测试的成绩也得到提高，另外，通过大量的头动测试表明，接受工作记忆训练的多动症儿童的肌动活动（motor activity）显著减少。

　　此外，有研究表明，注意训练对已发展成熟的成人同样有作用，且能使其流体智力得到增长（Jaeggi，Buschkuehl，Jonides & Perrig，2008）。该研究采用"n-back"任务对个体工作记忆进行训练，接受训练的被试被随机分为四组，分别接受为期 8 天、12 天、17 天以及 19 天的训练，训练前和训练后被试均接受瑞文推理测试。研究结果发现，与控制组相比，实验组的智力水平得到显著提高，而且训练的时间越长，智力水平提高越多。

　　从上述研究来看，注意训练除了提高儿童和成人的注意能力本身外，还提高了智力，就是说注意训练还可能对个体的其他认知能力产生促进作用。这一促进作用的关键可能在于训练提高了中央执行系统。中央执行系统作为工作记忆的核心，控制着工作记忆的整个加工过程，中央执行系统通过与注意机制相结合来协调和控制视觉空间模板和语音回路两个子系统之间的活动，同时与长时记忆保持联系（Baddeley，2001；赵鑫、周仁来，2010）。目前没有证据表明注意训练能提升自我或父母报告的情绪或行为，不过这很可能是由于研究者通常只对认知任务进行专门的实验测试。

关于注意训练的脑成像研究尚在积累阶段。对 ADHD 儿童的 fMRI 研究发现，5 周的训练会使 LPFC 一些区域的活动水平增强（Westerberg & Klingberg，2007）。Tang 和 Posner（2009）推测，训练还可能会使得 ACC 和 LPFC 的联结增强。

目前，很多国家已经在学校教育中开展这类注意训练，而且研究结果表明，注意训练有助于消除学生间由于家庭经济状况及其他因素导致的个体差异。因此，在未来的教育实践中，教育者可以把注意训练作为从幼儿园到小学的入学准备来考虑。同时可以考虑如何把各种注意训练方式有机结合，开发出适合学前教育的课程。

可以发现，上述注意训练通常直接采用冲突任务、工作记忆任务或其他涉及执行控制机制的任务让个体进行练习，主要用以训练注意的定向和执行控制网络。此外，还有另外一种训练方式也能提高人们的注意和认知能力，其被称为注意状态训练（attention state training，AST）（Tang & Posner，2009）。AST 源自东方传统，主要方法有接触自然、身心整合训练（integrative body-mind training，IBMT）和静观（mindfulness）等。对注意直接进行训练通常要求人们维持注意或认知努力，这会造成心理疲劳（mental fatigue），而 AST 着眼于通过实现身心平衡、放松的状态来提高自我调节水平，从而提高注意与认知能力。因此，来自东方的 AST 引起了越来越多研究者的兴趣和重视。在这类研究中，研究者在对被试使用 AST 后，除了使用考察注意能力的任务（如 ANT）检测训练效果外，还会对被试的情绪调节和压力应对能力做测量。

关于接触自然，有研究表明，相比观看城市场景的被试，观看自然风景的被试在 ANT 任务下的执行控制网络上获得更高的分数（Berman，Jonides & Kaplan，2008）。Kaplan（2001）的注意修复理论（attention restoration theory）认为，接触自然能提高无意注意的水平，降低有意注意，从而对心理努力的有效性进行修复。

在一个 IBMT 研究中，40 名中国大学生被随机分配到实验组或控制组中进行一个 5 天（每天 20 分钟）的短期训练（Tang，et al.，2007）。实验组进行 IBMT，控制组进行放松训练。训练是观看一个 CD 录像，录像中一个经验丰富的教练进行训练引导。结果发现，相比控制组，IBMT 组在 ANT 任务下的执行控制能力表现出显著增长，而且有更低的焦虑、沮丧、生气和疲劳，有着更高的活力水平；生化指标上的表现是，压力事件后，可的松水平降低，免疫反应性提高。

关于 AST 的神经活动机制，Tang 和 Posner（2009）认为：AST 的训练者，特别是冥想的训练者在早期阶段需要心理努力进入平静状态，尽力摒除杂念，这需要很强的执行功能参与，涉及很多的 PFC 活动。通过练习到了冥想的中间阶段，训练者能进入很深的放松状态，此时仍需要努力控制，不过 PFC 和 ACC 是在平行工作，因为 ACC 在自主活动调节中起着重要作用；到冥想的最后训练阶段，训练者不需要努力就能维持冥想状态，忘记身体、自我和环境，此时 ACC 的活动起着主导。这一观点有待进一步研究的检验。

第四节　注意与意识

无论在心理学领域还是在哲学领域，意识都具有丰富内涵，是难以下确切定义的对象。一般情况下，意识是指人以感觉、知觉、记忆和思维等心理活动过程为基础的系统整体对自己身心状态与外界环境变化的觉知。意识与注意当然存在区别：注意是心理活动的选择与维持；意识则反映注意的对象或具体内容。不过人们通常认为意识和注意密不可分。意识意味着清醒、警觉、注意集中，而且注意和意识有很多共同点，比如选择性、聚焦性、自下而上的捕获、自上而下的强化等（Brigard & Prinz，2010）。按照 Baars（1997）著名的"全局工作空间理论"，舞台相当于大脑中的工作记忆，用于照亮舞台的聚光灯相当于注意力，舞台上的演员相当于意识经验的各种内容；演员们进入舞台一旦被灯光照耀，其表演就可以被台下的观众看到，就相当于进入被意识状态。因此传统观点认为，对于意识来说，注意是充分而必要的条件。这一观点得到来自行为学和认知神经科学研究的支持。

视觉觉知的行为学研究发现，当注意资源被某项任务高度占用时，人们会忽视其他刺激，即其他刺激无法进入意识。人们在日常生活中通常都有过如下的经历，比如专注看电视而没有听到别人叫自己的名字，或母亲紧盯着在玩耍的孩子而没看到迎面走来的朋友，这些都是"无意视盲"（inattentional blindness）的例子。这表明当一个高强度的任务占用注意资源时，此时注视焦点（focus of attention）以外的其他刺激特性就会得不到注意。还有一种和"无意视盲"相似的现象被称为"变化盲"（change blindness），指人们不能觉察出非注意刺激的变化。对"变化盲"来说，要有前后景象的存储才能判断是否发生变化，这里运用到的似乎是记忆而非注意。但注意在这里也扮演了角色，因为要求被试能够注意到变化的正确位置。此外，指导语能增强或消除变化盲现象。另一个重要范式"注意瞬脱"（attentional blink）同样建立在注意资源被高度占用的条件下：在快速系列视觉呈现（RSVP）刺激中，由于注意资源的有限性，一个短暂呈现的靶刺激使得与其时程相近的第二个靶刺激变得难于觉察，造成所谓的"注意瞬脱"（Shapira，Arnell & Raymond，1997）。Mack 和 Rock（1998）在提出"无意视盲"现象时，就提出了一个重要的问题：如果没有注意，我们是否可以感知到外界事物？通过研究，他们得出了"没有注意，就没有有意识的知觉"的结论。这都表明对意识来说，注意是必须的。

认知神经科学研究认为，视觉通路的信息通过注意选择进入工作记忆而被意识到。Moran 和 Desimone（1985）训练猴注意某个位置的刺激，而忽视另一个位置的刺激，然后对与位置相应的前纹状体 V4 区（prestriate area V4）和颞下皮层进行单细胞记录。结果发现，上述区域的细胞对忽视掉的刺激的反应下降很快，而在纹状皮层（striate cortex）的细胞不受注意的影响。这表明注意通过纹外皮层（extrastriate cortex）过滤无关信息对视觉加工进行控制，也就可以解释为什么不是所有的视觉信息都被意识到：意识是选择性的，注意是这一选择性的首要机制。对人类的脑成像研究通常对被试设置干扰刺激（distractor）和需要记忆的靶刺激，对被试在不同注意控制条件下的脑区激活进行比较，从而获得和注意、工作记忆活动有关的脑区。在 McNab 和 Klingberg（2008）的研究中就设置了如下的实验条件：先出现一个任务提示标志，该标志或是三角形或是正方形；三角形表示分心任务，要求被试在随后出现的大圆环中忽视黄色圆点的位置，记住红色圆点的位置；正方形表示非分心任务，要求被试记住所有圆点的位置（或是 3 个红点和 2 个黄点，或是就 3 个红点）；最后要求被试判断问号所在的位置是否出现过点。具体见图 3.10 所示。他们的结果发现，前额叶和基底神经节（basal ganglia）过滤无关信息，而且这两个脑区的激活程度与被试的工作记忆能力存在正相关，表明这两个脑区对进入工作记忆的信息进行注意监控。Mayer 等（2007）发现，当任务对注意和工作记忆的要求较高时，右侧前额叶双侧颞叶/脑岛同样会得到激活。这都表明注意和工作记忆存在紧密关系。此外，在上文"定向"一节提到，注意不仅涉及刺激的过滤，TPJ 和大脑额部及背侧系统还存在交互作用，能提高视觉系统的敏感性，提高目标加工的优先性。就是说，注意还能对知觉通路进行自上而下的控制，在神经和行为水平增强刺激的对比度，提高对刺激的敏感性。

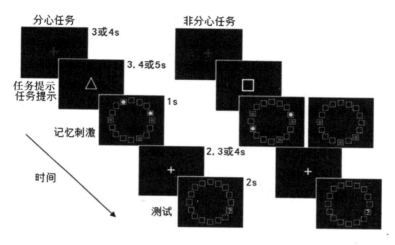

图 3.10　McNab 和 Klingberg（2008）行为实验的样例
（McNab & Klingberg，2008）

近期，注意和神经同步（neural synchrony）的关系被大量探讨，它们背后的机制逐步清晰。注意涉及中间神经元活动的增加，中间神经元发送抑制信号到锥体细胞（pyramidal cell），而锥体细胞是对感觉信息进行编码；抑制信号会引起锥体细胞同步振荡（振荡会涉及树突有关的局部场电位和轴突的动作电位）；当感觉神经元同步振荡的时候，它们产生传入信号到大脑用于进一步加工和工作记忆编码；不同的控制结构，包括自上而下的视觉搜索以及自下而上的注意捕获，决定哪些中间神经元最为活跃，继而决定与知觉场景匹配的神经元产生轴突电位传导向工作记忆结构（Brigard & Prinz，2010）。

　　但是最近有研究对上述观点提出了挑战。有一种观点认为：即使没有意识参与，注意也能发生。盲视（blindsight）是指某些人视野中有区域存在视觉缺失。Kentridge 等（2004）对代号为 G. Y. 的个体进行了盲视研究。在实验中，提示线索先于目标出现在其视觉盲区。与错误提示线索相比，当线索提示正确时，G. Y. 的反应速度更快、正确率更高。即虽然盲视病人 G. Y. 不能觉知到线索，但同样表现出对空间线索的优势化效应。Kentridge，Nijboer 和 Heywood（2008）还采用反向掩蔽（metacontrast masking）的技术：一个圆盘快速闪现，随后一个围绕圆盘外围的圆环出现，圆环可以阻止圆盘被知觉。他们将这一技术和 Posner 的线索技术相结合：在圆盘之前，被试看到一个箭头（或正确或错误地提示圆盘位置）。具体实验示范见图 3.11。结果发现，只有当箭头提示正确且当圆盘和圆环是相同颜色时，能够更快觉察到圆环。再有，Jiang 等（2006）对正常人采用双眼抑制范式（interocular suppression paradigm），在被试其中一只眼睛的两个区域分别呈现一个高对比度斑块，在另一只眼睛对应的区域分别呈现一个裸体刺激和其失真刺激。高对比度斑块的呈现会把另一只眼睛的刺激给掩蔽掉，但裸体刺激会起到线索的作用，提高该位置在后续任务中的目标觉察水平。相关的研究者由此认为，视觉注意是意识的必要条件但不是充分条件。

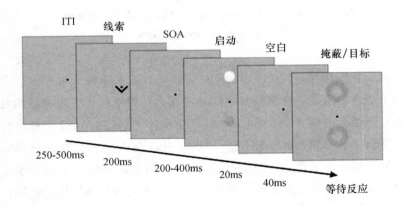

图 3.11　Kentridge（2008）实验样例
（Kentridge，Nijboer，& Heywood，2008）

　　还有研究提出，没有注意也能有意识。视觉意识负波（Visual aware-ness negativity，VAN波）是最早被发现的和刺激主动意识相关的脑电波，在刺激呈现后的200ms到达波幅顶峰。当被掩蔽的刺激呈现的时间足够长到能被觉察，VAN波也会出现。选择性负波（Selection negativity，SN波）和目标的选择或者要求被试注意客体的某个维度而忽略其他维度有关。Koivisto和Revonsuo（2007）向被试呈现在不同位置被掩蔽的字母，这样他们可以同时测量可视的程度（依赖于掩蔽）和选择（依赖字母或位置）。结果发现，VAN波比SN波启动要早，他们认为这意味着意识不依赖于注意。

　　还有研究者提出证据认为注意和意识是不同的。我们可以看到，不是所有的视觉信息都能被意识到，如果注意是意识的门控机制（gating mechanism），那么未被意识到的视觉信息就是未被注意到的视觉信息，但是有些视觉信息即使被注意也无法被意识到（比如视觉竞争中的非优势眼接收到的信息）。如何对这两种未被意识到的信息进行区分呢？Lamme（2003）提出，可能有个机制是先对意识和无意识的刺激输入作标记区分，接着再是一个进行注意选择的独立阶段，即注意不决定刺激是否被意识，而是决定是否报告特定的被意识到的信息。他对"变化盲"范式做了改进以来支持自己的观点。该研究具体如下：先呈现刺激一500ms，该刺激由一系列小长方形围成一个圆组成；接着一个灰屏呈现200—1500ms；最后刺激二呈现，刺激二基本和刺激一一样，除了其中1个小长方形有改变。改变的小长方形被一个橙色的线条提示，提示方式有3种：一是提示a，橙线出现在刺激二中；二是提示b，出现在刺激一中；三是提示c，出现在灰屏中（具体分别对应图3.12中的a、b、c图）。实验要求被试判断橙线提示的项目是否发生了变化。在提示a下，被试的正确率为60%；提示b下正确率有100%；提示c下正确率为88%。Lamme（2003）指出，这表明刺激一中所有的小长方形都被意识到，在刺激消失后也仍然在意识中，注意对意识来说不是必需的。关于意识神经相关物的研究发现，在被更高级的视觉皮层加工后，已被意识到的视觉信息会回到初级视觉皮层并再次进入更高级的视觉皮层。Lamme（2004）认为再进入的发生没有伴随注意，并提出与其观点相应的神经活动模式：注意伴随着记忆的感觉—运动过程，而意识由皮层区的循环活动产生，两者存在分离。

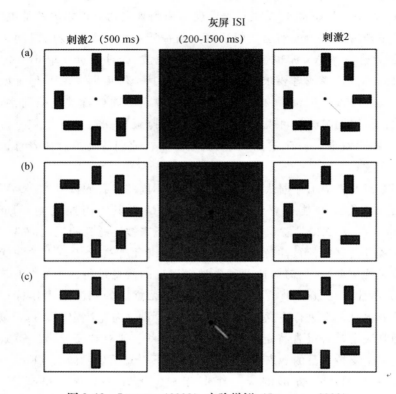

图 3.12　Lamme（2003）实验样例（Lamme，2003）

　　对于上述观点的挑战，Brigard 和 Prinz（2010）认为 Lamme 等人提供的证据并不具备绝对的颠覆性，并一一予以反驳。首先，关于盲视和反向掩蔽研究，他们认为要对空间注意和知觉表征的注意调节进行区分，意识涉及的是后者而非前者。当我们说注意对意识来说是充分而必要的，指的是当对事物（颜色、运动、客体等）的知觉表征被注意所调节时，意识才出现。空间匹配和空间位置的储存涉及的是背侧通路（被认为进行的是无意识加工，G. Y. 进行的就是无意识加工），腹侧通路表征空间客体和其相对的位置。在提供空间线索的情况下，涉及两个阶段的加工：第一阶段是注意到一个空间区域；第二阶段是空间中的客体被注意进行视觉表征和调节。在 G. Y. 的实验中，第二阶段没有发生，线索引起 G. Y. 对某空间区域的注意，但因为初级视皮层的损失而无法形成很好的客体表征，必须使用皮层下和背侧通路的视觉资源来进行表征。那为什么线索能提高表现？有 3 种可能：（1）对空间区域的注意可能降低了对该区域刺激的觉察阈限，刺激表征本身不受注意调节，而是该区域的细胞引发对刺激的反应；（2）空间注意可能引起该区域的扩展，提高了后续的神经反应；（3）空间注意可能使 G. Y. 做好了行为反应的准备，包括意识的和无意识的。反向掩蔽是掩蔽物把注意从物体隐藏的地方引开，这同样可以用上述原因进行解释。要挑战"注意对意识来说是充分而必要"这一观点，只有出现一种情况：在没有意识参与的情况下，客体表征能够被注意所调节。但目前尚未有这样的实验出现。在 Jiang 等（2006）双眼抑制研究中是某个客体会捕捉到注意，但也可能是裸体刺激吸引了空间注意，而非注意调节。有研究就表明双眼抑制范式提升了对空间敏感的背侧通路，而非对客体敏感的腹侧通路（Fang & He，2005）。

对于"没有注意也能有意识"的研究证据，Brigard 和 Prinz（2010）提出，首先，VAN 波出现得比 SN 波早，并不意味着只要有 VAN 波就足够了。意识可能涉及两个阶段的加工：先是在觉察阈限之上的刺激被表征，这意味着必须有个表征能持续比较长的时间从而避免被掩蔽干扰；接着注意分配到刺激上从而被意识。其次，即使承认 VAN 波体现了意识，但不能保证 SN 波体现的是注意，SN 波可能更多体现的是选择，即决定刺激是否进入工作记忆。当被试注意到某个刺激时，不意味着被忽视的刺激没被注意到，只是被分配到的注意比较少。对于 Lamme（2003，2004）的观点，Brigard 和 Prinz（2010）驳斥道，注意的几乎缺失不等于没有，有可能注意隐秘地分配到了每个项目上；但注意不能保证相关的编码都进入工作记忆，而只是允许知觉表征可以进行下一步的编码；刺激消失后的线索能导致编码是因为项目在图像记忆中留下短暂痕迹。

我们可以看到，关于注意和意识关系的争论仍将继续下去，不过相信这样的争论能够极大地推动意识研究，直至最终探清意识的奥秘。

参考文献

李红、王乃弋：《论执行功能及其发展研究》，《心理科学》2004 年第 27 期，第 426—430 页。

李红、高山、王乃弋：《执行功能研究方法评述》，《心理科学进展》2004 年第 12 期，第 693—705 页。

蒋军、陈雪飞、陈安涛：《积极情绪对视觉注意的调节及其机制》，《心理科学进展》2011 年第 19 期，第 701—711 页。

赵鑫、周仁来：《工作记忆训练：一个很有价值的研究方向》，《心理科学进展》2010 年第 18 期，第 711—717 页。

Aston-Jones, G. & Cohen, J. D. (2005). An integrative theory of locus coeruleus-norepinephrine function: adaptive gain and optimal performance. *Annual Review of Neuroscience*, 28, 403—450.

Baars, B. J. (1997). In the theater of consciousness: Global work space theory, a rigorous scientific theory of consciousness. *Journal of Consciousness Studies*, 4, 292—309.

Baddeley, A. D. (2001). Is working memory still working? *American Psychologist*, 11, 851—864.

Beane, M. & Marrocco, R. T. (2004). Norepinephrine and acetylcholine mediation of the components of reflexive attention: implications for attention deficit disorders. *Progress in Neurobiology*, 74, 167—181.

Berman, M., Jonides, J. & Kaplan, S. (2008). The cognitive benefits of interacting with nature. *Psychological Science*, 19, 1207—1212.

Blair, R. J. R., Morris, J. S., Frith, C. D., Perrett, D. I. & Dolan, R. J. (1999). Dissociable neural responses to facial expression of sadness and anger. *Brain*, 1222, 883—93.

Brigard, F. D. & Prinz, J. (2010). Attention and consciousness. *Wiley Interdisciplinary Reviews: Cognitive Science*, 1, 51—59.

Botvinick, M. M., Braver, T. S., Barch, D. M., Carter, C. S. & Cohen, J. D. (2001). Conflict monitoring and cognitive control. *Psychological Review*, 108, 624—652.

Corbetta, M. & Shulman, G. L. (2002). Control of goal-directed and stimulus-driven attention in the brain. *Nature Reviews Neuroscience*, 3, 201—215.

Davidson, M. C. & Marrocco, R. T. (2000). Local infusion of scopolamine into intraparietal cortex slows covert orienting in rhesus monkeys. *Journal of Neurophysiology*, 83, 1536—1549.

Dreisbach, G. (2006). How positive affect modulates cognitive control: The costs and benefits of reduced maintenance capability. *Brain and Cognition*, 60, 11—19.

Dosenbach, N. U. F., Fair, D. A., Miezin, F. M., Cohen, A. L., Wenger, K. K., et al. (2007). Distinct brain networks for adaptive and stable task control in humans. *Proceedings of the National Academy of Science of USA*, 104, 11073—11078.

Dosenbach, N. U. F., Visscher, K. M., Palmer, E. D., Miezin, F. M., Wenger, K. K., et al. (2006). A core system for the implementation of task sets. *Neuron*, 50, 799—812.

Fan, J., McCandliss, B. D., Sommer, T., Raz, A. & Posner, M., I. (2002). Testing the efficiency and independence of attentional networks. *Journal of Cognitive Neuroscience*, 14, 340—347.

Fan, J., McCandliss, B. D., Fossella, J., Flombaum, J. I. & Posner, M., I. (2005). The activation of attentional networks. *NeuroImage*, 26, 471—479.

Fang, F. & He, S. (2005). Cortical responses to invisible objects in the human dorsal and ventral pathways. *Nauret Neuroscience*, 8, 1380—1385.

Fjell, A. M., Walhovd, K. B., Brown, T. T., Kuperman, J. M., Chung, Y., et al. (2012). Multi modal imaging of the self-regulating brain. *Proceedings of the National Academy of Science of USA*, 109, 19620—19625.

Jaeggi, S. M., Buschkuehl, M., Jonides, J. & Perrig, W. J. (2008). Improving fluid intelligence with training on working memory. *Proceedings of the National Academy of Sciences of the United States of America*, 105, 6829—6833.

Jiang, Y., Costello, P., Fang, F., Huang, M. & He, S. (2006). A gender-and sexual orientation-dependent spatial attentional effect of invisible images. *Proceedings of the National Academy of Science of USA*, 103, 17048—17052.

Kaplan, S. (2001). Meditation, restoration, and the management of mental fatigue. *Environment & Behavior*, 33, 480—506.

Kentridge, R. W., Heywood, C. A. & Weiskrantz, L. (2004). Spatial attention speeds discrimination without awareness in blindsight. *Neuropsychologia*, 42, 831—835.

Kentridge, R. W., Nijboer, T. C. W. & Heywood, C. A. (2008). Attended but unseen: Visual attention is not sufficient for visual awareness. *Neuropsychologia*, 46, 864—869.

Klingberg, T., Forssberg, H. & Westerberg, H. (2002). Training of working memory in children with ADHD. *Journal of Clinical and Experimental Neuropsychology*, 24, 781—791.

Koivisto, M. & Revonsuo, A. (2007). Electrophysiological correlates of visual consciousness and selective attention. *NeuroReport*, 18, 753—756.

Lamme, V. A. F. (2003). Why visual attention and awareness are different. *Trends in Cognitive Sciences*, 7, 12—18.

Lamme, V. A. F. (2004). Separate neural definitions of visual consciousness and visual attention: a case for phenomenal awareness. *Neural Networks*, 17, 861—872.

Mack, A. & Rock, I. (1998). *Inattentional Blindness*. Cambridge: MIT Press.

Mayer, J. S., Bittner, R. A., Nikolić, D., Bledowski, C., Goebel, R., et al. (2007). Common neural substrates for visual working memory and attention. *NeuroImage*, 36, 441—453.

McNab, F. & Klingberg. T. (2008). Prefrontal cortex and basal ganglia control access to working memory. *Nature Neuroscience*, 11, 103—107.

Marrocco, R. T. & Davidson, M. C. (1998). Neurochemistry of attention. In

R. Parasuraman （Eds.）, *The Attentive Brain* （pp. 35—50）. Cambridge, MA: MIT Press.

Moran, J. & Desimone, R. （1985）. Selective attention gates visual processing in the extrastriate cortex. *Science*, 229, 782—784.

Nagai, Y. , Critchley, H. D. , Featherstone, E. , Fenwick, P. B. , Trimble, M. R. & Dolan, R. J. （2004）. Brain activity relating to the contingent negative variation: an fMRI investigation. *Neuroimage*, 21, 1232—1241.

Peterson, S. E. & Posner, M. , I. （2012）. The attention system of the human brain: 20 years after. *Annual Review of Neuroscience*, 35, 73—89.

Posner, M. , I. & Peterson, S. E. （1990）. The attention system of the human brain. *Annual Review of Neuroscience*, 13, 25—42.

Posner, M. I. & Rothbart, M. K. （2007）. Research on attention networks as a model for the integration of psychological science. *Annual Review of Psychology*, 58, 1—23.

Posner, M. I. , Rothbart, M. K. , Sheese, B. E. & Voelker, P. （2014）. Developing attention: Behavioral and brain mechanisms. *Advances in Neuroscience*, Article ID 405094, 9 pages.

Posner, M. I. , Rothbart, M. K. , Sheese, B. E. & Voelker, P. （2012）. Control networks and neuromodulators of early development. *Developmental Psychology* , 48, 827—835.

Posner, M. I. , Sheese, B. E. , Odludas, Y. & Tang, Y. （2006）. Analyzing and shaping human attentional networks. *Neural Networks*, 19, 1422—1429.

Putnam, S. P. , Gartstein, M. A. & Rothbart, M. K. （2006）. Measurement of fine-grained aspects of toddler temperament: the Early Childhood Behavior Questionnaire. *Infant Behavior and Development*, 29, 386—401.

Rothbart, M. K. , Ziaie, H. & O'Boyle, C. G. （1992）. Self-regulation and emotion in infancy. In: N. Eisenberg, & R. A. Fabes （Eds.）, *Emotion and its regulation in early development: New directions for child development No. 55: The Jossey-Bass Education Series* （pp. 7—23）. San Francisco: Jossey-Bass.

Rowe, G. , Hirsh, J. B. & Anderson, A. K. （2007）. Positive affect increases the breadth of attentional selection. *Proceedings of the National Academy of Sciences USA*, 104, 383—388.

Rueda, M. R. , Fan, J. , McCandliss, B. D. , Halparin, J. D. , Gruber, D. B. , Lercari, L. P. & Posner, M. I. （2004）. Development of attentional networks in childhood. *Neuropsychologia*, 42, 1029—1040.

Rueda, M. R. , Rothbart, M. K. , McCandliss, B. D. , Saccomanno, L. & Posner, M. I. （2005）. Training, maturation, and genetic influences on the development of executive attention. *Proceedings of the National Academy of Sciences USA*, 102, 14931—14936.

Serences, J. T. , Shomstein, S. , Leber, A. B. , Golay, X. , Egeth, H. E. & Yantis, S. （2005）. Coordination of voluntary and stimulus-driven attentional control in human cor-

tex. Psychological Science,16,114—122.

Shapira,K. L. ,Arnell,K. M. & Raymond,J. E. (1997). *The attentional blink. Trends in Cognitive Sciences*,1,291—296.

Sheese,B. E. ,Rothbart,M. K. ,Posner,M. ,I. ,White L. K. & Fraundorf,S. H. (2008). Executive attention and self-regulation in infancy. *Infant Behavior and Development*, 31, 501—510.

Sheese,B. E. ,Voelker,P. M. ,Rothbart,M. K. & Posner,M. I. (2007). Parenting quality interacts with genetic variation in dopamine receptor D4 to inluence temperament in early childhood. *Development and Psychopathology*,19,1039—1046.

Sheese,B. E. ,Rothbart,M. K. ,Voelker,P. M. & Posner,M. I. (2012). The dopamine receptor D4 gene 7 repeat allele interacts with parenting quality to predict Effortful Control in four-year-old children. *Child Development Research*,2012,Article ID 863242,6 pages.

Smith,H. J. ,Sheikh, H. I. ,Dyson, M. W. ,Olino, T. ,M. ,Durbin, C. E. ,et al. (2012). Parenting and child DRD4 genotype interact to predict children's early emerging Effortful Control. *Child Development*,83,1932—1944.

Soto,D. ,Funes, M. J. ,Guzman-Garcia, A. ,Warbrick, T. ,Rotshtein, P. & Humphreys, G. W. (2009). Pleasant music overcomes the loss of awareness in patients with visual neglect. *Proceedings of the National Academy Science USA*,106,6011—6016.

Tang,Y. Y. ,Ma,Y. ,Wang,J. ,Fan,Y. ,Feng,S. ,et al. (2007). Short-term meditation training improves attention and self-regulation. *Proceedings of the National Academy of Sciences of the United States of America*,104,17152—17156.

Tang,Y. Y. & Posner,M. I. (2009). Attention training and attention state training. *Trends in Cognitive Sciences*,13,222—227.

Voytko,M. L. ,Olton,D. S. ,Richardson,R. T,Gorman,L. K. ,Tobin,J. R. & Price,D. L. (1994). Basal forebrain lesions in monkeys disrupt attention but not learning and memory. *Journal of Neuroscience*. 14,167—186.

Walter,G. (1964). The convergence and interaction of visual,auditory,and tactile responses in human nonspecific cortex. *Annals of the New York Academy of Sciences*, 112, 320—361.

Westerberg,H. & Klingberg,T. (2007). Changes in cortical activity after training of working memory-a single subject analysis. *Physiology & Behavior*. 92,186—192,

Zelazo,P. D. & Müller,U. (2002). Executive function in typical and atypical development. In: U. Goawami (Eds.), *Blackwell handbook of childhood cognitive development* (pp. 445—469). Oxford: Blackwell Publishers.

第 四 章
内隐认知与学习

H. M. （Henry Gustav Molaison，1926—2008）被认为是神经科学史上最重要的病人，因为其只有短时记忆。27 岁时 H. M. 为了治疗严重的癫痫而接受手术，手术中失去了大部分海马组织和内侧颞叶皮层的海马周边组织，手术之后他无法形成新的长时记忆，造成了严重的顺行性遗忘。令人感到惊讶的是，尽管 H. M. 的大多数长时记忆受到损伤，但是他仍然能够习得新的动作技能，能够在短时间内保持数字信息（短时记忆），在一些特殊的记忆测验中也表现良好。

发生在 H. M. 身上的现象引起了研究者们的关注。Warrington 和 Weiskrantz 在一系列研究中发现，遗忘症患者不能回忆或再认近期的学习项目，但能够在一些间接测试中表现出对这些项目的记忆效果，也就是说患者在回忆测验、再认测验和线索检测（残词补笔）上出现了分离，他们把这些差异归结为不同测验有不同的意识要求：回忆和再认测验要求被试有意识地提取先前经验；而线索检测则只需被试提取出现在脑海中的第一个单词。

Graf 和 Schacter （1985）比较了遗忘症患者和正常人在残词补全和再认测验中的任务完成水平，结果发现，与正常人相比，遗忘症患者的再认成绩受到显著损伤，而残词补全成绩则无显著差异。由此，他们指出，残词补全是依赖于"内隐记忆"（Implicit Memory）的记忆任务，而再认是依赖于"外显提取"（Explicit Recollection）的记忆任务，二者相互独立。他们在总结前人研究的基础上，首次提出存在一种无意识的记忆机能，即内隐记忆。它可以由词干补笔、模糊字辨认、偏好判断等间接测验任务进行测量，并表现出与传统记忆测验所探测的有意识的外显记忆截然不同的特征，用以表述在无意识情况下，过去的经验或学习对人类行为产生影响的现象。本章将引领大家一起探究这种无意识认知的奥秘。

第一节　内隐记忆

一　内隐记忆概述

虽然内隐记忆一词是近年来才提出的一个科学概念，但历史上人们对内隐记忆现象的关注却是早已有之。早在 17 世纪，法国著名哲学家笛卡尔对内隐记忆现象就做了明确的描述。18 世纪初德国哲学家莱布尼兹也阐述过无意识知觉对行为的影响。艾宾浩斯在其著作《记忆》一书中区分了三种记忆类型：随意提取和不随意提取，还有一种记忆类型，"已经消失的心理状态，它们自己完全不能或至少在一定的时间内不能回到意识中来，但仍可以提供它们继续存在的确凿证据。"此外，艾宾浩斯开辟了内隐记忆的实验研究范式，运用"节省法"测量内隐记忆。他发现不能回忆或再现的项目，在重学时会表现出学习时间和学习遍数的节省，因而可将节省量的测量作为定量估计无意识记忆的有效方法。

1924 年，心理学家 William McDougall 最早使用"内隐的"（implicit）和"外显的"（explicit）这对术语来描述不同记忆形式。后来研究者从不同角度对内隐记忆进行定义。Graf 和 Schacter（1985）指出，内隐记忆是被试在特定的记忆测试中所表现出来的对先前获得信息的无意识提取。Schacter（1987）认为内隐记忆反映于那些"先前经验易化了当前的任务操作，而该任务又不需要对先前经验的有意提取"的情况中。Roediger（1993）提出内隐记忆是指人们不能回忆其本身，但能在行为中证明其事后效应的经验。

内隐记忆与外显记忆是从记忆提取的意识层面进行区分的，其强调意识的通达水平。Schacter（1987）区分了内隐记忆与"无意识记忆"。认为后者在概念上具有较大的歧义性，无意识记忆是指没有预定的目的，不需要意志努力的识记（输入）。无意识记忆又叫不随意记忆，是相对于有意识记忆而言的。有意记忆是指事先有预定的目的并需要一定的意志努力的识记。两者之间的区分强调的是目的性和意志努力的程度。然而，内隐记忆在识记时可能是有意识的（有一定的目的并需要意志努力），也有可能是无意识的（没有预定的目的，不需要经过努力的）。可简单地将内隐记忆相对于外显记忆界定为：提取阶段不需要意识参与的记忆形式（不考虑在识记阶段是否需要意识的参与）（孙国仁，2001）。由于内隐记忆是在研究记忆障碍患者的启动效应（priming effect）中发现的，所以人们也常把内隐记忆和启动效应作为同等概念使用（杨治良，1999）。

内隐记忆的概念从提出至今，其研究方法经历了从任务分离范式到加工分离范式的发展历程。任务分离范式指出，可以找到某些指标对应于内隐记忆，同时另一些指标对应外显记忆，在内隐记忆研究过程中人们就沿着这样的思路发展出两类测验——直接测验和间接测验。在任务分离范式下，内隐记忆可以细分为加工知觉特征的知觉性内隐记忆和加工概念特征的概念性内隐记忆。

后来，研究者发现大多数记忆测验均包含不同程度的意识和无意识加工。在这种趋势下，Jacoby（1991）创造性地提出了加工分离程序，对直接测验和间接测验中的意识和无意识加工（控制加工和自动加工）进行了分离，从而使得单一记忆测验中意识、无意识的贡献有了量化的指标。在加工分离范式下，无论是针对知觉特征还是针对概念的间接记忆测验，都同时包含无意识和意识的加工成分。我们把记忆的无意识加工过程称为自动加工记忆，可以分为直接测验下的自动加工记忆和间接测验下的自动加工记忆，后者包括材料驱动间接测验中的自动加工记忆和概念驱动间接测验中的自动加工记忆。

二　内隐记忆的特点

内隐记忆是相对于外显记忆提出的，因此在讨论内隐记忆的特点时也常常以外显记忆作为参照。下面将从实验中不同变量：被试变量、刺激变量、操作变量和情境变量对内隐记忆的影响进行讨论，从而揭示内隐记忆的一般特点。

（一）内隐记忆的一般特点

1. 被试变量对内隐记忆和外显记忆的影响

被试的特征性因素通常对外显记忆的影响比较大，而对内隐记忆影响较小。Warrington 和 Weiskrantz（1970）报告，海马和海马旁回损伤以及Korsocoff 综合症患者在自由回忆和再认等测验的成绩明显降低，而在间接测验（如词干补笔）中的成绩则无显著降低；Tulving、Hayman 和 Macdonal（1991）指出，重度遗忘症患者在完全不能回忆和再认的情况下存在正常的启动效应；Denny 等人（1992）的研究表明，抑郁心境会导致被试的外显记忆显著降低，但对间接测验的启动效应没有影响（Watkins，

Mathews, Williamson & Fuller, 1992)。

内隐记忆与外显记忆相比在年龄上具有稳定性。Hupbach，Mecklen-brauker 和 Wippich (1999) 用类别范例产生任务检验概念性内隐记忆的发展变化，发现幼儿和小学生的概念性内隐记忆差别很小。Anooshian (1997) 发现成人、幼儿和二年级学生在词干补笔和类别产生上没有年龄差异。Perez 等人 (1998) 也认为概念性内隐记忆从幼儿到成人都稳定不变。Billingsley (2002) 用类别范例产生和图形辨认测验分别研究概念性和知觉性内隐记忆，用记得/知道测再认中的控制加工记忆和自动加工记忆，发现概念性内隐记忆和自动加工记忆在 8—19 岁期间具有不变性。杨治良等用再认加工分离程序的修正模型，考察了老年、中年、大学生、初三和高小被试的控制加工记忆和自动加工记忆的发展特点，发现文字和非文字的自动加工记忆在此年龄段内没有什么变化。

总的来说，外显记忆受被试变量影响更大，但在某些情况下，内隐记忆也会受到疾病的影响，这种双向分离进一步说明了内隐和外显记忆的相对独立性。

2. 刺激变量对内隐和外显记忆的影响

研究发现，测验材料呈现形式（如图片—文字）、呈现时间、材料的知觉特点、感觉通道（如听觉—视觉）、字体类型、大小、系类位置、干扰条件的改变都可能严重影响内隐记忆，而对外显记忆没有影响或影响很小。

比如，在传统记忆测验中发现的时间总量假设（Total Time Hypothesis），即在测验中一个项目能够回忆起来的程度直接受学习时间总量的影响，即刺激呈现的时间越长，直接测验成绩越好，但在间接测验中并不适用（Graf & Schacter, 1985; Jacoby & Dallas, 1981; Roediger III & Blaxton, 1987; 马正平 & 杨治良, 1991）。被试的内隐记忆成绩并不受刺激呈现时间长短的影响，很多研究中刺激呈现时间极短，但仍然可以观察到启动效应（Duñabeitia, Avilés, Afonso, Scheepers & Carreiras, 2009; Hart, Green, Casp & Belger, 2010; Paller, Hutson, Miller & Boehm, 2003）。

研究者进行了一系列实验研究刺激项目对内隐记忆的影响，发现增加项目的数量会直接影响测验（再认）的成绩，而不影响间接测验（知觉辨认）的成绩。将新项目掺入已经学习项目中会降低自由回忆、线索回忆以及再认测试的成绩（Crowder, 1976; Reinitz & Demb, 1994; Young, et al. , 1988）。马正平和杨治良（1991）以中文双字词为刺激材料，发现随着记忆负荷的增加（8，16，24 个词），直接测验成绩下降，但间接测验成绩基本保持稳定（见表 4.1）。陈世平和杨治良（1991）以汉字常用词为材料研究干扰对内隐和外显记忆的影响，发现干扰对线索回忆产生了较大影响，而对词对补全产生的影响较小。吴艳红和朱滢（1997）研究了内隐和外显记忆的系列位置特点，发现间接测验中不存在近因效应和首因效应，而直接测验存在近因效应。

表 4.1　各符合水平上的内隐、外显记忆成绩（马正平和杨治良，1991）

任务类型	负荷水平		
	8 *	16	48
填字组词	49.04	52.68	48.55
线索回忆	75.78	64.96	45.58

注：* 被试学习的词组数目。

3. 操作变量对内隐和外显记忆的影响

不同的加工水平对内隐记忆和外显记忆影响不同。研究发现，语义加工可以使外显记忆（自由回忆和再认）保持时间更长、更精确；同时，无论是语义加工还是非语义加工都可能引发启动效应，启动水平根据间接测验要求而有所不同：与知觉等非语义属性相关的信息提取（如词干补笔、模糊辨认、明度判断等），在非语义加工条件下能得到较好的启动效应（称之为知觉启动）；与语义相关的信息的提取（如偏好判断、词汇判断、可能性判断等）则能在语义加工条件下得到较好的启动（称之为概念启动）（Craik, et al. , 1994；钱国英、游旭群，2007）。

杨志新和韩凯（1996）在加工水平对不同类型内隐记忆测试影响的研究中发现，加工水平影响外显记忆和概念性内隐记忆，但不影响知觉性内隐记忆。McBride 和 Dosher（2002）以词和图形为材料，使用词干补笔、残图补全和类别范例产生任务，用加工分离程序的直接提取模型和产生源加工簇模型来评估自动加工，结果发现类别范例任务下的自动加工记忆具有图形优势效应，表明概念驱动间接测验下的自动加工记忆的深加工优于浅加工。McBride 和 Heather（2003）采用同样的研究方法，发现在语义和字形操作下的类别范例产生任务中，加工水平对内隐记忆也存在影响。

除了加工水平外，被试的先前经验（专家和新手）、加工新异性也会影响精细加工。被试对同一材料的加工可能受先前经验的影响，加工的精细化程度不同，从而影响记忆提取水平；加工新异性则反映了刺激加工与先前经验的一致性。例如，衣服—衣架的联系与经验一致，而衣服—火柴的联系与经验不一致，因此相比之下，后者会引发更多的精细化加工。研究表明，先前经验影响被试的外显记忆提取水平，却对内隐记忆的启动效应不产生影响；同样地，语义加工的新异性影响外显记忆而不影响内隐记忆（Hall，2004；Lucas，Voss & Paller，2010；Ramponi，Richardson-Klavehn & Gardiner，2007；Sternberg，Dargel，Lennington & Voiles，2009）。

研究者很早就已经发现刺激加工过程中注意的分配对直接测验（包括自由回忆、线索回忆以及再认等）有重要影响（Baddeley，Lewis，Eldridge & Thomson，1984）。随着内隐记忆的提出，研究者发现，记忆的间接测验成绩对注意方式不敏感（Gardiner & Parkin，1990；Russo & Parkin，1993），那些较少被注意的项目在间接测验中仍然出现启动效应（Eich，1984；Merikle & Reingold，1991）。Isingrini 等人（1995）发现类别范例产生任务上没有分散注意效应，即使分散注意操作影响与之匹配的外显记忆测验——类别线索回忆。但是，Mulligan 和 Hartman（1996）使用相同的方法，但分心任务相对较难——在一系列数字中探索某个数字序列，结果发现类别范例产生测验受注意水平的影响。Mulligan（1997）假设注意操作的强度导致了这种不一致的结果，他把注意分成多个水平，发现类别线索回忆的成绩在所有的分散注意条件下都降低了，而在类别范例产生任务中，启动效应只有在最强的分散注意下降低，甚至消失。Mulligan（2003）在使用单词辨认任务的系列试验中，也发现了注意分散降低了内隐记忆的表现。

注意对内隐记忆的影响并不一致，研究者对此做了进一步分析，得出了以下结论：（1）选择性注意（指要求被试注意某个项目属性而忽略另一个项目属性的操作）和分配式注意（指要求被试同时注意一个或多个项目属性的操作）对内隐记忆的影响程度不同，内隐记忆对选择性注意更敏感（Mulligan，2002，2003）；（2）注意对不同的记忆提取方式影响也不同，概念提取更容易受到注意的影响，知觉提取则更大程度上独立于注意（Clarys, Isingrini & Haerty, 2000；Mulligan, 1998）；（3）提取的主动性也对注意的作用比较敏感，产生式提取容易受到注意影响，而辨别式提取则独立于注意（Gabrieli, et al., 1999）；（4）注意对象的复杂性也可能影响注意的干扰作用，而不同刺激之间进行注意转换比同一刺激的多个属性上的注意分配更容易影响间接测验的信息提取（Mulligan & Peterson, 2008）。

在记忆保持时间方面，Tulving 等人（1982）发现，再认成绩在学习 7 天后显著下降，而残词补全成绩在 7 天后没有显著变化；Mitchell 和 Brown（1988）研究发现仅呈现一次的图片所引发的命名启动效应可以保持六周，且在启动效应上没有显著变化；Sloman 等人（1988）发现，残词补全测验中发现的启动效应能够保存长达 16 个月之久；Cave 和 Squire（1992）则进一步证实，图片只出现一次，遗忘症患者对物体命名的启动效应在 7 天之后仍可以被观察到。

由上可见，内隐记忆对加工深度并不敏感，但是加工水平对内隐记忆却存在影响，相比较而言，外显记忆对加工水平更加敏感，随着加工水平的加深而外显记忆的成绩也相应提高；其次，注意对内隐记忆的影响比较复杂，而外显记忆通常受到注意分配和转移的影响；最后，内隐记忆在保持时间上比外显记忆更为长久，其形成时间短，保持时间却长。

4. 情境变量对内隐记忆和外显记忆的影响

Godden 和 Baddeley（1975）在试验中对情境变量进行操纵，改变被试（潜水员）学习和记忆提取的地点（水下和陆地）。研究发现，被试的记忆水平（自由回忆）受地点一致性的显著影响，水下学习的被试在陆地上的提取水平显著低于水下，该结果在户外和户内的情形下仍然成立（Smith & Vela, 2001）。于是，研究者考虑，内隐记忆和外显记忆是否在情境一致性效应上有不同的表现？

研究者在考虑情境一致性效应时，将内隐记忆划分为概念启动和知觉启动两种。研究发现，知觉启动不受情境变化的影响（Jacoby, 1983；McKone & French, 2001；Parker, et al., 1999），概念启动则同外显记忆相似，存在显著的情境一致性效应（Parker, et al., 1999；McKone & French, 2001；Smith & Oscar-Berman, 1990）。由上可知，在情境一致性方面，内隐记忆和外显记忆之间存在明显的分离。

（二）内隐记忆的发展特点

1. 婴儿期内隐记忆的特点

对婴儿期的内隐记忆的研究往往受制于研究方法。Werner 和 Perlmutter（1979）运用取样匹配法（Matching-To-Sample Method）发现，前言语阶段的婴儿无法记忆，他们的记忆保持时间较短，一般不会超过几十秒或几分钟，而长时记忆直到婴儿接近 1 岁时才出现。随着研究方法的发展，Myers 等人（1994）发现即使非常小的婴儿对有关事件的记忆保持也能持续数周、数月甚至数年。Rovee-Collier（1997）采用运动结合强化范式（Mobile Conjugate Reinforcement Paradigm），通过比较反应性任务（Reactivation Task，属于间接测试）和延迟再认任务（Delayed Recognition Task，属于直接测验）来研究婴儿期的内隐记忆和外显记忆，发现 2、3、6 个月的婴儿反应性任务成绩基本保持不变，而延迟再认任务成绩却随着年龄的增大而提高。Schacter 和 Moscovitch（1984）认为，内隐记忆在新生儿时期就已出现，并且在毕生发展过程中保持相对稳定，而外显记忆多数出现在出生后第 8 个月，这与前文提到的内隐记忆对年龄的独立性观点一致。

2. 童年期到成年期内隐记忆的特点

研究表明，学前阶段（3—7 岁），外显记忆年龄的增加而增强，而内隐记忆没有表现出年龄差异（Parkin & Streete，1988）；从 5—10 岁，再认成绩显著上升，而间接测验成绩没有发生显著变化（Carroll，Byrne & Kirsner，1985；Hupbach，et al.，1999；Anooshian，1997；Billingsley，2002）。Naito（1990）比较发现 7 岁、12 岁和成年三个阶段的内隐（词干补笔）和外显记忆出现分离，内隐记忆保持不变，外显记忆有所增加。总之，间接测验成绩在从 3 岁到成年间接表现出一致性较高的稳定，而直接测验则体现出更复杂的变化。

3. 成年晚期内隐记忆的特点

大量研究表明，记忆在成年后随着年龄的增长会逐渐衰退（Java & Gardiner，1991；Light & Singh，1987），然而内隐记忆受年龄的影响不显著（Dew & Giovanello，2010）。研究认为，老年人在记忆上的问题主要归因于与意识有关的"策略"组织。Geraci 和 Barnhardt（2010）发现，老年人的记忆测验成绩与测验要求的意识水平相关，意识水平要求较高时，老年人的测验成绩更差一些。实际上，在实验中一旦排除干扰间接测验的外显因素，内隐记忆年龄效应就会完全消失。Fleischman（2007）则指出，内隐记忆的衰退可能是 AD（阿尔茨海默症）或者 MCI（轻度认知障碍）的前兆。尽管内隐记忆在年龄维度上没有类似于外显记忆的明显特征，但是脑成像结果显示，相比青年人来说，老年人内隐记忆过程中伴随的活跃脑区缺乏特异性。例如，Dennis 和 Cazeba（2011）的研究表明，青年被试的内隐记忆主要伴随纹状体的激活，而老年被试则同样程度地激活了颞中回和纹状体。

由上可知，内隐记忆从幼年早期就变化很小，而外显记忆随年龄的增长而增强。对老年人而言，外显记忆（特别是自由回忆）衰减较快，而内隐记忆在测验中表现出相对的稳定性。内隐记忆不存在明显的年龄特点，而外显记忆却明显随年龄的变化而变化，其毕生发展曲线成倒"U"形特点。

第二节　内隐学习

在日常生活中，有很多的信息都是无意识获得的，而且所知道的似乎比所能表达出来的要多。其中最为典型的是幼儿能够在没有人教授语法规则的情况下，就可以学会有效地进行沟通。成人能够正确地使用母语却无法说出其隐含的语法规则。这种行为和相关知识表达之间的分离通常被认为是"内隐学习"加工所致（Timmermans & Cleeremans，2001）。

一　内隐学习的定义和本质

1967 年，美国心理学家 Arthur S. Reber 首次发表了以"内隐学习"为主题的文章——《人工语法的内隐学习》（*Implicit Learning of Artificial Grammar*）。他提到在人工语法学习（Artificial Grammar Learning，AGL）任务中，被试发生了一种不知不觉的学习，这种无意识地学习复杂规则的现象就被 Reber 称为内隐学习。内隐学习概念的提出，是对传统外显的、有意识学习研究领域的革命性突破，因此，Dan J. Woltz 认为内隐学习为理解人类认识的本质提供了全新的视野，特别是在复杂和模糊的学习情境中，个体复杂的知识和技能的获得的真正机制可能在于内隐学习的认知过程。

Reber（1967）认为，人们能够按照本质不同的两种学习形式来学习复杂的任务：需要付出意志努力、采取一定策略来完成的外显学习；无意识地获得了关于刺激环境的复杂知识的内隐学习。前者的特点是学习过程中学习行为受意识的支配、有明确的目的、需要注意资源并需要按照规则进行外显加工。在内隐学习中，人们没有意识到控制他们行为的规则是什么，但却学会了这种规则。

随着研究的深入，研究者们陆续从不同角度对内隐学习的概念进行了深入的研究和发展。Lewicki、Czyzewska 和 Hoffman（1987）提出，内隐学习是指被试获得具体知识，但却说不出、甚至意识不到已发生在他们身上的学习情况。Seger（1998）提出，内隐学习以偶然发生的方式发生，无须运用有意识的假设—检验策略；无须获得足够的有意识知识就能提高被试在测试中的成绩；不涉及先前已有表征的激活。Mathews 等人（1989）认为内隐学习是不同于外显思维的另一种学习模式，它是自动化的、无意识的，而且能更有效地发现任务变量间的不显著的协变关系。Frensch（1998）认为，内隐学习是有机体通过与环境接触，无目的、自动地获得事件或客体间结构关系的过程。郭秀艳（2003）则对内隐学习进行了描述性定义，认为内隐学习是一种"自动的、不易觉察的、对复杂规律敏感的学习"。

尽管到目前为止，内隐学习并没有明确统一的定义，但是以上各种定义的共同特点却指出了内隐学习的本质：对规则知识的无意识加工。个体对内在规则的存在是无意识的，他并没有意识到刺激中的潜在规则；个体学习内在规则知识的过程是无意识的，他没有运用外显学习策略进行学习，且难以运用言语表述内隐知识。

二 内隐学习的特征

内隐学习的特征是什么？众多学者都对其进行过讨论，不同学者提出了不同的观点。

Berry 和 Dienes 在 1993 年出版的《内隐学习：理论与实践问题》中主要从内隐学习的知识特点进行归纳，认为内隐学习具有四个基本特点：（1）迁移特异性，这表现在自由回忆对内隐学习的相对不可通达、迫选测验对内隐知识的相对不可通达、相关问题间迁移具有局限性等方面；（2）倾向于与学习条件有关；（3）产生现象性直觉感；（4）在时间、心理损伤、第二任务方面表现出强有力性。

Reber（1993）从进化论的角度，提出了内隐认知系统的五条基本假设特征：（1）强有力性：外显学习和外显记忆受心理异常和损伤的干扰，而内隐学习和内隐记忆则不受其影响；（2）年龄独立性：内隐学习没有年龄和发展水平效应；（3）低变异性：内隐认知能力具有较小的个体间差异；（4）IQ独立性：内隐任务成绩与标准心理测量工具测得的智力无一致性；（5）加工的共同性：内隐学习深层的加工过程具有物种间共同性。

O'Brien-Malone 和 Maybery（1998）则认为内隐学习的最主要特征是以下四点：无意识性、无意向性、不受加工容量限制性以及不受影响外显加工的神经心理异常所影响的强有力性。

郭秀艳（2003）在《内隐学习》一书中对内隐学习的基本特征进行了总结，将其分为四个方面：（1）自动性，指人们能在没有意识努力去发现任务的隐藏规则或结构的情况下，学会在任务环境中对复杂关系作出恰如其分的反应。这种无目的、自动发生的学习机制比有意识的心智活动更能检测微妙和复杂的关系；而且，这种不需要意识努力就发生的对复杂关系的概括，比外显学习过程更有力。（2）理解性，指通过内隐学习习得的知识在部分程度上可以被意识到。内隐学习中，随着个体不断地接触外部环境，原本内隐的知识可能会慢慢外显出来，进入意识层面。尽管内隐学习是无目的、自动发生的，但研究发现内隐学习会引发一种特殊的感知现象——直觉。一般情况下，人们觉得自己只是在猜测答案，但事实上人们对于答案的信心常常并不影响答案的准确性。（3）抽象性，指内隐学习可以抽象出外部刺激的内部深层结构，所获得的知识不依赖于刺激的表面物理形式，且能够极大地应用在具有同样外部特征的环境中。内隐学习中的迁移现象很好地证明了其抽象性特征。（4）抗干扰性，这一特征正如 Reber（1993）所述，无意识的内隐认知系统在有意识的外显认知系统建立之前就产生了，更为久远的进化使内隐学习独立于年龄与智力，具有跨物种的普遍性。

三　内隐学习与外显学习的关系

内隐学习与外显学习之间既有区别，又有联系。内隐学习和外显学习的区别是内隐学习之所以成为独立概念的重要基础，也是理解内隐学习和外显学习关系的逻辑起点。在 Reber 最初提出内隐学习之后，研究者为了验证内隐学习的存在，纷纷从二者分离的角度进行研究，两种学习一直被定义为两种泾渭分明的学习模式。随着研究的深入，在内隐学习这一现象被众多研究者接受后，人们发现，两者的界限并非如此清晰，并且人们意识到如何使二者相互作用促进学习过程才是有实际应用价值的。郭秀艳（2003，2004）对于内隐学习和外显学习的关系做了如下归纳。

（一）内隐学习和外显学习的区别

1. 现象学上的区分

内隐学习和外显学习在特征上的不同主要表现为：（1）内隐学习是自动的，外显学习是需要意志努力的；（2）内隐学习是稳定的，外显学习是易变的；（3）内隐学习是深层的，外显学习是表层的。所谓深层是指内隐学习获得的是刺激内部的潜在的深层结构，而表层则是指外显学习获得的是特定的刺激或是刺激间某些表浅的规则。

2. 实验操作上的区分

内隐学习的研究是以直接测验和间接测验为基础开展的。遵循的试验逻辑为完全论证假设和排除假设。完全论证假设是指直接测量对意识知识具有完全的敏感性；而排除假设是指直接测量对任何无意识知识的敏感性都为零。所以，若直接测验成绩不变而间接成绩增长，则说明无意识学习是独立存在的。但实际上，直接测验往往会受到无意识知识的污染。

Reingold 和 Merikle（1988）在扬弃这两条假设的基础上，提出了分离逻辑假设：直接测量和间接测量都同等程度地对意识知识敏感；当间接测验对某一特定刺激表现得比直接测验更敏感时，可以发现无意识知识的存在。

3. 神经生理学上的区分

大量研究表明内隐和外显学习的神经生理学基础是不同的。对脑神经受损病人的研究发现，某些神经受损伤或脑功能缺失的病人，虽然外显认知系统的功能发生紊乱，但是内隐认知系统却仍保持正常。例如，海马间脑—乙酰胆碱能传导系统在外显学习中占有重要的地位，但却有研究表明海马或间脑损伤病人的内隐学习却不受影响。

4. 学习机制上的区分

对这一问题的讨论集中在心理能量、心理表征和产生信息三方面。从心理能量和注意资源角度，Berry 等（1992）提出两种不同的学习类型——粗选的学习和精选的学习。他们发现，对于一个复杂的任务，个体进行粗选学习时，可能会不加选择地接受和贮存刺激之间的所有关联性；

而个体进行精选学习时，先精选出几个关键变量，然后只对这些变量之间的关联性进行观察和贮存。由此，若粗选学习时所接收和贮存的刚好是正确的关键变量，那么这种学习方式应该是快速有效的。可见，粗选学习是无意识的纯粹接触效应，类似于内隐学习；而精选学习则是一种需要意识努力的加工过程，类似于外显学习。Willingham（1998）曾从心理表征的角度对内隐位置序列学习进行了描述。他认为外显位置学习和内隐位置学习分别是自我中心空间表征和客体中心空间表征。在自我中心空间系中，物体的空间是相对于被试自己的身体而言的。在客体中心空间系中，物体的位置是相对于另一个客体的位置进行编码的，客体中心空间系是一个浮动的空间系，物体的相对位置和相对距离在其中尤为重要。Stadler（1997）提出内隐学习产生知识间的横向联系，而外显学习产生信息间的纵向联系。横向联系是记忆中两个相邻节点激活的结果，比如在序列反应时（SRT）任务中两个相邻的事件。纵向联系是组块化的结果，它是一种层级式表征，也就是说记忆中的某些节点代表了下一级的一些子节点。

（二）内隐学习和外显学习的联系

首先，两者都有学习特异性。所谓学习的特异性，是指学习过程会对各种信息进行特异编码，导致对学习效果的测量依赖于学习和测验时各种因素间的一致性程度，包括情景、方式、上下文关系以及各种生理和心理状态等。研究表明，不仅外显学习的效果依赖于这种学习和测验的一致性程度，内隐学习也有这样的特异性。内隐学习在编码阶段也敏感于刺激的感知特性、呈现方式、学习方式、刺激环境等一系列有关因素在测验阶段，若上述因素发生变化，内隐学习量也会发生明显下降（Willingham，et al.，2000）。

其次，两者都具有注意需求性。注意需求性是指学习过程需要一定的注意资源和注意选择。外显学习是一种有目的指向、需要意识参与的过程，显然是需要注意资源的。但是研究发现，分心任务也会妨碍被试对序列的内隐学习；而且在内隐学习过程中，被试也需要对刺激的各个维度进行主动的注意选择和加工（Nissen & Bullemer，1987；Cohen，Ivry & Keele，1990；Jimenez & Mendez，1999）。可见，内隐学习在一定程度上也需要注意参与，只是阈限相对较低。

（三）内隐学习和外显学习的相互作用

尽管内隐学习与外显学习相互区别，但很多时候它们也是相互作用的。一方面，外显学习会对内隐学习产生影响。研究表明，外显学习有时会阻碍内隐学习，有时又会促进内隐学习。比如，在人工语法学习任务中，当鼓励被试去寻找他们不可能发现的规则时，这样的外显学习会妨碍内隐学习（Reber，1976；Destrebecqz & Cleeremans，2001）。但是如果由熟识该语法规则的设计者直接演示其内在语法结构，同时配合一些具体的例子来说明，那么这种深入且精当的外显指导则会促进被试的内隐学习，并且它发生越早越有利于内隐学习（Reber & Squire，1994）。

另一方面，内隐学习也会对外显学习产生影响。Mathews 等人（1989）的实验研究表明，只有当学习者共同运用内隐和外显两种学习方式时，其效果才是最好的，即内隐学习和外显学习之间存在协同效应。后来的很多研究也获得了类似的结果（杨治良、杜建政，2000；郭秀艳、杨治良，2002）。

为了更好地理解内隐学习与外显学习的关系，很多学者还从不同的角度建立了两者的关系模型。比如，杨治良等人（1989）提出的钢筋水泥模型，在该模型中内隐学习是框架中的钢筋，而外显学习是框架中的水泥，单有一者都不能构成完整的框架，只有两者有机结合，才能建成建筑物的基本框架。

Sun 等人提出了内隐和外显学习整合的 CLARION 模型（connectionist learning with adaptive rule induction on-line）（Sun & Perterson，1998；Sun，Slusarz & Terry，2005）。该模型是个双重表征结构的整合模型，由两个水平组成：顶层水平的外显知识和底层水平的内隐知识。箭头表示信息流动的方向（如图 4.1 所示）。

内隐与外显学习在学习过程中相互作用，表现出互相促进或互相冲突，在 CLARION 模型的双层表征框架的交互机制中，也包含着内隐和外显加工的交互作用。当外显知识的发展滞后于内隐知识时，或者当顶层获得独立于底层的外显知识时，两种知识之间的冲突就会发生。这时，CLARION 的层间交互机制可能会忽略底层，如外显推理；也可能会忽略顶层，如内隐技能表现。但内隐学习和外显学习更多地表现出协同学习。这种协同关系，可以加速学习过程，提高技能的表现，易化技能的迁移，显示出比其中任何一种单一加工更大的优势。郭秀艳（2003）提出了内隐学习和外显学习连续体的双锥体模型（如图 4.2 所示），表明任何一个学习任务可能都是内隐和外显学习的结合物，完全的内隐学习和外显学习

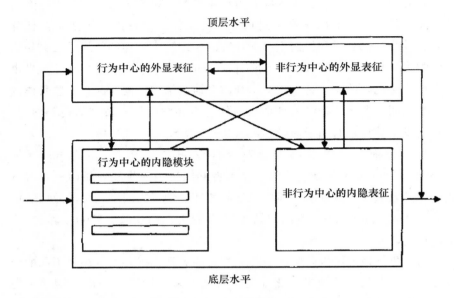

顶层水平

底层水平

图4.1 内隐和外显学习整合的 CLARION 模型（Sun & Peterson，1998）

似乎都是不存在的。

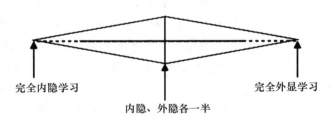

完全内隐学习　　　　　　　　　完全外显学习

内隐、外隐各一半

图4.2 内隐、外显学习的连续体（郭秀艳，2003）

　　此外，郭秀艳（2004）还从内隐学习与外显学习之间的动态发展过程的角度指出，内隐与外显学习的协同作用的关键在于内隐知识在多大程度上能有意识地加以利用的问题。他们通过实验研究推断，当经历一定数量的强化内隐训练之后，被试掌握的内隐知识渐渐为意识所接近，以至于最终在内隐加工强度的某一点上内隐和外显两种加工接通，彼此迅速地达成资源共享，从而使学习效率最高。

四　内隐记忆和内隐学习的关系

有研究者指出，在学习与记忆研究领域中的怪状之一，便是内隐记忆和内隐学习在名称上十分相近，但两者的研究在很大程度上并没有相互关联（Kinder, et al., 2003）。尽管内隐记忆和内隐学习都关注人类认知的无意识过程，但在过去很长一段时间里两个研究领域是独立发展的。因此，它们的区别是显而易见的。然而，这两个概念之间的联系也是不可忽视的。

（一）内隐记忆与内隐学习的区别

1. 涉及的加工阶段不同

内隐记忆侧重于刺激提取阶段的无意识性，即被试在不需要意识或有意回忆的情况下发生了记忆提取现象，这被认为是内隐记忆所起的作用。内隐学习则侧重于刺激编码阶段的无意识性，即对学习材料的复杂规律学习的无意识性。

2. 使用的研究材料不同

内隐记忆所使用的研究材料一般较为简单，例如单个刺激物或单一事件。而内隐学习所选用的刺激材料常常涉及较为复杂的、被试从未接触过的学习材料，而且这些学习材料之间具有某种复杂的不易被被试发现的规则联系。

3. 研究范式不同

内隐记忆的研究范式大多采用残词补笔和直接启动范式。就残词补笔测验而言，首先要求被试记忆一些给定的由字符串组成的单词，而后在一半的测试项目中要求被试用刚才记忆过的单词来完成需要补笔的残词，另一半测试项目要求被试不要用刚才记忆过的单词来完成该残词，被试在这两种项目上的成绩被用来研究内隐记忆的发生。直接启动范式是指由于被试先前已经知觉过相同刺激，那么在加工这一刺激的过程中会出现一种变化。由于启动刺激和探测刺激之间的呈现时距非常短暂，所以被试根本来不及有意识地回忆先前的启动刺激，所以体现的是内隐记忆。内隐学习的研究范式主要包括人工语法范式、序列学习、复杂系统控制、统计学习范式、信号检测范式五种，其中人工语法范式是研究内隐学习的经典范式。人工语法范式的核心在于一套人工编制出的复杂的语法规则。这种语法相当复杂，被试不可能在短时间内有意识地学会它。首先需要学习该语法，然后呈现相关的刺激材料，如果被试在该项测验中获得了高分，证明发生了内隐学习。

4. 采用的加工分离程序不同

运用加工分离程序主要是为了分离内隐记忆和外显记忆、内隐学习和外显学习。传统的记忆分离程序是采用在任务结束后，询问被试在完成任务时是否察觉到了任何意识性提取。当前记忆分离主要采用 Jacoby 提出的加工分离程序，它所设计的包含测验和排除测验使得意识性提取和自动提取在简单的再认任务中得以分离。而内隐学习和外显学习所采用的分离方法不是某个范式，而是给予被试的指导语。在外显学习中，给被试的指导语是"规则——发现指导语"。而在内隐学习中，给被试的指导语是"记忆指导语"，即只将被试的注意力集中在记忆而不是发现规则的层面上，这有利于引导出内隐学习。

（二）内隐记忆和内隐学习的联系

内隐记忆和内隐学习的联系主要体现在经验特征上的相似性，以及研究者对学习和记忆的无意识过程的理论解释的同源性。具体表现在以下几方面：

1. 都包含了无意识加工过程

尽管内隐记忆主要体现在提取阶段的无意识性，内隐学习主要表现为编码的无意识性，但它们都同属于内隐研究领域，都侧重于认知过程中的内隐性研究，关注的都是无意识认知现象。

2. 都不受加工类型和深度等变量的影响

内隐记忆成绩不受学习阶段精细加工或非精细加工等因素的影响，也不受加工深度的影响，即在两种条件下被试的内隐学习成绩保持恒定。内隐学习的研究也得出了类似的结果。当鼓励被试运用精细假设检验的策略时，人工语法的学习并未得到促进，计算机控制任务的表现也没有得到提升。

3. 都具有耐久性

相比于外显记忆和外显知识，内隐记忆和内隐知识的保持时间更长。外显记忆和外显知识很容易随时间而流逝，而内隐记忆产生的启动效应能持续数日甚至数月之久，内隐学习获得的知识在长时间隔后仍能被探测到。

4. 理论解释的同源性

由于内隐记忆和内隐学习关注的内容在本质上几乎一致，因此它们拥有很多共同的理解解释，包括多重记忆系统理论、迁移恰当加工理论、样例理论、分布式记忆理论等。

总的看来，尽管内隐记忆和内隐学习在过去相当长时间里的发展相对独立，但随着研究的深入以及人们对无意识过程的认识，两者的整合取向研究是未来发展的必然趋势。

第三节　内隐记忆与学习的神经基础

记忆是人类大脑最基本也是最重要的高级神经功能之一。那么，大脑是如何进行记忆的呢？认知心理学、认知神经科学各自从不同角度对此进行了长期的研究。如今，借助于无创性的且具有高分辨率的神经电生理技术和脑成像技术，研究者不仅揭开了传统的外显记忆相关的脑神经结构，还逐步揭示出了人类内隐认知的脑机制。

一　内隐记忆的神经基础

（一）内隐记忆与外显记忆神经机制的分离

多重记忆系统理论认为，内隐记忆和外显记忆依赖于两种不同的记忆系统，并且与大脑的不同区域相联系。这个观点得到了大量认知神经科学研究的支持（孟迎芳、郭春彦，2006）。

从神经心理学角度，最初内隐记忆和外显记忆分离现象的报告是基于对遗忘症患者的研究。遗忘症是由于内侧颞叶和间脑结构，包括海马，旁海马皮层等的损伤而造成的，这类病人在回忆和再认的直接记忆测验中成绩比一般人差，但在模糊词辨认、词干补笔等间接记忆测验中表现与正常人一样，保存有完整的启动效应（Milner，1968）。阿尔茨海默症（Alzheimer disease，AD）患者为内隐记忆和外显记忆神经机制的研究提供了新的途径。这种疾病的典型表现是额叶、顶叶和颞叶等新皮层区以及内侧颞叶的广泛损伤，但有着一个相对保存完好的感觉皮层，例如枕叶区，虽然这种病症的表现形式存在着个别差异，但外显记忆的损伤是它早期的共同特点。而在内隐记忆方面，约有65%的研究报告了AD病人保存着完整的启动效应（Ballesteros & Reales，2004；王炜，王鲁宁，周波 & 张晓红，2005）。另外，因海马损伤而导致的精神分裂症研究也表明，与控制组被试相比，精神分裂症患者保存着大量的内隐记忆，但外显记忆受到破坏（Sponheim, Steele & McGuire, 2004）。

对切除右枕叶病人 M. S. 的研究提供了另一方面的证据，M. S. 没有表现出视觉重复启动效应，但却有正常的视觉词和非词信息的再认记忆（Fleischman, Vaidya, Lange & Gabrieli, 1997）。这种现象表明在右枕皮层中一个非陈述性知觉记忆系统可能参与了视觉词形式信息的记忆，这种信息对于视觉重复启动是必要的，但对于视觉陈述性记忆是不必要的。M. S. 的研究与遗忘症患者的研究相互补充，表明外显记忆是由颞叶及间脑结构所负责，而内隐记忆反映了"知觉表征系统"的操作，它不依赖于内侧颞叶系统，而是由通道特异的感觉皮层所负责，这种脑区的损伤会导致通道特异的非陈述性记忆的选择性障碍。

使用 PET 和 fMRI 的神经成像研究表明，当被试在进行再认或回忆等外显记忆任务时，被激活的脑区主要包括内侧颞叶、前额皮层和后内侧顶叶皮层（Squire, et al., 1992; Meltzer, et al., 2005; Daselaar, et al., 2003; Herron, et al., 2004）。然而，在被试进行内隐记忆活动时，脑神经活动上观察到的主要现象就是出现与启动效应有关的衰减现象，即参与最初（学习阶段）刺激加工的特定脑区在重复（测验阶段）刺激加工过程中会表现出衰减的活动，其中较为一致观察到的脑区包括枕颞皮层（主要参与知觉加工）和左下前额区（主要参与语义或概念加工）（Buckner, et al., 2000; Wagner, et al., 1997; 2000）。

在内隐记忆和外显记忆的 ERP 研究中，虽然采用的实验程序、刺激材料有所不同，但研究者也发现了两种记忆神经系统在时空上的不同特征（Rugg, et al., 1998; Nessler, et al., 2005）。

（二）内隐记忆编码阶段的神经基础

Schott 等（2005）首创了一种两阶段的测验范式，在一个测验中同时获得外显记忆和不涉及再认的知觉启动，根据被试的补笔表现及随后的判断对学习阶段的神经关联进行分类。Schott 等将内隐记忆定义为内隐记住项目与忘记项目的差异，把外显记忆定义为外显记忆项目与忘记项目的差异，结果发现内隐记忆与外显记忆在编码过程中神经关联不同，内隐记忆表现为 200—450ms 中央顶区负走向的 Dm 效应（Differences based on later Memory Performance, ERP），而外显记忆表现为 600—800ms 中央区以及 900—1200ms 右额区正走向的 Dm 效应；其 fMRI 数据表明，预测随后外显记忆的神经关联表现在双内侧颞叶和左前额皮层的激活增强，而预测随后知觉启动的神经关联表现在双侧纹外皮层，左梭状回和双侧下前额皮层的反应减少

随后 Wimber，Heinze 和 Richardson – Klavehn（2010）也采用两阶段测验范式，通过快速知觉识别与再认相结合的方式区分出随后记住（识别出且再认为旧）、随后启动（识别出但再认为新）和随后未识别（不能识别或识别错误）的项目，结果发现编码过程中不同的额顶皮层网络预测随后的内隐和外显记忆，外显记忆主要表现在背侧后顶区和腹外侧前额皮层的激活，而内隐记忆则表现在腹侧后顶皮层以及背外侧前额皮层与内侧额区的激活。虽然上述的研究结果并不完全一致，但它们都反映了内隐与外显记忆在编码过程中的神经分离。

Wimber 等（2010）研究中，腹侧后顶皮层在内隐与外显记忆中表现出完全不同的模式，在外显记忆中，该区域表现出负向的相继记忆效应，而在内隐记忆中表现为正向的相继记忆效应，这表现了一种质的分离。Wimber 等认为，该区域的激活反映了对刺激知觉特征的选择性注意，这种选择性注意有助于随后的知觉启动，但对再认记忆却起破坏作用。但也有研究表明，对刺激知觉特征的编码将有助于随后的再认记忆。内隐记忆的神经关联受到相继记忆的调节，随后记住的图片比随后忘记的图片有着更大的行为启动和神经衰减（Turk – Browne & Chun，2006）。

此外，也有研究发现内隐记忆与外显记忆在编码阶段的脑机制存在着分离，也存在着重叠的现象。内隐记忆主要与颞区负走向的 Dm 效应相联系，它反映了被试对刺激的知觉加工过程，以产生知觉流畅性；外显记忆主要与早期前额区正走向的 Dm 效应相联系，它反映了被试对刺激的精细加工过程，以形成长时记忆。而早期中央区及晚期顶区负走向的 Dm 效应是内隐记忆和外显记忆共有的成分，它们可能分别反映了在编码加工过程中对刺激给予的注意状态，以及把编码加工后的信息登记进相应记忆系统的过程（孟迎芳，2012）。

（三）内隐记忆提取阶段的神经基础

内隐记忆的 PET 和 fMRI 研究表明，在学习阶段参与刺激加工的特定脑区在测验阶段（即记忆提取阶段）的加工过程中表现出活动衰减，其中主要的脑区包括枕颞皮层和左下前额区。

Squire 及同事（1992）最早报告了在神经活动上与启动有关的衰减现

象，在这个 PET 研究中，要求被试用想起的第一个词完成三个字母的词干。启动条件中，词干可以用先前学过的词来完成，而在基线条件中，则无法用先前学过的项目来完成。与基线条件相比，被试更快完成了启动条件中的词干补笔，两种条件最大的差异在右枕皮层，它在启动词干补笔过程中表现出激活衰减。随后使用类似任务的实验重复了与启动有关的枕区激活减少反应，但发现这些减少是双侧的，并且延伸到后颞皮层。

另外，研究还发现，当启动词和词干都以听觉呈现时，双侧枕颞皮层也表现出重复抑制，激活衰减（Badgaiyan，Schacter & Alpert，1999；Buckner, et al., 2000；Badgaiyan，Schacter & Alpert，2001）。有研究者指出，这种枕颞皮层的激活衰减反映了对被启动刺激较快的或"更有效的"加工，可能是因为在重复刺激加工过程中参与的神经元数目减少了，也可能是参与的神经元数目没有变化，但一个神经元静态群的放电率或持续时间随着重复而减少了（Henson，2003）。

另一个与内隐记忆有关的神经关联是左下前额区。许多研究表明，当词在语义加工任务中重复出现时，前额区能检测到稳定的、一致的活动衰减。Wagner 等人（1997；2000）比较了被试对词或图片进行有生命/无生命判断时的额区反应，发现对重复呈现刺激的反应比最初呈现要快，这个启动效应同时伴随着左下前额区的重复抑制现象，表明重复呈现会导致特定脑区中神经活动的减少。

从提取阶段的相关研究来看，虽然内隐和外显记忆的分离现象得到较多的证实，但近年来关于二者神经机制的重叠现象也受到了较多的关注，认为内隐和外显记忆既有着独立的成分，也包含着重叠的加工过程（孟迎芳、郭春彦，2007）。

二 内隐学习的神经基础

在许多神经科学和神经心理学的研究中，对于内隐学习的神经基础方面已经取得了长足的进步。通过对脑损病人的研究发现，基底神经节似乎与反应程序有关，联合区似乎与内隐学习中的知觉概念有关，额叶似乎与评价内隐知识的概念流畅性有关（付秋芳等，2003；李宇龙等，2013）。内隐学习（常为程序上的）和外显（常为陈述性的）学习的记忆机制分别体现在皮质和皮层下的脑区（Destrebecqz & Cleeremans，2001）。研究证明，海马、颞—顶部皮层、内侧颞叶、前扣带皮层和内侧前额叶皮层这些脑区与外显学习和陈述性记忆的表征相关联，而纹状体（基底神经节、尾状核）结构与内隐学习或程序性记忆有关（Aizenstein, et al., 2004；Destrebecqz, et al., 2005；Eichenbaum, 1999；Knowlton, 2002；Reber, Gitelman, Parrish & Mesulam, 2003）。

Thomas 等（2004）研究内隐学习时纹状体发展的变化发现，当把孩子与成人相比较时内隐学习和外显学习会在神经心理学上出现分化。他们发现不论是成人还是儿童都无法明确地意识到内隐学习序列，但是两个群体内隐学习的效果与速度是不同的，成人明显超过了儿童。需要注意的是，成人在大脑皮层运动区域的激活表现得更为明显，而儿童在皮层下的运动结构（双侧壳核）则明显激活。尽管与学习相关的激活会随发展的不同分别体现在海马和上顶叶皮质中，但与学习相关的（右）尾状核激活并不因年龄的变化而改变。

（一）人工语法范式下内隐学习的神经基础

目前为止，对人工语法学习的神经基础的神经心理学和神经影像学的研究已经得到很多有用的结论。研究表明，内隐学习主要与额叶、枕叶、顶叶和基地神经节有关。

1. 额叶

对遗忘症病人的研究发现，额叶未受损伤的病人判断合乎语法规则与不合乎语法规则字符串的能力是正常的；而额叶受损伤的遗忘症病人，缺乏这种对字符串的判断能力，这表明额叶参与内隐知识的表达（Kirsner, Speelman, Maybery, O'Brien – Malone, & Anderson, 2013；杨炯炯等，2004）。fMRI 研究发现，左侧额叶的神经活动与认知判断有关，左侧额下皮层对语法结构规则的加工具有特殊作用（Lieberman, Chang, Chiao, Bookheimer & Knowlton, 2004；Petersson, Forkstam & Ingvar, 2004）。Seger 等人（2000）用传统的人工语法学习范式，让被试学习符合语法规则的字母串，用 fMRI 技术收集数据发现与基线任务相比，认知判断激活了左侧额叶的神经活动。Indefrey 等人（2001）同时也发现，左侧额叶皮层有助于词义的独立语法加工，说明左侧额下皮层在加工语法规则时具有特殊的作用。Moro（2001）在一项句法学习研究中，发现布洛卡区和右额下回与句法加工相关。人类左侧额下皮层区对程序性学习起重要的作用。当对违背人工语法的字符串进行判断，以及对语法规则进行选择时，左侧额下皮层的活动增强，并对认知表征方面的结构性加工也有重要作用

（Forkstam，Hagoort，Fernández，Ingvar & Petersson，2006）。Petersson
（2004；2005）的研究发现，人们掌握与运用人工语法的神经机制，与人
们对自然语法加工的神经机制在很大程度上是一致的，都集中于左侧额下
皮层。

2. 枕叶

Seger（2000）用人工语法范式研究发现，枕叶的神经活动字符串任
务（即再认任务、语法判断任务和迁移任务）的完成有关。在再认任务
中，枕叶活动的活跃位置是双侧枕叶；而语法判断和迁移任务中，枕叶后
部活动显著增加；在迁移测验中，内隐地习得知识，除了激活左侧额叶脑
区外，靠近左外侧枕叶的活动也显著增多。Opitz 等人（2003）利用 Re-
ber 人工语法变式对内隐学习进行研究，结果发现，人工语法学习所激活
的脑区主要是在左侧额下回与左侧枕中回，并且这些脑区随着被试语法判
断熟练程度的提高，激活程度也显著增强。Skosnik 等人（2002）同样利
用符合 Reber 人工语法及其变式的字符串作为实验材料，在判断正确与不
正确的人工语法字符串任务时，发现成功的语法判断激活左侧枕上回、双
侧角回、前楔片和左侧额叶皮层。与不符合语法规则的字符串相比，对符
合语法规则字符串的判断，在左侧枕上回表现更活跃。而且，在正确的语
法判断任务上，可以观察到左侧枕上回的活动更为频繁。

总之，枕叶的活动与字符串任务完成有关。随着被试语法判断熟练程
度的提高，左侧额下回与左侧枕中回的激活程度显著增强；随着人工语法
分类任务不断进行，前额叶皮层和枕叶皮层的活动减弱，顶叶的活动增强
（Forkstam & Petersson，2005；Petersson，2005）。

3. 顶叶

内隐学习所习得的内隐知识与顶叶的神经活动关系密切。Dienes
（1999）认为，内隐知识迁移的发生，是由于在原字符串和新字符串之间
建立了比较地图。在此观点的启发下，研究者利用脑功能成像技术，发现
左侧顶叶的活动是比较地图中最主要的神经活动。由于被试不能主观报告
出原字符串与新字符串之间映射的存在，说明这种人工语法学习迁移的地
图是内隐的（Berry，1997）。Seger 采用人工语法任务证实了顶叶与内隐
知识的迁移有关，研究发现脑部活动由枕叶扩展到了顶叶，尤其是在内隐
知识的迁移任务中，可以明显地观测到脑区活动向顶叶扩展的趋势，双侧
顶叶及顶叶的上、下部都有活动出现（Seger & Cincotta，2002）。

由此可知，顶叶的神经活动与内隐知识的迁移有关。内隐知识的迁移需要在原来语法判断的神经活动基础上（左侧额叶和外侧枕叶）补充新的神经活动（右额叶和双侧顶叶）。这种脑皮层活动模式说明，内隐知识的迁移需要认知加工的补充（郭秀艳，2003）。

4. 基底神经节

基底神经节由位于皮层下的一系列神经核构成。它的主要部分为纹状体，纹状体又包括尾状核及豆状核。这些神经核在内隐学习中起着重要作用。研究发现，基底神经节损伤的病人缺乏知觉性启动效应（王常生等，2000）。Matthew 等人（2004）的 fMRI 研究发现，尾状核前部在内隐学习规则任务上表现得更为活跃，说明尾状核在人工语法的内隐学习中起着重要作用。Christian 等人（2006）采用人工语法变式，发现尾状核前部对辨别具有语法形式的字符串较为敏感，尾状核对认知加工流畅性具有积极的作用，主要表现在尾状核前部对正确语法辨认时的脑区活动的不断增强。Lieberman 等人（2004）使用类似的人工语法范式进行研究，发现右侧尾状核对语法辨认有特殊的敏感性。研究者认为这可能是因为在运用语法结构检索语言结构和进行程序性加工时尾状核被激活。因此，基底神经节是程序性加工的脑区，它参与内隐学习的加工过程，而不影响外显学习。

Yang 和 Li（2012）采用一项经典人工语法范式，用连接性分析（connecttivity analysis）探索了内隐学习和外显学习相关脑区的连接性关系。研究发现两种不同学习过程中脑区之间有重叠，但是其在每种学习中的作用并不相同。具体地说，皮层—皮层下结构不同的神经连接性可能会影响外显和内隐学习，额叶和顶叶结构更多调节外显过程中的与注意和情境相关的内容，而额叶—纹状体之间的直接关系影响内隐过程。

（二）内隐序列学习神经基础

内隐序列学习的行为研究表明，序列反应时（SRT）学习主要是基于刺激的。但这一观点并没有得到神经成像研究者的支持，通过 TMS、PET、ERP 和 fMRI 等技术的研究表明，序列学习主要与大脑的运动区域（主运动皮层、前运动皮层、辅助运动区和基底神经节）和非运动区域（外纹状皮层、顶叶和颞叶）有关。

Pascual-Leone 等人（1994）用 TMS 技术绘制了 SRT 学习各阶段大脑主要运动皮层的反应图谱。发现学习初期运动皮层区的面积和幅度不断扩大，但经过一段时间的学习后，该区域的面积又缩减至基线水平。他们认为运动皮层图谱的扩张反映了运动皮层对内隐学习的影响，而回归到基线水平则是向由其他脑机制控制的外显状态的迁移。

Grafton 等人（1995）测量了被试在分心和不分心条件下序列学习的局域大脑皮层血流变化（rCBF）。结果发现，左侧感觉运动皮层、左侧辅助运动区、左侧顶皮层以及核壳内双侧区域（基底神经节的一种横纹肌核）可能与内隐系列学习有关；右侧前额皮层、右侧基底神经节以及双侧顶—枕叶区域可能与外显序列学习有关。该研究结果得到了后续其他研究的证实（Hazeltine，et al.，1997；Rauch，et al.，1995；Werheid，Zysset，Müller，Reuter & Von Cramon，2003）。

此外，基底神经节在序列学习中的作用得到了阿尔茨海默病和基底神经节功能障碍患者在知觉—动作序列学习研究中的支持（Gobel et al.，2013；Siegert，Taylor，Weatherall & Abernethy，2006）。

综上所述，所有神经成像的研究都表明了序列学习与大脑运动控制区域相关，这些区域包括主运动（或称感觉运动）皮层、前运动皮层、辅助运动区和基底神经节，这似乎意味着内隐学习的脑机制与刺激无关而是基于反应。

第四节　内隐记忆与学习的教育启示

内隐记忆和学习的发现不仅为心理学研究开拓出一片新天地，在教育教学领域也是革命性的事件。由于内隐记忆和学习在诸多领域表现出来的更强大、更持久的学习优势，不仅研究者对其感兴趣，如何在教学过程中运用内隐记忆与学习，也成为教育工作者迫切需要寻找的答案。

一　对教学观的启示

传统教学观是以理性思维为中心的教育观和学习观，重视逻辑分析与推理。内隐学习的研究却揭示了无意识学习过程的心理机制，极大地冲击了传统教学观，为教育改革提供了新的切入点和突破口。

内隐学习的研究表明，除了大脑左、右半球以外，人脑中还存在着许多分离的信息处理器用来实现某种分散的、特殊形式的刺激加工。这种无意识的学习机制比已发现的有意识思维更能检测微妙的和复杂的关系，对传统以理性思维为中心的认知理论提出了新的挑战。长期以来，我们的教育往往只注重外显的记忆和学习，而忽略了内隐记忆和学习的影响。但是教育是一个漫长的过程，它不仅需要高强度的集中练习，还需要一个逐渐渗透的过程。虽然外显学习是认识的基本途径，但却不能取代内隐学习的功能，外显学习所获信息只是经过人们的大脑皮层集中注意和加工的信息。在我们生活的每时每刻，人感官接受的信息只是有一小部分被阈上知觉所接受并进行集中加工和理性思考，大部分信息以无意识的形式被阈下知觉所储存，这便是内隐学习的结果，它时刻对外显认知起到补充和调节作用。因此，在未来的教育实践中，教育者需要树立科学的教育观，结合外显与内隐学习的优势来促进学生的发展。

二　对教学活动的启示

尽管我们似乎一直强调内隐学习的优势，但是内隐学习和外显学习各有其特点和功能，有着不同的优势领域的发生条件。在教学过程中，教师应该根据学习对象和学习材料的特点，引导学生采用适当的学习方式。

（一）教学中进行必要的重复学习和强化练习

内隐记忆和学习的研究表明，阈限下刺激和启动效应对后来的任务存在易化效应。另外研究表明，脑外伤病人在高强度练习和准确反馈条件下，各任务领域都存在直观性和无意识的内隐学习效应，并且这种学习效应随着策略训练有增强和向外显转化的趋势。因此，当学习处于高原期时，尽管成绩没有明显的提高，但是学习或许仍在进行。

再者，重复对于新旧知识的掌握和自动加工都有促进作用。尽管重复练习的效果不易外显，但还仍会潜移默化地提高学生的理解能力和学习能力，同时可以提高学生灵活运用知识解决问题的能力。

（二）教师要给学生创造知识迁移的机会

迁移是指学习者将知识、技能以及在训练情景中获得的态度等有效运用到情景中的程度。内隐学习获得的是无法言语表达的缄默知识。缄默知识能够迁移到形式不同的新内容中。内隐学习的效果需要通过大量的实际操作才能体现来。因此，在传授知识后，应当给学生提供多次学习和练习的机会，创造掌握内隐学习内在规则的条件，为学生提供知识迁移的机会。

（三）重视学生的动手实践活动

由于内隐学习习得的是不可言表的缄默知识，因此通过直接讲授很难达到很好的效果。程序性知识的获得主要靠实践活动和实际操作训练，通过学习者的亲身实践实现的。因此，在教育教学中要强调通过学生亲身的参与或实践，使他们在实践中逐渐体验到所学知识和技能，这样有利于将所学到的知识自动化。因此，情景教学、角色扮演、亲自动手做实验等。利用身体运动，激发内隐学习的潜能。对提高学生的理解能力和创造性思维能力具有重要意义。许多研究已证明，基底神经节在运动、知觉和认知技能的学习中起着重要的作用，它参与内隐学习的加工过程，支持程序性加工，在程序性学习中起重要作用（Ullman，2004）。

需要说明的是，强调程序性学习，并不是说否定了陈述性学习。两者学习方式各有其优势领域，程序性学习所针对的主要是那些具有内隐性的、个人的知识。对那些事物名称、概念、事实等方面的陈述性知识，仅靠听讲和阅读等方式就可以掌握。因此，在教学过程中，要将陈述性学习和程序性学习有机地结合。

（四）重视内隐学习与外显学习的有序结合

人脑的结构与功能并不是一一对应的关系，它具有多区域协同作用的动态特征。在一定条件下内隐学习和外显学习可能是相互对立的，但在另一些条件下又可能是相互促进的。为了让学生更好地获得知识，教师应当注意把握内隐学习与外显学习结合的顺序。

认知神经科学研究表明，在人工语法判断任务中，熟练程度越高，左侧额下回与左侧枕中回的激活程度越强（Opitz & Friederici，2003）。随着人工语法分类任务的不断进行，脑区的活动也在发生变化，主要表现为前额叶皮层和枕叶皮层活动减弱，而顶叶活动增强（Forkstam et al.，2006）。顶叶活动与内隐知识的迁移有关。基于这种观点，内隐与外显学习的最佳顺序应该为：内隐学习在先，外显学习适当配合于后将内隐知识迁移到外显学习的过程中。郭秀艳和杨治良（2002）研究也表明，在学习复杂任务时应先具备一个内隐知识基础然后再试图建立外显的任务模型。因此，在教育教学过程中，教师首先让学生在特定任务情景中进行充分的训练，开始内隐学习，为随后的外显学习和理解做准备。

三 对学习评估的启示

习得的知识是通过一定的测验和评估得以体现的。考试、测验就是常规评估手段。目前的考试中，使用最多的测量方式就是再认或回忆。这种测量方式能够很好地测量出学生有意识提取的外显记忆知识以及对这种知识的运用能力，但却很难测出学生的内隐学习与内隐记忆等无意识加工能力。比如，测试中的作文、简答、论述等题型通常只能考查学生能够"表达"其所学的内容程度，而不能够测量"做出"其所学内容的程度。

内隐学习从理论上对这种评估方式提出了挑战：从内隐学习的角度看，所有这些要求学生"说出来"的评估方法都是直接测验，测量的是外显的知识，而对学生可能具有的内隐知识根本没法测量。如 Berry 和 Broadbent（1998）的研究表明，作业的提高并不必然地体现在人们回答书面问题的能力上，有时候即使自己掌握和理解的内容，也不一定能表达出来（Reber，1989）。更值得关注的是，在测试中取得高成绩的人其掌握能力并不一定高，人们所做的常常与其所回答的没有相关，甚至言语提问反而会对人们所知道的内容造成扭曲印象。尽管研究表明，经过大量练习之后，人们确实拥有了某一外显知识（McGeorge & Burton，1989），但是仅仅作言语回答并不能充分的反映出学习者的真实水平。按照内隐学观点，内隐学习获得的知识，往往会体现在"做"的过程中，而这些知识是直接言语评估无法探测的。测试取得的外显知识很可能与内隐学习取得的缄默知识相去甚远，造成实际水平与测验成绩不匹配。这样测验的准确性和有效性就会大大降低。因此，书面考试并不是衡量学生能力的唯一、可靠的标准，测试方式应该多元化，从多方面考量学习者的真实能力，这样才能克服应试教育的弊端。

总之，无论是教育观念，教学实践与指导，还是教学评估与测验等各个方面都体现出了内隐学习的价值。可以说，内隐学习研究为当代教育观注入了新鲜血液，使教育者重新反思教育和学习的本质，也引发了人们在教育理念上的深层思考。

参考文献

陈世平、杨治良：《干扰对外显和内隐记忆的影响》，《心理科学》1991 年第 4 期，第 8—14 页。

付秋芳、刘永芳：《内隐学习潜在机制研究的某些新进展》，《心理科学进展》2003 年第 11 卷第 4 期，第 405—410 页。

郭秀艳、杨治良：《内隐学习与外显学习的相互关系》，《心理学报》2002 年第

34 卷第 4 期，第 351—356 页。

郭秀艳、黄佳、孙怡、杨治良：《内隐学习抽象性研究的新进展》，《心理学探新》2003 年第 2 期，第 15—19 页。

郭秀艳、杨治良、周颖：《意识—无意识成分贡献的权衡现象——非文字再认条件下》，《心理学报》2003 年第 35 卷第 4 期，第 441—446 页。

郭秀艳：《内隐学习》，华东师范大学出版社 2003 年版。

郭秀艳：《内隐学习和外显学习关系评述》，《心理科学进展》2004 年第 12 卷第 2 期，第 185—192 页。

李宇龙、樊欣鑫、李宇飞、石文典：《内隐学习中神经生理机制研究的新进展》，《东南大学学报》（医学版）2013 年第 1 期，第 85—89 页。

马正平、杨治良：《多种条件下启动效应的研究》，《心理科学》1991 年第 1 期，第 12—17 页。

孟迎芳：《内隐与外显记忆编码阶段脑机制的重叠与分离》，《心理学报》2012 年第 44 卷第 1 期，第 1—10 页。

孟迎芳、郭春彦：《内隐记忆和外显记忆的脑机制分离：面孔再认的 ERP 研究》，《心理学报》2006 年第 1 期，第 15—21 页。

孟迎芳、郭春彦：《内隐记忆和外显记忆的 ERP 分离与联系》，《科学通报》2007 年第 52 卷第 17 期，第 2021—2028 页。

钱国英、游旭群：《内隐记忆特点的新探索》，《心理科学》2007 年第 30 卷第 4 期，第 998—1001 页。

孙国仁：《内隐记忆研究进展》，《内蒙古师范大学学报》（教育科学版）2001 年第 2 期，第 33—36 页。

王常生、于生元：《基底神经节损伤对知觉性启动效应影响的进一步研究》，《心理学报》2000 年第 32 卷第 3 期，第 306—309 页。

王炜、王鲁宁、周波、张晓红：《遗忘型轻度认知损伤患者内隐和外显记忆的研究》，《中华老年心脑血管病杂志》2005 年第 6 卷第 6 期，第 364—366 页。

吴艳红、朱滢：《自由回忆和线索回忆测验中的系列位置效应》，《心理科学》1997 年第 3 期，第 217—221 页。

杨炯炯、翁旭初、管林初、匡培梓、张懋植、孙伟建、于生元：《额叶参与对新异联系的启动效应——来自脑损伤病人的证据》，《心理学报》2004 年第 34 卷第 1 期，第 36—42 页。

杨志新、韩凯：《加工水平对不同类型内隐记忆测试的影响》，《应用心理学》1996 年第 2 期，第 31—35 页。

杨治良：《记忆心理学》，华东师范大学出版 1999 年第二版。

杨治良、杜建政：《FOK：是线索熟悉，还是目标提取？》，《心理学报》2000 年第 3 期, 第 241—246 页。

Aizenstein, H. J. , Stenger, V. A. , Cochran, J. , Clark, K. , Johnson, M. , Nebes, R. D. & Carter, C. S. (2004). Regional brain activation during concurrent implicit and explicit sequence learning. *Cerebral cortex*, 14(2), 199—208.

Anooshian, L. J. (1997). Distinctions between implicit and explicit memory: Significance for understanding cognitive development. International Journal of Behavioral Development, 21 (3), 453—478.

Baddeley, A. , Lewis, V. , Eldridge, M. & Thomson, N. (1984). Attention and retrieval from long-term memory. *Journal of Experimental Psychology*: *General*, 113(4), 518.

Badgaiyan, R. D. , Schacter, D. L. & Alpert, N. M. (1999). Auditory priming within and across modalities: Evidence from positron emission tomography. *Journal of Cognitive Neuroscience*, 11(4), 337—348.

Badgaiyan, R. D. , Schacter, D. L. & Alpert, N. M. (2001). Priming within and across modalities: exploring the nature of rCBF increases and decreases. *Neuroimage*, 13 (2), 272—282.

Ballesteros, S. & Reales, J. M. (2004). Intact haptic priming in normal aging and Alzheimer's disease: Evidence for dissociable memory systems. *Neuropsychologia*, 42 (8), 1063—1070.

Berry, D. C. (1997). *How implicit is implicit learning?*: Oxford University Press.

Berry, D. C. & Broadbent, D. E. (1988). Interactive tasks and the implicit - explicit distinction. *British Journal of psychology*, 79(2), 251—272.

Berry, J. W. (2002). *Cross-cultural psychology*: *Research and applications*: Cambridge University Press.

Billingsley, R. L. , Smith, M. L. & McAndrews, M. P. (2002). Developmental patterns in priming and familiarity in explicit recollection. *Journal of Experimental Child Psychology*, 82 (3), 251—277.

Brooks, L. R. , Norman, G. R. & Allen, S. W. (1991). Role of specific similarity in a medical diagnostic task. *Journal of Experimental Psychology*: *General*, 120(3), 278.

Cave, C. B. & Squire, L. R. (1992). Intact and long-lasting repetition priming in amnesia. *Journal of Experimental Psychology*: *Learning*, *Memory*, *and Cognition*, 18(3), 509.

Clarys, D. , Isingrini, M. & Haerty, A. (2000). Effects of attentional load and ageing on word-stem and word-fragment implicit memory tasks. *European Journal of Cognitive Psychology*, 12(3), 395—412.

Cohen, A. , Ivry, R. I. & Keele, S. W. (1990). Attention and structure in sequence learning. *Journal of Experimental Psychology*: *Learning*, *Memory*, *and Cognition*, 16(1), 17.

Cohen, N. J. & Squire, L. R. (1980). Preserved learning and retention of pattern-analyzing skill in amnesia: dissociation of knowing how and knowing that. *Science*, 210 (4466), 207—210.

Craik, F. I. M. , Moscovitch, M. , McDowd, J. M. (1994). Contributions of surface and conceptual information to performance on implicit and explicit memory tasks. Journal of experimental psychology: Learning, Memory, and Cognition, 20(4), 864—875.

Crowder, R. G. (1976). Principles of learning and memory. Oxford, England: Lawrence Erlbaum.

Daselaar, S. M. , Veltman, D. J. , Rombouts, S. A. R. B. , et al. (2003). Deep processing activates the medial temporal lobe in young but not in old adults. Neurobiology of Aging, 24, 1005—1011.

Dennis, N. A. & Cabeza, R. (2011). Age-related dedifferentiation of learning systems: an fMRI study of implicit and explicit learning. *Neurobiology of aging*, 32(12), 2317—2330.

Denny, E. B. & Hunt, R. R. (1992). Affective valence and memory in depression: dissociation of recall and fragment completion. *Journal of abnormal psychology*, 101(3), 575.

Destrebecqz, A. & Cleeremans, A. (2001). Can sequence learning be implicit? New evidence with the process dissociation procedure. *Psychonomic bulletin & review*, 8 (2), 343—350.

Destrebecqz, A. , Peigneux, P. , Laureys, S. , Degueldre, C. , Del Fiore, G. , Aerts, J. , ... Maquet, P. (2005). The neural correlates of implicit and explicit sequence learning: Interacting networks revealed by the process dissociation procedure. *Learning & Memory*, 12 (5), 480—490.

Dew, I. T. & Giovanello, K. S. (2010). The status of rapid response learning in aging. *Psychology and aging*, 25(4), 898.

Dienes, Z. , Altmann, G. & Gao, S. J. (1999). Mapping across domains without feedback: A neural network model of transfer of implicit knowledge. *Cognitive Science*, 23(1), 53—82.

Duñabeitia, J. A. , Avilés, A. , Afonso, O. , Scheepers, C. & Carreiras, M. (2009). Qualitative differences in the representation of abstract versus concrete words: Evidence from the visual-world paradigm. *Cognition*, 110(2), 284—292.

Eichenbaum, H. (1999). Conscious awareness, memory and the hippocampus. *Nature neuroscience*, 2, 775—776.

Fleischman, D. A. (2007). Repetition priming in aging and Alzheimer's disease: an integrative review and future directions. *Cortex*, 43(7), 889—897.

Fleischman, D. A. , Vaidya, C. J. , Lange, K. L. & Gabrieli, J. D. (1997). A dissociation between perceptual explicit and implicit memory processes. *Brain and Cognition*, 35(1), 42—

57.

Fletcher,P. ,Büchel,C. ,Josephs,O. ,Friston,K. & Dolan,R. (1999). Learning-related neuronal responses in prefrontal cortex studied with functional neuroimaging. *Cerebral cortex*,9(2), 168—178.

Forkstam,C. ,Hagoort,P. ,Fernández,G. ,Ingvar,M. & Petersson,K. M. (2006). Neural correlates of artificial syntactic structure classification. *Neuroimage*,32(2),956—967.

Frensch,P. A. (1998). One concept,multiple meanings: On how to define the concept of implicit learning.

Gabrieli,J. D. , Vaidya, C. J. , Stone, M. , Francis, W. S. , Thompson-Schill, S. L. , Fleischman,D. A. ,et al. (1999). Convergent behavioral and neuropsychological evidence for a distinction between identification and production forms of repetition priming. *Journal of Experimental Psychology: General*,128(4),479.

Gardiner,J. M. & Parkin,A. J. (1990). Attention and recollective experience in recognition memory. *Memory & Cognition*,18(6),579—583.

Geraci,L. & Barnhardt,T. M. (2010). Aging and implicit memory: Examining the contribution of test awareness. *Consciousness and cognition*,19(2),606—616.

Gobel, E. W. , Blomeke, K. , Zadikoff, C. , Simuni, T. , Weintraub, S. & Reber, P. J. (2013). Implicit perceptual-motor skill learning in mild cognitive impairment and Parkinson's disease. *Neuropsychology*,27(3),314.

Gomez,R. L. & Schvaneveldt,R. W. (1994). What is learned from artificial grammars? Transfer tests of simple association. *Journal of Experimental Psychology: Learning,Memory, and Cognition*,20(2),396.

Graf,P. & Schacter,D. L. (1985). Implicit and explicit memory for new associations in normal and amnesic subjects. *Journal of Experimental Psychology: Learning,Memory,and Cognition*,11(3),501.

Graf,P. & Schacter,D. L. (1987). Selective effects of interference on implicit and explicit memory for new associations. *Journal of Experimental Psychology: Learning,Memory,and Cognition*,13(1),45.

Grafton,S. T. ,Hazeltine,E. & Ivry,R. (1995). Functional mapping of sequence learning in normal humans. *Journal of Cognitive Neuroscience*,7(4),497—510.

Hall,B. F. (2004). On measuring the power of communications. *Journal of advertising Research*,44(02),181—187.

Hart,S. J. ,Green,S. R. ,Casp,M. & Belger,A. (2010). Emotional priming effects during Stroop task performance. *Neuroimage*,49(3),2662—2670.

Hazeltine,E. ,Grafton,S. T. & Ivry,R. (1997). Attention and stimulus characteristics determine the locus of motor-sequence encoding. *Brain*, 120(pt 1) ,123—140.

Henson, R. (2003). Neuroimaging studies of priming. *Progress in neurobiology*, 70 (1) , 53—81.

Herron, J. E. , Henson, R. N. A. , Rugg, M. D. (2004). Probability effects on the neural correlates of retrieval success: an fMRI study. NeuroImage, 21(2) , 302—310.

Hupbach, A. , Mecklenbrauker, S. & Wippich, W. (1999). *Implicit memory in children: Are there age-related improvements in a conceptual test of implicit memory.* Paper presented at the Proceedings of the 21st annual conference of the Cognitive Science Society (Vancouver, 1999). Mahwah, NJ: Erlbaum.

Indefrey, P. , Hagoort, P. , Herzog, H. , Seitz, R. J. & Brown, C. M. (2001). Syntactic processing in left prefrontal cortex is independent of lexical meaning. *Neuroimage*, 14 (3) , 546—555.

Jacoby, L. L. (1983). Remembering the data: Analyzing interactive processes in reading. *Journal of Verbal Learning and Verbal Behavior*, 22(5) ,485—508.

Jacoby, L. L. (1991). A process dissociation framework: separating automatic from intentional uses of memory. *Journal of Memory and Language*, 30(5) ,513—541.

Jacoby, L. L. & Dallas, M. (1981). On the relationship between autobiographical memory and perceptual learning. *Journal of Experimental Psychology: General*, 110(3) ,306.

Java, R. I. & Gardiner, J. M. (1991). Priming and aging: Further evidence of preserved memory function. *The American Journal of Psychology*, 89—100.

Jiménez, L. & Méndez, C. (1999). Which attention is needed for implicit sequence learning? *Journal of Experimental Psychology: Learning, Memory, and Cognition*, 25(1) ,236.

Kapur, S. , Craik, F. I. , Jones, C. , Brown, G. M. , Houle, S. & Tulving, E. (1995). Functional role of the prefrontal cortex in retrieval of memories: a PET study. *Neuroreport*, 6(14) , 1880—1884.

Kinder, A. , Shanks, D. R. , Cock, J. , et al. (2003). Recollection, fluency, and the explicit/implicit distinction in artificial grammar learning. *Journal of experimental psychology: General*, 132(4) ,551—565.

Kirsner, K. , Speelman, C. , Maybery, M. , O Brien-Malone, A. & Anderson, M. (2013). *Implicit and explicit mental processes:* Psychology Press.

Knowlton, B. J. (2002). The role of the basal ganglia in learning and memory. *The neuropsychology of memory*, 143—153.

Lewicki, P. , Czyzewska, M. & Hoffman, H. (1987). Unconscious acquisition of complex procedural knowledge. *Journal of Experimental Psychology: Learning, Memory, and Cognition*, 13(4) ,523.

Lieberman, M. D. , Chang, G. Y. , Chiao, J. , Bookheimer, S. Y. & Knowlton, B. J. (2004). An event-related fMRI study of artificial grammar learning in a balanced chunk strength design. *Journal of Cognitive Neuroscience*, 16(3), 427—438.

Lieberman, M. D. , Chang, G. Y. , Chiao, J. , Bookheimer, S. Y. & Knowlton, B. J. (2004). An event-related fMRI study of artificial grammar learning in a balanced chunk strength design. *Journal of Cognitive Neuroscience*, 16(3), 427—438.

Light, L. L. & Singh, A. (1987). Implicit and explicit memory in young and older adults. *Journal of Experimental Psychology: Learning, Memory, and Cognition*, 13(4), 531.

Lucas, H. D. , Voss, J. L. & Paller, K. A. (2010). Familiarity or conceptual priming? good question! comment on stenberg, hellman, johansson, and rosén (2009). *Journal of Cognitive Neuroscience*, 22(4), 615—617.

McBride, D. M. & Dosher, B. A. (2002). A comparison of conscious and automatic memory processes for picture and word stimuli: A process dissociation analysis. *Consciousness and cognition*, 11(3), 423—460.

Mcbride, D. M. & Shoudel, H. (2003). Conceptual processing effects on automatic memory. *Memory & Cognition*, 31(3), 393—400.

McGeorge, P. & Burton, A. (1989). The effects of concurrent verbalization on performance in a dynamic systems task. *British Journal of psychology*, 80(4), 455—465.

McKone, E. & French, B. (2001). In what sense is implicit memory "episodic"? The effect of reinstating environmental context. *Psychonomic bulletin & review*, 8(4), 806—811.

Meltzer, J. A. , Constable, R. T. (2005). Activation of human hippocampal formation reflects success in both encoding and cued recall of paired associates. Neuroimage, 24(2), 384—397.

Merikle, P. M. & Reingold, E. M. (1991). Comparing direct (explicit) and indirect (implicit) measures to study unconscious memory. *Journal of Experimental Psychology: Learning, Memory, and Cognition*, 17(2), 224.

Mitchell, D. B. & Brown, A. S. (1988). Persistent repetition priming in picture naming and its dissociation from recognition memory. *Journal of Experimental Psychology: Learning, Memory, and Cognition*, 14(2), 213.

Mulligan, N. W. (1998). The role of attention during encoding in implicit and explicit memory. *Journal of Experimental Psychology: Learning, Memory, and Cognition*, 24(1), 27.

Mulligan, N. W. (2002). The effects of generation on conceptual implicit memory. *Journal of Memory and Language*, 47(2), 327—342.

Mulligan, N. W. (2003). Effects of cross-modal and intramodal division of attention on perceptual implicit memory. *Journal of Experimental Psychology: Learning, Memory, and Cog-*

nition,29(2),262.

Mulligan, N. W. & Hartman, M. (1996). Divided attention and indirect memory tests. *Memory & Cognition*,24(4),453—465.

Mulligan, N. W. & Peterson, D. (2008). Attention and implicit memory in the category-verification and lexical decision tasks. *Journal of Experimental Psychology: Learning, Memory, and Cognition*,34(3),662.

Myers, N. A., Perris, E. E. & Speaker, C. J. (1994). Fifty months of memory: A longitudinal study in early childhood. *Memory*,2(4),383—415.

Naito, M. (1990). Repetition priming in children and adults: Age-related dissociation between implicit and explicit memory. *Journal of Experimental Child Psychology*, 50 (3), 462—484.

Nessler, D., Mecklinger, A., Penney, T. B. (1998). Perceptual fluency, semantic familiarity and recognition-related familiarity: an electrophysiological exploration. Cognitive Brain Research,22,265—288.

Opitz, B. & Friederici, A. D. (2003). Interactions of the hippocampal system and the prefrontal cortex in learning language-like rules. *Neuroimage*,19(4),1730—1737.

Paller, K. A., Hutson, C. A., Miller, B. B. & Boehm, S. G. (2003). Neural manifestations of memory with and without awareness. *Neuron*,38(3),507—516.

Parkin, A. J. & Streete, S. (1988). Implicit and explicit memory in young children and adults. *British Journal of psychology*,79(3),361—369.

Pascual-Leone, A., Grafman, J. & Hallett, M. (1994). Modulation of cortical motor output maps during development of implicit and explicit knowledge. *Science*, 263 (5151), 1287—1289.

Perez, L. A., Peynircioǧlu, Z. F. & Blaxton, T. A. (1998). Developmental differences in implicit and explicit memory performance. *Journal of Experimental Child Psychology*,70(3), 167—185.

Petersson, K. M. (2005). On the relevance of the neurobiological analogue of the finite-state architecture. *Neurocomputing*,65,825—832.

Petersson, K. M., Forkstam, C. & Ingvar, M. (2004). Artificial syntactic violations activate Broca's region. *Cognitive Science*,28(3),383—407.

Poldrack, R. A., Clark, J., Pare-Blagoev, E., Shohamy, D., Moyano, J. C., Myers, C. & Gluck, M. (2001). Interactive memory systems in the human brain. *Nature*, 414 (6863), 546—550.

Ramponi, C., Richardson-Klavehn, A. & Gardiner, J. M. (2007). Component processes of conceptual priming and associative cued recall: The roles of preexisting representation and depth of processing. *Journal of Experimental Psychology*: *Learning*, *Memory*, *and Cognition*, 33 (5), 843.

Rauch, S. L., Savage, C. R., Brown, H. D., Curran, T., Alpert, N. M., Kendrick, A., et al. (1995). A PET investigation of implicit and explicit sequence learning. *Human brain mapping*, 3(4), 271—286.

Reber, A. S. (1967). Implicit learning of artificial grammars. *Journal of Verbal Learning and Verbal Behavior*, 6(6), 855—863.

Reber, A. S. (1976). Implicit learning of synthetic language. *Journal of Experimental Psychology*: *Human Learning & Memory*, 2, 88—94.

Reber, A. S. (1993). *Implicit learning and knowledge*: *An essay on the cognitive unconscious*, Oxford University Press, New York.

Reber, P. J. & Squire, L. R. (1994). Parallel brain systems for learning with and without awareness. *Learning & Memory*, 1(4), 217—229.

Reber, P. J. & Squire, L. R. (1998). Encapsulation of implicit and explicit memory in sequence learning. *Journal of Cognitive Neuroscience*, 10(2), 248—263.

Reber, P. J., Gitelman, D. R., Parrish, T. B. & Mesulam, M. (2003). Dissociating explicit and implicit category knowledge with fMRI. *Cognitive Neuroscience*, *Journal of*, 15 (4), 574—583.

Reingold, E. M. & Merikle, P. M. (1988). Using direct and indirect measures to study perception without awareness. *Perception & Psychophysics*, 44(6), 563—575.

Reinitz, M. T. & Demb, J. B. (1994). Implicit and explicit memory for compound words. *Memory & Cognition*, 22(6), 687—694.

Roediger III, H. L. & Blaxton, T. A. (1987). Retrieval modes produce dissociations in memory for surface information.

Roediger, H. L., Srinivas, K., Weldon, M. S., Lewandowsky, S., Dunn, J. & Kirsner, K. (1989). Dissociations between implicit measures of retention. *Implicit memory*: *Theoretical issues*, 67—84.

Rose, M., Haider, H., Weiller, C. & Büchel, C. (2004). The relevance of the nature of learned associations for the differentiation of human memory systems. *Learning & Memory*, 11 (2), 145—152.

Rovee-Collier, C. (1997). Dissociations in infant memory: rethinking the development of implicit and explicit memory. *Psychological Review*, 104(3), 467.

Rugg, M. D., Mark, R. E., Walla, P., et al. (1998). Dissociation of the neural correlates of implicit and explicit memory. Nature, 392(6676), 595—598.

Russo, R. & Parkin, A. J. (1993). Age differences in implicit memory: More apparent than real. *Memory & Cognition*,21(1),73—80.

Schacter,D. L. (1987). Implicit memory: History and Current status. *Journal of Experimental Psychology: Learning Memory and cognition*,13,501— 519.

Schacter,D. L. & Moscovitch,M. (1984). Infants,amnesics,and dissociable memory systems*Infant memory* (pp. 173—216): Springer.

Schacter,D. L. & Tulving,E. (1994). *Memory systems* 1994: Mit Press.

Schendan,H. E. ,Searl,M. M. ,Melrose,R. J. & Stern,C. E. (2003). An FMRI study of the role of the medial temporal lobe in implicit and explicit sequence learning. *Neuron*, 37 (6),1013—1025.

Schott,B. H. ,Henson,R. N. ,Richardson-Klavehn,A. ,Becker,C. ,Thoma,V. ,Heinze, H. -J. & Düzel,E. (2005). Redefining implicit and explicit memory: the functional neuroanatomy of priming,remembering,and control of retrieval. *Proceedings of the national academy of sciences of the United States of America*,102(4),1257—1262.

Schott,B. ,Richardson-Klavehn,A. ,Heinze,H. -J. & Düzel,E. (2002). Perceptual priming versus explicit memory: Dissociable neural correlates at encoding. *Journal of Cognitive Neuroscience*,14(4),578—592.

Seger,C. A. (1994). Implicit learning. *Psychological bulletin*,115(2),163.

Seger,C. A. & Cincotta,C. M. (2002). Striatal activity in concept learning. *Cognitive, affective,& behavioral neuroscience*,2(2),149—161.

Seger,C. A. ,Prabhakaran,V. ,Poldrack,R. A. & Gabrieli,J. D. (2000). Neural activity differs between explicit and implicit learning of artificial grammar strings: An fMRI study. *Psychobiology*,28(3),283—292.

Siegert,R. J. ,Taylor,K. D. ,Weatherall,M. & Abernethy,D. A. (2006). Is implicit sequence learning impaired in Parkinson´s disease? A meta-analysis. *Neuropsychology*, 20 (4),490.

Skosnik,P. ,Mirza,F. ,Gitelman,D. ,Parrish,T. ,Mesulam,M. & Reber,P. (2002). Neural correlates of artificial grammar learning. *Neuroimage*,17(3),1306—1314.

Sloman,S. A. ,Hayman,C. ,Ohta,N. ,Law,J. & Tulving,E. (1988). Forgetting in primed fragment completion. *Journal of Experimental Psychology: Learning,Memory,and Cognition*,14(2),223.

Smith,M. E. & Oscar-Berman,M. (1990). Repetition priming of words and pseudowords in divided attention and in amnesia. *Journal of Experimental Psychology: Learning,Memory, and Cognition*,16(6),1033.

Smith,S. M. & Vela,E. (2001). Environmental context-dependent memory: A review and meta-analysis. *Psychonomic bulletin & review*,8(2),203—220.

Sponheim, S. R. , Steele, V. R. & McGuire, K. A. (2004). Verbal memory processes in schizophrenia patients and biological relatives of schizophrenia patients: intact implicit memory, impaired explicit recollection. *Schizophrenia research*, 71(2), 339—348.

Squire, L. R. (1986). Mechanisms of memory. *Science*, 232(4758), 1612—1619.

Squire, L. R. (2004). Memory systems of the brain: a brief history and current perspective. *Neurobiology of learning and memory*, 82(3), 171—177.

Squire, L. R. , Ojemann, J. G. , Miezin, F. M. , Petersen, S. E. , Videen, T. O. & Raichle, M. E. (1992). Activation of the hippocampus in normal humans: a functional anatomical study of memory. *Proceedings of the National Academy of Sciences*, 89(5), 1837—1841.

Srinivas, K. & Roediger, H. L. (1990). Classifying implicit memory tests: Category association and anagram solution. *Journal of Memory and Language*, 29(4), 389—412.

Stadler, M. A. (1997). Distinguishing implicit and explicit learning. *Psychonomic bulletin & review*, 4(1), 56—62.

Sternberg, S. , Dargel, W. , Lennington, J. W. & Voiles, T. (2009). Digital media recognition apparatus and methods: Google Patents.

Stuss, D. , Levine, B. , Alexander, M. , Hong, J. , Palumbo, C. , Hamer, L. , …Izukawa, D. (2000). Wisconsin Card Sorting Test performance in patients with focal frontal and posterior brain damage: effects of lesion location and test structure on separable cognitive processes. *Neuropsychologia*, 38(4), 388—402.

Sun, R. & Peterson, T. (1998). Autonomous learning of sequential tasks: experiments and analyses. *Neural Networks, IEEE Transactions on*, 9(6), 1217—1234.

Sun, R. , Slusarz, P. & Terry, C. (2005). The interaction of the explicit and the implicit in skill learning: a dual-process approach. *Psychological Review*, 112(1), 159.

Thomas, K. M. , Hunt, R. H. , Vizueta, N. , Sommer, T. , Durston, S. , Yang, Y. & Worden, M. S. (2004). Evidence of developmental differences in implicit sequence learning: an fMRI study of children and adults. *Journal of Cognitive Neuroscience*, 16(8), 1339—1351.

Timmermans, B. & Cleeremans, A. (2001). Rules vs. statistics in implicit learning of biconditional grammars*Connectionist Models of Learning, Development and Evolution* (pp. 185—196): Springer.

Tulving, E. (1985). How many memory systems are there? *American Psychologist*, 40(4), 385.

Tulving, E. , Hayman, C. & Macdonald, C. A. (1991). Long-lasting perceptual priming and semantic learning in amnesia: a case experiment. *Journal of Experimental Psychology: Learning, Memory, and Cognition*, 17(4), 595.

Tulving, E. , Schacter, D. L. & Stark, H. A. (1982). Priming effects in word-fragment completion are independent of recognition memory. *Journal of Experimental Psychology：Learning，Memory，and Cognition*, 8（4）,336.

Turk-Browne, N. B. , Yi, D. J. & Chun, M. M. （2006）. Linking implicit and explicit memory：common encoding factors and shared representations. *Neuron*, 49（6）,917—927.

Ullman, M. T. （2004）. Contributions of memory circuits to language：The declarative/procedural model. *Cognition*, 92（1）,231—270.

Wagner, A. D. , Desmond, J. E. , Demb, J. B. , et al. （1997）. Semantic repetition priming for verbal and pictorial knowledge：a functional MRI study of left inferior prefrontal cortex. Journal of Cognitive Neuroscience, 9（6）,714—726.

Wagner, A. D. , Desmond, J. E. , Demb, J. B. , Glover, G. H. & Gabrieli, J. D. （1997）. Semantic repetition priming for verbal and pictorial knowledge：A functional MRI study of left inferior prefrontal cortex. *Cognitive Neuroscience，Journal of*, 9（6）,714—726.

Wagner, A. D. , Koutstaal, W. , Maril, A. , et al. （2000）. Task-specific repetition priming in left inferior prefrontal cortex. Cerebral Cortex, 10（12）,1176—1184.

Wagner, R. K. & Sternberg, R. J. （1985）. Practical intelligence in real-world pursuits：The role of tacit knowledge. *Journal of Personality and Social Psychology*, 49（2）,436.

Warrington, E. K. （1968）. New method of testing long-term retention with special reference to amnesic patients. *Nature*, 217,972—974.

Warrington, E. K. & Weiskrantz, L. （1970）. Amnesic syndrome：Consolidation or retrieval? *Nature*, 228,628—630.

Watkins, P. C. , Mathews, A. , Williamson, D. A. & Fuller, R. D. （1992）. Mood-congruent memory in depression：Emotional priming or elaboration? *Journal of abnormal psychology*, 101（3）,581.

Weiskrantz, L. , Warrington, E. K. , Sanders, M. & Marshall, J. （1974）. Visual capacity in the hemianopic field following a restricted occipital ablation. *Brain*, 97（1）,709—728.

Werheid, K. , Zysset, S. , Müller, A. , Reuter, M. & von Cramon, D. Y. （2003）. Rule learning in a serial reaction time task：an fMRI study on patients with early Parkinson's disease. *Cognitive Brain Research*, 16（2）,273—284.

Werner, J. S. & Perlmutter, M. （1979）. Development of visual memory in infants. *Advances in child development and behavior*, 14,1—56.

Willingham, D. B. （1998）. A neuropsychological theory of motor skill learning. *Psychological Review*, 105（3）,558.

Wimber, M. , Heinze, H. -J. & Richardson-Klavehn, A. （2010）. Distinct frontoparietal networks set the stage for later perceptual identification priming and episodic recognition memory. *The Journal of neuroscience*, 30（40）,13272—13280.

Woltz, D. J. (2003). Implicit cognitive processes as aptitudes for learning. *Educational Psychologist*, 38(2), 95—104.

Yang, J., Weng, X., Guan, L., Kuang, P., Zhang, M., Sun, W., et al. (2003). Involvement of the medial temporal lobe in priming for new associations. *Neuropsychologia*, 41(7), 818—829.

Young, R. C., Mitchell, R. C., Brown, T. H., Ganellin, C. R., Griffiths, R., Jones, M., et al. (1988). Development of a new physicochemical model for brain penetration and its application to the design of centrally acting H2 receptor histamine antagonists. *Journal of medicinal chemistry*, 31(3), 656—671.

第 五 章
镜像神经系统与学习

　　铭铭看见妞妞的手向鸟笼中的一只麻雀伸去。铭铭知道妞妞要做什么——她要抓鸟，可是她为什么要这样做？只见妞妞手捧麻雀，仰望蓝天，他猜她是要把这只麻雀放飞。这个简单的生活场景转瞬即逝，铭铭却能立即领会妞妞的意图。为什么他能毫不费力地理解妞妞的行为和意图呢？科学研究发现，原来是脑内一群被称为"镜像神经元"的神经细胞在起作用。

　　所谓镜像神经元是一类特殊的视觉运动神经元，存在于灵长类动物和人类大脑中。20 世纪 90 年代初，在意大利帕尔马大学，Rizzolatti 等人的研究小组发现，当猴有目的地作出某个动作时（例如摘水果），它大脑中的这种神经元就会处于激活状态。不过令人吃惊的是，当这只猴看到其他个体（猴或人类）作出同样的动作时，它大脑中的这些神经元也会被激活。这类细胞似乎就像一面镜子，能直接在观察者的大脑中映射别人的动作，所以它们被称为镜像神经元（mirror neurons）（Rizzolatti，et al.，1996）。通过这群神奇的神经元产生的直接的内在体验，我们能够理解他人的行为、意图或者情感。镜像神经元也是模仿他人动作以及学习能力的基础，从而使得镜像机制成为人与人之间进行多层面交流与联系的桥梁。

　　近年来，镜像神经元已逐渐成为神经科学、认知科学、心理学等学科的研究热点。镜像神经元的意义也已受到越来越多的专家学者的关注和高度评价。荷兰格罗宁根大学脑成像研究中心的 C. Keysers 教授指出："这是一个很好的突破口，可以帮助我们更好地理解人类心智的进化，理解我们从祖先那里继承下来的被进化选择并增强的社会学能力"（丁峻、张静、陈巍，2008）。美国加州大学圣地亚哥分校认知神经科学家 V. S. Ramachandran 甚至大胆断言："镜像神经元之于心理学，犹如 DNA 于生物学：它将提供一种统一的架构，并有助于解释许多心智问题"（Platek，2006）。

第一节　动物的镜像神经系统

一　镜像神经元概述

(一) 镜像神经元的发现

在猴、人类的大脑中，都存在镜像神经元。不论是自己作出动作，还是看到别人作出同样的动作，镜像神经元都会被激活，也许这就是我们理解他人行为的基础。

镜像神经元最初是在动物身上发现的，与其他很多重大的科学发现一样，镜像神经元的发现也纯属意外。意大利帕尔马大学的 Rizzolatti，Gallese 以及 Fogassi 等学者组成的研究团队，当时研究的是猴脑的运动皮层，尤其是一个被称之为 F5 区的大脑皮层（F5 区的位置如图 5.1 所示），这一区域与手部和嘴部的运动有很大关系。其目的是了解处于激活状态的神经元如何编写指令，以执行特定的动作。为此，他们采用单细胞记录技术对恒河猴大脑中单个神经元的激活进行记录。他们发现当猴作出各种不同的动作时（例如抓取玩具或食物），猴脑中有一群独特的神经元，会伴随特定动作而放电。有趣的是一次意外的发现，当研究者进入房间伸手捡起地上的一粒葡萄干时，观察到这一行为的恒河猴的大脑 F5 区也表现出了强烈的放电活动，而且该电活动模式、强度与恒河猴自己进行该行为时 F5 区神经元的放电活动相似。起初，研究人员猜想这种情况是否由其他一些因素造成，但是随着研究的深入，排除了猴在观察动作执行时自己作出的一些不易注意的动作或者猴对食物的渴望等干扰因素。最后，研究人员意识到，这种神经元的放电是大脑对于动作本身的真实表征，而不管动作具体是由谁执行的，它们在恒河猴自己执行动作和观察到其他个体执行相同动作时都产生相同程度的放电。于是研究人员将这种能像镜子一样直接在观察者的头脑中映射别人动作的神经元命名为镜像神经元（Rizzolatti, et al., 1996）。

(二) 镜像神经元的基本特征

在猴的 F5 区存在两类视觉运动神经元：一类是常规神经元，它负责对呈现的客体作出反应；另一类是镜像神经元，当猴看见目标导向的动作时，它就会产生反应。镜像神经元的激活，必须在生物效应器（手或嘴）和客体之间产生交互作用的条件下才会发生。单一客体、模拟单个动作，或者没有目标导向的手势都不会触发镜像神经元的活动。镜像神经元的反应也与具体的目标没有太大关系，也就是说，不管是抓一粒葡萄干还是抓一个木块，其产生的反应都是一样的（陈巍，汪寅，丁俊，2008）。

镜像神经元具有高度概括化的特性。不管出现的视觉刺激是多么不同，一样的发起动作都会激发等同的反应。例如，只要是抓握这个动作，不管这个动作的发起者是人的手还是猴的手，镜像神经元的反应都是一样的。同样地，镜像神经元的反应也不受观察者与观察对象的距离远近的影响，尽管在这两种条件下观察到的手的大小明显不同。

镜像神经元的激活也与观察到的动作是否受到奖赏无关。不管实验者抓起食物给正在被记录的猴还是给实验室中的另一只猴，都会引起镜像神经元相同强度的放电。

镜像神经元的一个重要的功能性特征是视觉刺激与动作刺激的相关性。实际上，所有镜像神经元对于看到的动作和实际的动作反应都表现出一致性。根据它们所表现出的一致性程度，可以把镜像神经元分成"严格一致"（strictly congruent）和"广泛一致"（broadly congruent）两类（Gallese, et al., 1996）。其中有 1/3 的 F5 区神经元属于"严格一致"的神经元，它只对观察到的动作与实际执行的动作完全一致才产生反应，这里所谓的一致包括目标（比如"抓"）和实现目标方式（精确地抓握）两个方面。其余 2/3 的 F5 区神经元属于"广泛一致"的神经元，它的激活并不需要观察到的行为与他们实际的行为完全等同。

（三）猴的镜像神经元回路

镜像神经元的早期研究主要关注 F5 区的上半部分，这里主要表征手部活动。但是，后来的一个相关研究却定位在 F5 区的侧面，这里的神经元主要与嘴部活动有关，研究结果显示此处大约有 25% 的神经元具有镜像特征（Ferrari, et al., 2003）。

新近的研究已将 F5 区划分为三个部分：F5c、F5p 和 F5a（Nelis sen, Luppino, Vanduffel, et al., 2005；Belmalih, Borra, Gerbella, et al., 2007）。除了 F5，能直接对观察到的别人动作产生反应的神经元还广泛分布在顶下小叶的喙端（rostral part of inferior parietal lobule, IPL），尤其 PFG 区（位于 PF 和 PG 区之间）和顶内区的前部（anterior intraparietal ar-ea, AIP）。这两个区域都和 F5 区紧密连接，其中 PFG 主要和 F5c 连接，AIP 主要和 F5a 连接。它们共同构成了镜像系统的"顶—额回路"（如图

5.1 所示）。PFG 接受来自颞上沟皮层（superior temporal sulcus，STS）的神经信号，并传递到腹侧运动前区，包括 F5 区。AIP 同时接受来自颞上沟和颞中回的信息，这些信息主要是与客体身份有关的。此外，顶—额回路也受到前辅助运动区（pre-supplementary motor area，F6）以及腹侧前额皮层（VPF）的调控。同时，前额叶也与 AIP 相连，并决定行为的产生是由刺激驱动的还是自发的（Rizzolatti & Sinigaglia，2010；姚远，2011）。

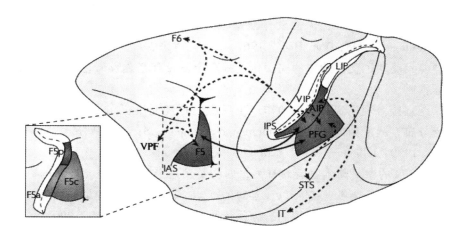

图 5.1 猴脑的顶额镜像回路（Rizzolatti & Sinigaglla，2010）。深色标注区为包含镜像神经元的顶额回路：腹侧前运动皮层（F5）区、PFG 区（位于顶叶的 PF 和 PG 之间）和前侧顶内区（AIP）。其中顶内沟（IPS）被打开以显示内部结构。顶额回路接收来自颞上沟（STS）内和颞下小叶（IT）的高级视觉信息。这两个位于颞叶的区域都不具备运动属性。顶额回路受到额叶的调制，包括 F6 区和前辅助运动区以及腹侧前额皮层（VPF）。左边小图显示了经过放大的 F5 区，F5a 和 F5p 是掩埋在弓形沟内的。IAS，弓形沟的下部；LIP，外侧顶内区；VIP，腹侧顶内区。

　　根据视觉刺激的不同，可以把 F5 区的嘴部镜像神经元分为两类：摄食镜像神经元与交流镜像神经元。

　　摄食镜像神经元，顾名思义，是指观察到的活动是与食物摄取有关的。比如，把食物放进嘴里，撕咬或者吮吸等。大约有 80% 的嘴部神经元是属于这类神经。事实上，所有摄食镜像神经元都在观察行为与实际行为之间具有良好的一致性。其中大约有 1/3 的摄食神经元属于严格一致的神经元，即观察到的行为与实际行为是完全等同的。其余的属于广泛一致的神经元，即观察的行为与实际行为相似或功能上相关。

更有意思的还在于交流镜像神经元的特性。对它们而言，最有效的观察行为即是交流性动作，比如说话时嘴唇之间的频繁开合。但是，从运动的角度来看，它们的表现又与摄食神经元相似，即当猴正在摄取食物时，它们会产生强烈的放电。这种有效的视觉输入（交流性的）与有效的实际行动（摄食性的）之间存在偏差是相当令人费解的。但是，有证据表明从进化的角度看，交流性动作全部或至少部分是来自于摄食性动作的（MacNeilage，1998；Van Hoof，1967）。由此看来，F5 区的交流性嘴部镜像神经元反映了交流功能的皮层化进程至今还没有完全脱离它们最初的摄食性本质。

能直接对观察到的别人动作产生反应的神经元不仅出现在 F5 区，还广泛分布在颞上沟皮层（superior temporal sulcus，STS）（Perrett，et al.，1989，1990；Jellema，et al.，2000；Jellema，et al.，2002）。

STS 区的激活与生物运动有关，即能激发这个区域神经元活动的有效运动包括行走、转头、弯腰以及手臂的运动。同时，也有少量的颞上沟皮层神经元对观察到的目标导向行为产生放电（Perrett，et al.，1990）。

颞上沟皮层与 F5 区神经元在功能性特征上存在两点差异。首先，颞上沟皮层处理的运动数量比 F5 区多得多。当然，这也许会被认为是由于颞上沟皮层神经元的输出信号已经遍布整个腹侧运动前区，而不仅是 F5。其次，颞上沟皮层神经元似乎并不具有运动特性。

除了颞上沟皮层之外，另一个能对观察到的他人动作产生响应的皮层区位于 PF 区（Fogassiet，et al.，1998；Gallese，et al.，2002）。这个区域在顶下小叶的喙端（见图 5.2）。它接受来自于颞上沟皮层的神经信号，并传递到腹侧运动前区，包括 F5 区。

PF 神经元具有功能多样性。大约有 90% 的 PF 神经元是对感觉刺激产生反应，但是大约有 50% 也对运动刺激产生放电，比如，当猴执行特定运动或动作的时候（Fogassi，et al.，1998；Gallese，et al.，2002；Hyvarinen，1982）。

对感觉刺激产生反应的 PF 神经元已经被分成了以下几类：体觉神经元（33%），视觉神经元（11%）和双通道（体觉和视觉）神经元（56%）。约有 40% 的视觉神经元对特定的行为观察产生反应，并且其中约有 2/3 的神经元具有镜像特征（Gallese，et al.，2002）。

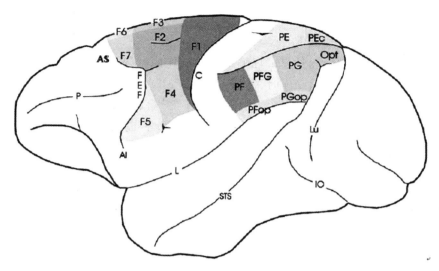

图 5.2 猴脑侧面图（Rizzolatti & Craighero，2004）。阴影部分显示的是前额叶运动区（F1—F7）和顶下小叶（PE，PEc，PF，PFG，PG，PFop，PGop，Opt），具体命名法参见 Rizzolatti，et al.（1998）。注：**AI**，inferior arcuate sulcus：弓下沟；**AS**，superior arcuate sulcus：弓上沟；**C**，central sulcus：中央沟；**L**，lateral fissure：外侧裂；**Lu**，lunate sulcus：半月沟；**P**，principal sulcus：主沟；**POs**，parieto-occipital sulcus：顶枕沟；**STS**，superior temporal sulcus：颞上沟。

综上所述，皮层镜像神经元回路包括两个主要区域：顶下小叶喙端和腹侧运动前区。严格来讲，颞上沟皮层虽然与此相关，但由于缺乏运动特征，应当被排除在外。

（四）镜像神经元的功能

关于镜像神经元的功能性作用目前有两个主要猜想。一个假设认为镜像神经元的活动是模仿的媒介（Jeannerod，1994）；另一个假设认为镜像神经元是动作识别的基础（Rizzolatti，et al.，2001）。

不过 Rizzolatti 强调，虽然我们完全相信镜像神经元机制是具有进化意义的重要机制，通过它们的活动，灵长类动物能够识别和理解他人的动作，但是我们绝不能认为这就是动作识别的唯一机制。另外，他认为只有人类的镜像神经系统才是动作模仿的神经基础。尽管人们通常认为模仿是非常原始的认知功能，但这种看法其实是错误的。因为模仿，这种通过观察他人动作而学着做的能力，只在灵长类的人类和类人猿中存在。因此，镜像神经元的主要功能不会是动作模仿。

那么，镜像神经元是怎么理解他人的动作的？其机制是相当简单的。每当个体看见其他人做动作时，观察者前运动皮层中表征那个动作的神经元就会被激活。同时，这会自动诱发与观察动作相一致的运动表征，最终将产生像自己执行动作时一样的神经活动。因此，镜像神经系统能把视觉信息转换成个体经验（Rizzolatti，et al.，2001）。

二　有关镜像神经元功能的实验研究

镜像神经元能够真实再现动作本身，但是，镜像神经元的作用到底仅仅是对动作的视觉特征进行直接映射，还是能够对动作所隐含的意义进行表征呢？要弄清楚这个问题，需要找到一些好的研究办法。

在生物学研究中，要确定一个基因、一种蛋白或者一类细胞的功能，最直接的办法就是把它们从体系中去除，然后再看生物体的健康或行为产生了什么功能缺失。不过这种方法无法用于确定镜像神经元的功能，原因在于：第一，镜像神经元分布十分广泛，在两个大脑半球的重要区域都有分布，包括运动前皮质（premotor cortex）和顶叶皮质（parietal cortex）；第二，也许还存在其他的动作识别机制；第三，如果破坏整个镜像神经系统就会造成巨大的影响：恒河猴的认知能力严重下降以至于无法对刺激作出反应，从而也就不可能看出，去除了特定细胞后恒河猴到底缺失了哪些功能。

最终，研究者通过采用一系列精巧的实验方法来研究镜像神经元的功能。研究者想知道恒河猴在没有真正看见动作的情况下，是否也能够理解某个动作的含义，并在此过程中观察猴脑中神经元的反应。假如镜像神经元真的促成了对动作含义的理解，它们的活动就应该反映了动作的含义，而不是动作的视觉特征。为此他们进行了两个系列的实验。其一是意大利帕尔马大学的 Kohler 等人（2002）对 F5 区的镜像神经元进行的研究，看它们能否通过声音辨别动作；其二是 Umilt`a 等人（2001）的研究，即动作的心理表征是否会使镜像神经元放电。

（一）动作识别——通过声音理解动作

Kohler 等人（2002）的实验设置了两个条件：①让猴观察一个伴有特殊声音的手部动作（如撕纸或剥花生壳）；②让猴只听到声音而看不见动作，然后记录它们的镜像神经元的活动。结果发现，许多在"看到动作同时听到声音"时会作出反应的 F5 区镜像神经元，对声音本身也会作出反应。因此，视觉信息的呈现与否似乎对神经元的放电并无太大影响。

尽管证实了声音也能引起镜像神经元放电，但是究竟是声音本身引起镜像神经元的激活还是声音所蕴含的意义引起镜像神经元放电呢？Kohler 等人（2002）还设置了另外两种情况：③呈现计算机模拟的白噪音。④呈现猴的叫声。结果表明，实验条件③④并不能引起镜像神经元的放电。

由此看来，镜像神经元能够同时对动作和动作所伴随的声音作出反应，并且只能对与动作相关的声音产生放电而对无动作的声音不会产生任何反应。于是，研究人员给这类神经元取了一个形象的名称：视听镜像神经元（audio-visual mirror neurons）。

既然镜像神经元不仅在猴自己执行动作和观看其他个体执行相似动作时产生放电，而且在听到与动作相关的声音而没有该动作视觉信息呈现的情况下，有一类被命名为视听镜像神经元的神经元也会被激活。那么，是否对于所有的动作，镜像神经元的激活程度都是相同的呢？为了研究镜像神经元是否具有动作选择特性，即能否根据视听特征来辨别不同动作，研究人员进一步在不同类型的动作之间进行了对比。

Kohler 等人（2002）分别研究了两类手部动作在四种情境下的神经元放电。四种情境分别是：呈现动作的视觉和听觉信息；动作的视觉信息；动作的听觉信息；让猴自己执行该动作。结果发现，在所记录的总共 33 个神经元中有 29 个都具有听觉选择性，其中还有 22 个具有视觉选择性，即它们能单独根据听觉或视觉信息来辨别动作。图 5.3 所示的是剥花生和抓取环状物两类动作在四种情境下神经元的放电情况。可以看到，镜像神经元在猴看到动作和听到动作的声音以及同时看到动作听到声音三种情况下均产生放电，并且在猴自己执行该动作时也产生放电。但是，抓取环状物在四种情况下所产生的放电程度就小于剥花生的动作所引起的镜像神经元的激活。通过对视觉和听觉两种情况下神经元反应的独立分析，发现镜像神经元的这种动作选择特性是非常显著的。当研究者对照猴剥花生和撕纸两类动作时也发现了类似的情况，剥花生比撕纸产生了更强的神经元放电。而且更有意思的是，如果只是呈现剥花生的声音，虽然也产生了显著的反应，但信号较弱，由此表明视觉通道对激活此类神经元的重要性。反过来，只呈现剥花生的视觉信息而没有伴随声音时，并不能激起神经元的反应，由此说明声音对镜像神经元来说是一个非常重要的信号。

至此我们可知，F5 区的视听镜像神经元不仅在猴自己执行工作或者看到别人执行相同动作时放电，在仅仅听到与该动作相关的声音时也会产生放电。尽管多通道神经元已经在好几个皮层区和皮层下区域被发现，包括颞下回，腹侧运动前区和上丘脑。但是，这些神经元是对特定刺激位置或运动方向产生反应的。与此不同的是，这里所描述的视听神经元并不处理空间或刺激的空间信息。进一步的差异还在于镜像神经元是动作语言的一部分，这个动作语言不仅包括怎样执行动作的图示，还包括行动的思想，即基于目标的动作表达（比如，抓、握、剥等）。因此，视听镜像神经元可以被用来计划或执行动作，也能再认其他人的动作，即使在仅仅听到声音的情况下。

（二）意图共鸣——我知道你要做什么

真正的动作理解，除了能够再认动作本身之外，还应当包括对动作意图的理解。如果镜像神经元具有动作理解的功能，那么它就不应该仅仅是在看到动作或者听到动作所伴随的声音时产生放电，在环境信息足够充分的情况下，即使不让猴真正看到某个动作，镜像神经元也应该会放电。那么，镜像神经元是否能共鸣意图呢？

Umilt`a 等人（2001）设置了四种实验情境：①让猴看到实验者伸手抓取食物的全过程；②在食物前面设置挡板，猴只能看到手的运动而无法看到手和食物的直接接触，在每次试验之前先让猴看见挡板后面的食物。③让猴看到实验者伸手的全过程，但是最终并没有食物可以抓取；④同样设置挡板，但是挡板后面并没有食物放置。实验人员在四种情景下记录恒河猴 F5 区镜像神经元的放电情况。结果如图 5.4 所示，其中 A，B，C，D 分别对应①，②，③，④四种条件下被记录的神经元放电情况。A 和 B 相比，尽管在实验设置上存在明显差异，即最终手和食物接触的部分是完全可见的还是隐藏的，但结果表明镜像神经元的激活却是相似的。说明虽然最终猴未能看到手和食物的直接接触，但是由于先前经验的作用以及环境所提供的暗示信息，猴仍然能理解隐藏动作的意图。此时镜像神经元的激活表明在神经生物层面上，"视线之外"并不意味着"意识之外"。

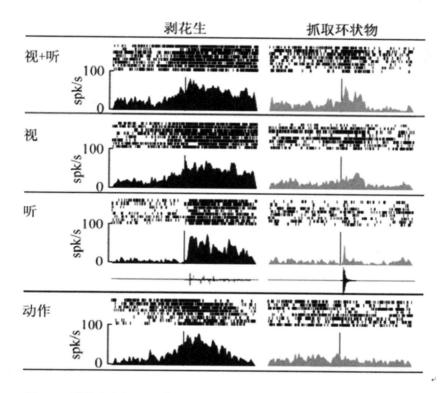

图 5.3 剥花生和抓取环状物在四种情境下的神经元放电情况（Kohler，et al.，2002）

C 图和 D 图相比，可以看到镜像神经元的激活也是非常地相似，说明镜像神经元已识别出这两种条件的动作是一样的，挡板的设置与否对此并没有太大的影响。

但是，比较 A 和 C，B 和 D，就发现镜像神经元的激活存在显著差异。A 对应的实验条件是手去抓食物，是一种目标导向的运动；而 C 对应的实验条件中却没有任何食物出现，手的运动不是一种真实的目标导向运动。因此，A 和 C 之间的差异再一次证明镜像神经元能够对不同动作进行识别。这项研究最有意思的地方还在于 B 图和 D 图的比较，在这两种实验条件下，猴所看到的视觉信息是一样的，唯一不同的是猴知道 B 条件下，挡板后面有食物，而在 D 条件下没有。因此，B 和 D 的巨大差异反映出镜像神经元的激活不是单纯对动作的物理特性的反映，而是代表了对动作意图等方面的理解。

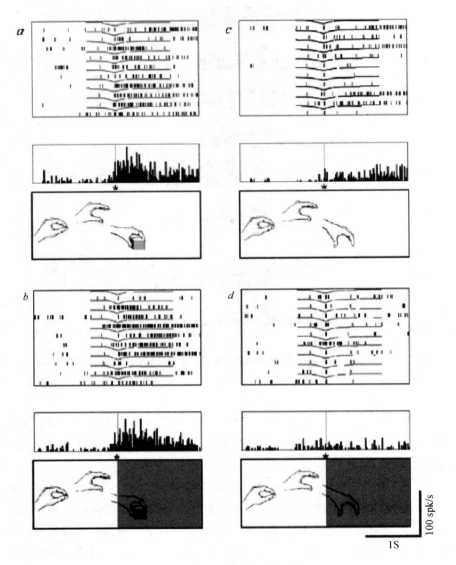

图 5.4　四种实验条件下神经元的放电情况（Umiltà，et al.，2001）

Fogassi 等人（2005）的研究进一步考察了镜像神经元能否区别隐含

着不同意图的同样动作。为了区分不同的动作意图，实验设置了两个情境：一是猴抓食物放入嘴中；二是猴抓食物放入一个容器里。这样，容器的有无就成了判别行为意图的背景线索。研究发现，顶下小叶（inferior parietal lobule，IPL）的神经元中有 2/3 在猴观察别人行为时被激活，其激活的程度与猴自己执行这些动作时相似。更为重要的是，这些镜像神经元对不同意图的动作表现出了不同的激活模式。例如有些镜像神经元只对以进食为目的的抓握动作产生反应，对将食物放入另一容器为目的的行为则没有反应；而另一些镜像神经元则表现出相反的激活模式。此外，不管猴是在观察别人行为还是自己执行这些动作，同样意图的行为激活的镜像神经元回路也相似。再次表现出镜像神经元对外界观察的内在行为表征是根据行为的意义、意图等高级认知特征，而非其物理特性。

　　至此，我们对镜像神经元认识又向前推进了一步，即镜像神经元不仅在猴自己执行动作时被激活，而且在它们观察到其他个体执行相似动作时被激活；镜像神经元不仅在猴看到动作时被激活，而且在听到动作所伴随的声音时被激活；镜像神经元不仅在看到动作全过程的时候被激活，而且在动作的关键部分被遮光板挡住的情况下也被激活；镜像神经元不仅在看到相同动作的时候被激活，而且还能在看到隐含有不同意图的相同动作时产生不同的激活。镜像神经元具有动作识别、意图理解等功能似乎是毋庸置疑的了。

第二节　人类的镜像神经系统

　　随着对镜像神经元研究的深入，研究人员不再满足于探求猴脑镜像神经元的分布及功能。在逐步揭开镜像神经元神秘面纱的过程中人们自然想知道同为灵长类动物的人类是否也具有镜像神经元，其分布及功能又是如何？镜像神经元能否成为我们研究人类行为尤其是人类意识的一个突破口呢？

　　借助于一些无创性的神经电生理技术和脑成像研究手段，大量的数据已经证明人类镜像神经系统的存在。由于这些技术在分辨率上还不是很理想，因此在提及人类镜像神经元的研究时，往往采用镜像神经系统（mirror neuron system，MNS）或镜像神经元区域（mirror neuron region）来描述。

一　神经生理学研究

神经生理学实验证明在个体没有明显的动作行为的情况下，只要观察

到他人的动作行为也会导致其运动皮层激活。这方面的证据最早来自于
20 世纪中叶 Gastaut 等人的研究。他们在研究中发现 EEG 信号去同步化不
仅发生在被试自己做动作时，也发生在被试观察别人做动作时（Gastaut
& Bert，1954）。这种现象在后来的很多脑电（EEG）研究和脑磁
（MEG）研究中也得到了进一步的证实。Hari 等人（1997）运用 MEG 研
究表明，观察他人行为时产生的去同步化现象也发生在中央沟的内侧
皮层。

　　当然，更多的直接证据还来自于经颅磁刺激技术（transcranial mag-
netic stimulation，TMS）的研究。经颅磁技术是一种无创性的电刺激技术，
它通过产生感应性电流激活皮层从而改变大脑内的生理过程。当把 TMS
技术应用到运动皮层的时候，只要刺激强度适当，就能记录到来自对侧肢
端肌肉的动作电位（motor-evoked potentials，MEPs）。这些电位的振幅受
到行为内容的调制，因此，反过来可以通过运动电位振幅的变化来评估不
同实验条件的处理效应。这种方法经常被用于人类镜像神经系统的研究。

　　Fadiga 等人（1995）使用 TMS 技术，记录手部肌肉动作电位的激活
（MEPs）。实验条件是被试观察实验者用手抓物体（及物的手部动作）或
进行无意义的手臂运动（不及物的手臂运动）。控制条件是觉察烛光变暗
和观看三维客体。结果发现，与控制条件相比，观察他人动作（不管是
及物的还是不及物的）都导致了 MEPs 的明显增强。而且这与被试自己执
行这些动作时产生的情况是一样的。

　　观察他人动作时产生的 MEPs 的增强可能是由于运动前区的镜像活动
而产生的初级运动皮层的易化，也可能是来源于相同区域的脊髓的易化所
致，或者两方面的原因都有。对皮层假设的支持主要来自于 Strafella 和
Paus（2000）的研究，他们通过使用双脉冲的 TMS 技术，证明了发生在
行为观察时的皮层内循环抑制与动作执行时非常一致。那么，观察别人动
作真的会影响到脊髓的兴奋性吗？Baldissera 等人（2001）的研究证明了
这一点，他们主要测量了当观察他人的手在伸展和合拢时，被试的伸肌和
屈肌 H-反射的大小。结果显示当观察他人的手伸展时，屈肌的 H-反射增
加，但是当观察他人的手合拢时却受到抑制，出现在伸肌中的情况则完全
相反。由此可知，皮层兴奋性的变化与可视运动是一致的，而脊髓兴奋性
则朝相反方向变化。这些结果表明，在脊髓里存在一个阻止观察行为被执
行的抑制机制，从而使得运动皮层可以自由地对那个动作起反应，而不必

担心发生真实的动作。

　　通过采用 TMS 技术，研究者还发现了人类镜像神经系统的另一个重要特征，那就是观察别人动作时皮层激活的时间过程与自己执行动作时是一样的。Gangitano 等人（2001）记录了当被试观察他人抓握物体时手部肌肉的 MEPs，记录 MEPs 的时间间隔跟随动作的发起时间。结果表明运动皮层的兴奋是完全依从所观察动作的抓握过程的。

　　综上所述，TMS 研究已经表明人脑中同样存在镜像神经系统，而且它还拥有一些猴镜像神经系统并不具备的重要特征：第一，不及物的无意义动作能够激活人类的镜像神经系统，但并不会激活猴的镜像神经元；第二，通过分析观察他人动作时产生的皮层兴奋性的时间特征，我们可知人类的镜像神经系统不仅像猴那样能够处理动作本身，它还对动作的形成过程进行编码。人类镜像神经系统的这些特征对人类的模仿能力起着重要作用。

二　脑成像研究

（一）人类镜像神经系统的结构

　　大量的研究已经表明观察他人动作会激活人脑中复杂的神经网络，包括枕叶、颞叶和顶叶的视觉区，以及主管基础运动和支配运动的两个皮层区。其后两者位于顶下小叶（inferior parietal lobule）的前部，中央前回（the precentral gyrus）的下部以及额下回（inferior frontal gyrus，IFG）的后部。这些区域构成了人类镜像神经系统的核心。

　　构成这些区域的细胞结构是怎样的呢？我们知道从细胞结构学的角度来解释脑成像的结果总是非常危险的。但就顶下小叶区域来说，由于在猴脑的这个区域发现了镜像神经元，镜像激活的区域对应于 PF 和 PFG 区却又看似合理。

　　更复杂的是额叶区的情况，首先遇到的问题是运动前区两个主要部分的边界位置：腹侧运动前区（PMv）和背侧运动前区（PMd）。在非人类的灵长类动物中这两个区域在结构和功能上都是不同的。其中，只有 PMv 与负责处理观察他人动作的脑区（PF/PFG 和 STS）有结构上的联系。因此，它对镜像神经元的形成是非常重要的。

　　从胚胎学角度来看，人类的 PMd 和 PMv 的边界应当位于 Talairach 坐标系的 Z 水平 50 处。这个位置的来源主要是根据额上沟（superior frontal sulcus）以及中央前沟（superior precentral sulcus）表征了与人类同源的猴的弓状沟的高级分支。因为猴的 PMd 和 PMv 的边界大约与这个分支的尾部相连。同理，人类的边界也应当位于腹侧的额上沟。

人类前额叶的眼部区域（Frontal Eye Field，FEF）支持这个假设。猴的 FEF 位于弓状回的前部边沿，是 PMv 的后部边界，此处表征手臂和头部的运动。如果人们接受以上关于 PMv 和 PMd 的边界定位，那么 FEF 在人类和非人灵长类动物中的位置应当是相似的，这个位置就是刚好在 PMv 的上面和 PMd 的下面。

另一个问题是关于额下回（IFG）区域。长期以来人们总是有偏见地认为这些区域与中央前回存在根本的不同，因为它们只与语言相关。然而事实并非如此，早在 20 世纪初，就有学者指出额下回与中央前回在结构上非常相似，并把 IFG 的岛盖部（pars opercularis）和三角部（pars trian-gularis）与中央前区归在一起合称为前中央中间皮层（"intermediate pre-central" cortex）。现代的比较研究表明 IFG 的岛盖部（基本与 44 区一致）与人类的 F5 区同源。此外，从功能性角度来看，近年来已有大量证据表明人脑的 44 区除了具备语言表征的功能外，还能表征手部运动，正如猴的 F5 区一样。至此，我们可以作出如下小结：人脑的 PMv 区与猴脑的 F4 区是同源的；人脑的 44 区与猴脑的 F5 区是同源的。这两个区域的大致边界应当位于前中央沟的下部，与猴脑的前中央窝下部同源。

如果以上同源关系分析正确的话，可以期待的是观察颈部和近肢端运动应当导致 PMv 的显著激活，而手和嘴的运动应当激活 44 区。Buccino 等人（2001）运用 fMRI 实验研究了这一问题，他们让被试观察嘴的运动、手或手臂的运动以及脚或腿的运动，其中及物和不及物的动作都有；对照条件分别是观察静止的脸、手和脚。结果发现观察目标导向的嘴部运动激活了中央前后的下部和额下回（IFG）的岛盖部。此外，在顶叶上还发现两个兴趣点：一个是位于顶下小叶的前部（与 PF 区非常相似）；另一个是位于顶下小叶的后部。观察不及物的动作导致同样的运动前皮质的激活，但是没有发现顶叶的激活。

观察目标导向的手或手臂运动引起了额叶两个区域的激活：一个是 IFG 的岛盖部；另一个位于中央前回。后一个激活区的位置比观察嘴部运动时更靠背部。至于嘴部运动，在顶叶区存在两个兴趣点，前部的焦点与执行嘴部动作一样，位于顶下小叶前部，但是在位置上更加靠后；尾部的焦点的位置从根本上来说与执行嘴部动作完全一样。观察不及物的运动激活了运动前皮质，但是没有顶叶的激活。

　　最后，观察目标导向的脚或腿的动作激活了中央前回的背部和顶叶后部，一部分与观察嘴部和手部动作时的激活区域重叠；一部分延展到了更靠背部的区域。同前面一样，不及物的脚的运动激活了运动前区而没有顶叶激活。

　　因此，Buccino 等人（2001）的研究告诉我们，额叶和顶叶的镜像区域在身体解剖学上都有良好的组织；位于顶下小叶的体细胞与猴的是一样的；对于前额叶的同源关系预测也是正确的，IFG 的岛盖部激活应当反映的是观察远端手部动作和嘴部动作，但中央前皮质的激活反映的是近端手臂运动和颈部运动。

　　需要指出的是，观察及物动作同时激活了镜像神经系统的顶叶和额叶，然而观察不及物动作只激活了前额叶。这个发现与先前的研究结果也是一致的，即很多研究表明观察不及物动作并没有激活顶下小叶。但是考虑到运动前区需要接收来自顶下小叶的视觉信息，那么观察不及物的动作时没有顶下小叶的激活似乎有些说不过去。因此，更有可能的情况是，当客体出现时顶下小叶的激活应当比客体空缺时更强，而且客体空缺时的激活没有达到统计学上的显著性。

　　（二）人类镜像神经系统的功能

　　前面已经提到，镜像神经系统与动作理解有关。那么人类的镜像神经系统能理解其他物种的动作吗？比如，猴或者是关系更远的狗。

　　Buccino 等人（2004）研究了这一问题。他们给被试看无声的嘴部动作，动作的执行者分别是人、猴和狗。动作分为两类，一类是咬的动作；一类是口头交流动作。控制条件是观看这些动作的静止图像。结果显示观察咬的动作，不管动作的执行者是谁，都激活了两个相同的位置：一个是顶下小叶；一个是 IFG 的岛盖部和中央前回附近区域。从脑的左侧来看，三个物种在这两个激活区上是完全相同的，但从脑的右侧来看，观察人的行为比观察其他两类动物的行为产生了更强的激活。对于交流性的嘴部动作，其结果则存在很大的差异。人的语言阅读激活了 IFG 的左侧岛盖部；猴的咂嘴激活了 IFG 的左侧和小部分右侧岛盖部；但是观察狗的吠叫并没有产生任何前额叶的激活。

　　这些结果表明，其他物种的动作可以通过不同的机制得到识别。属于观察者的运动技能的动作映射他的运动系统。不属于这个特征的动作不能引起观察者运动皮层的兴奋，似乎是基于视觉基础来识别。这两种不同的再认方式很可能有两种不同的心理机制。第一种情况运动共鸣把视觉经验编译为个体知识，然而在第二种情况中则缺少这一步。也许人们会认为有些实验中发现的前额叶镜像神经活动的缺少是由于使用的刺激（比如，一个光点）不足以诱出观察行为的个体知识。

Frey 等人（2003）使用 fMRI 技术研究了前额叶的激活是否需要观察动态的活动，或者与活动目标的理解是否有关。他们给被试观看用来抓握的相同物体的静态图片。结果表明，观察手与客体相接触的目标足以激活前额叶的镜像神经系统。在这个实验中，有几个被试的 IFG 的三角部发生了激活。在语言中，这部分区域与语法紧密相关。尽管人们可能会猜测这个区域也对动作的语义进行编码，但当前还没有实验证据来支持这个假设。因此，关于三角部为什么会被激活的问题，至今还不是很清楚。

Schubotz & Von Cramon（2001，2002a，2002b）研究了前额叶镜像神经系统是否不仅与理解目标导向的行动有关，还与再认可预期的变化的视觉模式有关。他们采用了一系列的预测任务，用来测试被试在缺少连续运动反应的序列知觉任务中被试的成绩。结果表明，序列预测导致了前运动皮层和顶叶的激活，特别在右半球更加显著。研究者认为这是由于序列知觉事件的出现并不需要准备一个有意图的目标导向行动。如果是这样的话，那么不管这个序列信息是与知觉有关，还是与行动有关，人类前额叶镜像神经系统在表征序列信息方面都起着关键作用。

三 单细胞记录

由于先前的研究大多是采用一些无创性的神经电生理方法或者脑成像方法，因此人脑中是否真的存在镜像神经元还缺少直接证据，进而导致人们曾一度对镜像神经元的功能加以质疑。如今，一项有关人类镜像神经元的单细胞记录研究再次推进了人们对镜像神经元的认识。研究者在病人的脑中植入电极，让病人观察或执行手部动作或面部表情，并记录其反应。他们记录的神经元位置包括额叶中部（辅助运动区和扣带前回）以及颞叶中部（海马和杏仁核等）。在所记录到的 68 个细胞中，有 33 个在观察和执行动作时均增加了放电；有 21 个则在两种情况下均减少放电；还有 14 个表现为在一种情况下增加放电，在另一种情况下减少放电。由于猴镜像神经元主要分布于额顶皮层的两侧，当前研究的电极位置并没有与其同源，因此这个研究不能说明以上区域是否也属于人类的镜像神经区域。但是研究者提出，颞叶中部神经元的激活也许表征着对观察和执行动作的记忆痕迹的恢复。而那些减少放电的神经元也许在抑制活动中发挥着作用，即抑制被试去执行观察到的动作，以确保我们无须去模仿每一个我们观察到的动作（Mukamel, et al., 2010; Rizzolatti & Sinigaglia, 2010）。这些发现势必进一步激起人们对镜像神经元结构和功能的探索。

第三节　镜像神经系统的认知功能

一　镜像神经系统与模仿

（一）模仿行为

从发展的角度看，模仿行为在出生几个小时的婴儿身上就已经出现了，Meltzoff 和 Moore（1977）的研究表明 12—21 天大的婴儿就已经可以准确地模仿各种面部表情，比如，伸舌头，嘟嘴，张大嘴巴等。这种与生俱来的模仿能力在动作学习、交流以及儿童的社会认知发展等方面起着关键作用，模仿功能的缺失会导致孤独症等以社会交往缺陷为核心症状的社会认知障碍（Iacoboni & Dapretto, 2006）。大量的行为研究表明，人们在社会生活中常常会无意识地模仿别人的行为、面部表情、说话方式甚至呼吸节律等。这种悄无声息的"变色龙效应"（chameleon effect）也许可以从传统心理学中得到部分解释。心理学研究表明，在认知系统中刺激和反应总是成对出现的。当观察者看见一个运动事件与他们自己运动经验中的一个相似的运动事件具有共性的时候，他们就做好了模仿的准备。观察事件与运动事件相似度越高，这种启动效应就越强。如今，镜像神经元的发现促进了人们对这个现象的神经机制的探索。

采用 fMRI 技术，Iacoboni 等人（1999）研究了人类的模仿行为。他们设置了两个实验条件：纯观察和观察—执行。在两种条件中，都呈现给被试三类刺激（如图 5.5 所示）：一个是运动的手，其中中指或食指在运动；一个是静止放置在桌面上的手，其中中指或食指被标以"十"字标记；以及一个空白背景，其中在其左边或右边标有"十"字。在"纯观察"条件中，指导语要求被试只需观察刺激。在"观察—执行"条件中，指导语要求被试根据观察尽快伸出相应的手指。结果发现，相对于由"十"字标记激起的运动条件，当被试根据观察到的手指运动进行反应

（即模仿）时产生的激活程度最高，主要出现在以下四个区域：额下回（IFG）的左侧岛盖部，顶叶右前部（the right anterior parietal region），右顶盖（the right parietal operculum）和颞上沟（STS）。其中顶叶负责编码被观察的手指动作，而额区负责理解行为的意图以及对动作进行编码。其结果支持了模仿是基于观察动作直接与动作的内部运动表征相匹配的"直接匹配假说"。除此之外，还有研究表明布洛卡区在被模仿的行动有特定目标时起重要作用（Koski, et al., 2002）。Grezes 等人（2003）也获得了相似的结果，但是这种情况只发生在被试模仿聋哑人的手语的时候。

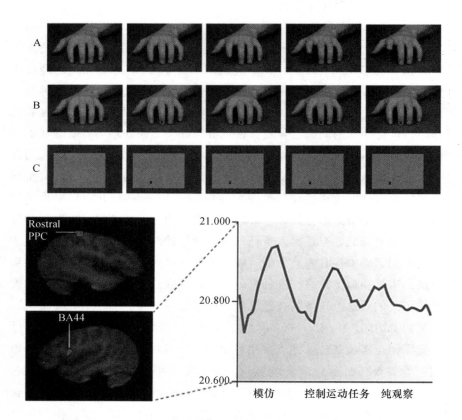

图 5.5 人类的镜像神经系统和模仿。图的上半部分显示的是三类刺激序列；图的左下方显示的是模仿导致的激活区域；图的右下方显示的是在不同实验任务条件下布罗德曼 44 区（BA44）区的 BOLD 信号（Iacoboni, et al., 1999）。

　　Nishitani 和 Hari（2000，2002）使用事件相关的 MEG 技术，分别研究了对抓握动作和面部运动的模仿。他们的第一个研究首先确认了左侧布洛卡区（IFG）在模仿中的重要性。在第二个研究中，让被试观看静止的嘴唇形状（包括与语言相关的唇形和非语言的唇形，比如扮鬼脸），并要求他们在看过之后立即模仿，或者是自发地做相似的唇形。结果发现，在观察唇形的过程中，皮层激活区域的发展变化过程是：从枕叶到颞上沟、顶下小叶、布洛卡区，最后到初级运动皮层。在模仿唇形的过程中，不管是与语言相关的唇形还是非语言的唇形，也产生了与观察时相同的皮层激活序列。但是，当被试自发地执行嘴唇运动时，则只有布洛卡区和运动皮层被激活。因此，这些研究清楚地表明模仿的基本神经回路与行为观察时是一样的。而且，在布洛卡区的后部，观察行为和它的动作表征之间存在着直接的映射。

　　此外，Iacoboni 等人（1999，2001）的研究还表明顶上小叶、顶盖和 STS 区很可能并没有反映镜像机制。因为当要求被试只观察行为而不模仿动作时，并没有产生顶上小叶的激活。因此，顶上小叶的激活很可能是由于要求被试模仿动作时，通过反向投射的作用，产生了有意图行为的感觉复制。猴的顶上小叶特别是它的前部（即 PE 区）含有大量的神经元能对本体感受刺激和积极的手部运动起反应。因而，很可能顶上小叶的激活表征的是有意图行为的肌肉运动知觉的复制。先前也有研究表明，当被试为了模仿而观察动作时，顶上小叶有强烈的激活（Grèzes，et al.，1998；Iacoboni，et al.，1999）。

　　根据对有意图行为的感觉复制的解释也许还能解释顶盖和 STS 的激活。因为顶盖的位置位于隐藏在大脑外侧裂中的体觉区，同时，STS 与 STS 的高级视皮层一致。因此，这两个激活区很可能分别反映了对有意图行为的体觉和视觉复制。

　　在行为层面上，发展心理学的研究早就表明在生命早期，儿童习惯于镜像模仿，也就是说，如果一个人伸出右手，模仿者会伸出与之镜像对应的左手（Wapner & Cirillo，1968）。后来的脑成像研究也表明，当被试进行镜像模仿时比按照解剖上正确的方式进行模仿时（比如，当观察者看见一个人伸出右手，他也伸出右手），额下回的激活更强（Koski，et al.，2003）。这些脑与行为的关联表明人类的镜像神经系统对模仿行为起着关键作用。

Iacoboni 和 Dapretto（2006）总结了关于模仿的神经回路，他们认为模仿的神经回路主要由三块区域组成，一块是额下皮层，包括额下回（inferior frontal gyrus，IFG）和邻近的腹侧运动前区（PMC）；另一块是顶下小叶（inferior parietal lobule，IPL）喙端，它们被认为是猴脑中与人类同源的 PF 或 PFG 区。这两块区域构成了人类的镜像神经系统。除此之外，还有一块位于颞上沟（superior temporal sulcus，STS）的后部，是镜像神经系统最主要的视觉输入。这三块区域共同构成了模仿的“核心回路”（如图 5.6 所示）。该回路的工作机制是这样的：STS 负责将输入的知觉信息编码并传递到负责动作信息描述的 MNS 顶叶处，然后再传递到主要负责领会动作目的的 MNS 额叶部分，这时临近的运动前皮质开始进行动作编码并将模仿的可能结果向后回传到颞上沟，将要输出的动作编码在这里与观察的动作信息进行匹配并完成动作输出。

（二）模仿学习

一般来讲，通过模仿学习而获得的行为可以分为两类：一类是取代，通常观察者对一个给定的刺激会产生自发地运动反应，但如果存在另一个运动模式更适合完成这个任务，那么就会产生新习得的动作对先前动作的取代；另一类是学习用来成就特定目标的运动系列的能力。

通过行为观察获得新运动模式的能力，它们的神经基础是什么呢？Buccino 等人（2004）采用 fMRI 对此进行了研究，设定基本任务为新手模仿专业吉他手弹吉他。通过事件相关范式，发现皮层激活主要表现在以下事件中：（a）行为观察；（b）暂停（新运动模式形成和巩固）；（c）弹奏以及（d）休息。除了模仿条件，还有三个控制条件：没有任何运动要求的观察，观察时执行无关动作（比如刮擦吉他颈部）以及自由弹奏吉他。

结果发现，观察—模仿条件激活的神经网络与观察—不模仿条件和为了不去模仿的观察条件一致。但是，第一个条件激活的强度更大。这个共同的神经网络包括顶下小叶、PMv 的背部以及 IFG 的岛盖部。此外，在观察—模仿条件中，激活了顶上小叶、中央前区以及额中回，但在只观察而没有进一步动作反应的条件中则没有激活。Fery 等人（2006）的研究也得到相似的结果。他们发现，与被动地观察某一动作相比，当被试被告知随后需要模仿该动作，即被试在观察时带有学习意图时，不仅传统的镜像

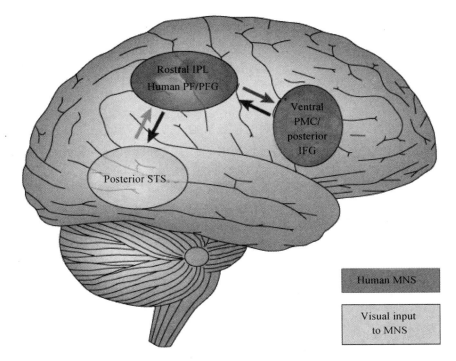

图 5.6 模仿的神经回路（Iacoboni & Dapretto，2006）。注：Human MNS：人类镜像神经系统；Visual input to MNS：视觉输入到镜像神经系统；Posterior STS：颞上沟后部；Rostral IPL Human PF/PFG：顶下小叶喙端；Ventral PMC/ Posterior IFG：腹侧运动前区/额下回后部。

神经区域被激活，而且还激活了其他社交动作编码及动作表征的皮层。

在模仿条件下暂停时的激活与观察条件下暂停时的激活基本回路是一样的。但是，也存在一些重要不同：顶上小叶激活增加，PMd 有激活，以及最有意思的是，额中回（46 区）和中央前区的激活增大增强。最后，在执行事件中，感觉运动皮层的激活反映的是对侧手的运动。

这些结果提示，新运动模式形成的神经节点与镜像神经区域的神经节点是一致的。虽然 fMRI 实验并不能解释其中的机制，但这很可能是由于通过观察模仿来学习新的运动模式，被观察的行为被分解为基本的运动单元，经由镜像神经机制的作用，这些运动单元激活了相应的脑区的运动表征，包括 PF，PMv 以及 IFG 的岛盖回。一旦这些运动表征被激活，它们就会根据前额叶的观察模式进行重新组合。这种重新组合发生在镜像神经回路 46 区以内，它起着基本的调制作用。因此，镜像神经元在个体把看到的某个动作的视觉信息以动作表现出来的过程中起着桥梁作用。

二 镜像神经系统和交流

（一）手势交流

镜像神经元表征了一个机制的神经基础，这个机制就是在信息的发出和接收之间创造了直接的连接。正是由于有了这样的机制，观察者才能理解他人的动作，而且不需要任何认知媒介。Rizzolatti 和 Arbib（1998）提出镜像神经机制表征了语言进化的神经生理学机制。这个理论认为语言进化来自于手势交流，镜像神经系统在语言交流中提供了一种共通的无障碍连接。

猴的镜像神经元主要由编码目标导向动作的神经元组成。因此，语言进化的镜像神经元理论遇到的第一个问题就是去解释这个封闭的而且与客体相关的系统怎么变成了一个能够描述与客体和动作无直接关系的开放系统。

从封闭系统到交流的镜像系统，这个巨大的飞跃很可能与模仿进化的作用、人类镜像神经系统的有关变化有关。比如，人类的镜像神经系统能够对手势语和非目标导向动作起反应，但是猴却不能。

交流性动作来源于目标导向动作这个提法并不是新的。早在 1934 年，维果斯基就认为指示动作的进化是由于儿童尝试去抓远方的客体。需要指出的是，虽然猴在观察非目标导向的动作时，它的镜像神经元并不放电。但是，当客体被隐藏时，它们确实有反应。这说明猴知道这个动作具有目的性（Kohler et al.，2002；Chen & Yuan，2008）。

这些事实表明效应器和目标之间的空间关系的阻断并没有损害猴对动作意义的理解能力，也说明理解指示（这种心理表征行动目标的能力）的前提条件在猴身上就已经出现了。

（二）语言理解

在布洛卡区是否参与模仿这一问题上，现代的研究已经颠覆了我们过去刻板的认识。如前所述，大量的研究已经表明，Broca 区不仅与语言相关，而且在模仿中起着重要作用（Iacoboni，et al.，1999；Nishitani & Hari，2000，2002）。Heiser 等人（2003）使用了与 Iacoboni 等人（1999）

相同的任务，通过重复的 TMS（rTMS），对刺激区进行短暂干扰，也发现 IFG 的岛盖部在模仿中也有重要作用。结果表明，当使用 TMS 干扰左侧和右侧布洛卡区时，导致被试不能进行手指模仿运动。但是，当手指运动反映的是空间线索时，则没有此现象发生。由于模仿可能是言语的习得乃至理解的基础，以及镜像神经元能够对听到的与动作相关联的声音表现出和观察、执行相关动作类似的激活，我们可以推测包括布洛卡区在内的镜像神经系统可能对言语理解至关重要。这一假设也得到近年来大量研究的支持。

Tettamanti 等人（2005）让被试听表述动作内容的句子，并观察其脑功能区域的变化。结果发现与控制组相比，表述动作内容的句子显著激活了左半球的包括额下回布洛卡区的额叶—顶叶—颞叶回路。由于该回路也是模仿学习的基础，说明被试是在理解句子表述的动作前提下对该句子进行加工的。具体来说，布洛卡区域的激活显示了其加工抽象语义来表征动作的作用。同样，Buccino 等人（2005）的研究也表明：当被试在听表征某动作的句子时，实施该动作的动作诱发电位会产生相应变化。例如听到手部相关动作的语句时，从被试手部肌肉记录的电位会发生变化；同理，听到和脚相关的动作语句时，从被试脚部记录的电位会发生变化。虽然该研究缺乏脑成像直接证明是否镜像神经系统在言语理解中激活，但出于动作电位的变化，也有理由认为动作电位变化的神经机制为镜像神经系统，通过其自动地建立对该语句描述行为的内部动作表征并表现在动作电位的变化上，从而使得我们能够理解语言所表述的内容。

三 镜像神经系统与语言进化

镜像神经元交流系统有一个极大的优点，就是它与用于交流的手势之间存在内在的关联。但在语言中，这一点却是缺少的。在语言中，或者至少在现代语言中，单词的意义和语音分节之间是毫无关联的。这个事实表明语言进化的必需一步是把手势的意义转换为抽象语音的意义。鉴于此，我们可以从神经生理学上进行预测：手（或者手臂）与语言性手势必须严格关联，而且必须分享一个共同的神经基础。

这个预测得到了大量研究的证实。TMS 实验显示，当阅读和自发性语言产生时表征手部运动皮层的兴奋性增加（Meister, et al., 2003；Seyal, et al., 1999；Tokimura, et al., 1996）。但这个效应仅限于左半球。

此外，在腿部运动区没有语言相关的效应被发现。因此，手部运动皮层兴奋性的增强并不能归因于单词的发音，因为单词发音会引起双侧运动皮层的兴奋，但是观察到的激活，严格来讲，仅限于左半球。所以这种易化作用很可能是由于支配手的运动皮层与更高级水平的语言皮层产生了共同激活的作用（Meister, et al., 2003）。

Gentilucci 等人（2001）采用不同的方法得到了相似的结论。在一系列行为研究中，他们出示给被试 2 个三维客体，一个大；一个小。在客体的正面有两个十字或者一系列的点随机散布在十字所占用的相同区域。要求被试抓客体，以及当十字出现在客体上时张开他们的嘴，记录被试的手、手臂和嘴的运动。结果表明当运动朝向大的客体时，张嘴的大小和速度都显著增加。

在他们所做的另一实验中，要求被试发出一个音节，而不是简单地张嘴。结果发现当被试抓大客体时嘴巴张得更大。此外，还记录了被试发音时声音频谱的最大功率，结果表明也是当抓大物体时更大。

更有趣的是，抓握运动对音节的发声的影响不仅发生在动作执行时，而且在动作观察时也发生。Gentilucci（2003）的研究证实了这一点。他们要求被试在观察他人抓不同大小的客体时发音 BA 或 GA。嘴巴的大小和声音的振幅都受到了他人抓握运动的影响。特别是，当观察运动导向更大的客体时嘴巴的大小和声音的振幅都更大。控制实验排除了这个效应是由于被观察手臂运动的速率的影响。

因此，这些实验表明人类的手势和嘴巴的姿势确实紧密相连，这个连接还包括语言产生时的口—喉运动。

四 听觉通道和镜像神经系统

如果通过镜像神经机制理解的手势的意义在进化上确实把手的姿势转换成口—喉部的姿势，那么这个过程是怎么发生的呢？

正如上面提到的，猴 F5 区的镜像神经元当听到观察动作的声音时会放电。这些视听镜像神经元的存在表明动作表征的听觉通路在猴身上已经出现。但是，视听神经元仅仅编码目标导向的动作。在这方面，他们与"经典"的视觉镜像神经元是相似的。但是，正如以上讨论的，目标导向的动作对创造一个有效的有意图的交流系统来说是并不充分的。因而，单词极有可能来源于不及物动作和手势语与声音的结合，而不是来源于目标导向的动作。

Paget（1930）提到的例子也许能澄清这个可能的加工过程。当我们吃东西时，需要以特定方式动用我们的嘴、舌头和唇。这些动作所组合成的姿势传递给观察者一个信息就是"吃"。如果我们在做这个动作时，通过口—喉部吹气，那么就会产生一个类似于"mnyam-mnyam"或"mnya-mnya"这样的声音。通过这样一个连接机制，动作的意义自然就被转换成了声音。

研究者最初认为理解与嘴部动作相关的单词是通过激活与姿势行为相关的视听镜像神经元来实现的，这个认识看似有道理的（Ferrari, et al., 2003）。但是，个体语言获得的第一步很可能应该归因于模仿能力的改善，这种高级的模仿能力能够产生特定伴随行为的声音，而无须执行它。这种新的能力来源于听觉镜像系统的获得，它发展于最初的视听镜像神经元的顶端，并随着数量的日益增多而独立于视听镜像神经元。

更特别的是，这个假定认为运动前皮质能够逐渐产生"mnyam-mnyam"的声音而无须像摄食动作那样需要复杂的运动配合。相应地，神经元发展成能够同时产生声音和对那个声音进行放电（回声神经元）。因此，人类布洛卡区的复杂性，在这个神经空间里混杂着语音、语义、手部动作、摄食动作以及语法等功能，很可能是这种进化趋势的结果。

那么，人类是否拥有一个回声—神经元系统呢？例如，当个体听到语言材料时它会产生运动性的共鸣。Fadiga 等人（2002）研究了这一问题，他们要求被试仔细听声音呈现的单词或非单词，同时记录被试舌头肌肉的MEPs。刺激是单词、规则的假词和双音节声音。在单词或非单词中间都有两个"f"或两个"r"字母。"f"是唇—齿摩擦音，发音时仅需要轻微的舌头运动；然而，"r"是舌—上腭摩擦音，发音时需要明显的舌头运动。刺激出现时被试的左侧运动皮层被激活。

结果表明，相对于听包含两个"f"字母的单词和非单词时以及听双音节声音时，听包含两个"r"字母的单词和非单词记录到了更多的来自舌肌的MEPs。此外，相对于听假词而言，听单词时"r"音产生的易化作用更强。

Watkins 等人（2003）也获得了相似的结果。使用 TMS 技术，他们记录了来自唇部肌肉和手部肌肉的 MEPs。他们设置了四个实验条件，分别是：听连贯的散文；听非语言的声音；看语言相关的唇部运动；看眼睛和眉毛的运动。相比于控制条件，听语音激起了更多的来自唇肌的 MEPs。但是这个差异仅限于左半球。而且，来自手部肌肉的 MEPs 在这四个条件中都没有任何差异。

因此，综合以上研究，我们可以认为人类存在回声神经系统。当个体听到语言刺激时，就会激活语言相关的运动中心。

对于回声神经系统的功能性作用，目前存在两种可能解释。一种可能是这个系统仅在模仿语音时起媒介作用；还有一种可能是它还在语音知觉中起媒介作用，正如 Liberman 及其同事所提出的那样（Liberman，et al.，1967；Liberman & Mattingly，1985；Liberman&Wahlen，2000）。当前虽然还缺乏实验证据支持，但是并不难相信回声系统与原始语义功能有关系。

如果人们接受前面所提到的进化论观点，那么，语义学就有两个根源。一个更古代的是它与动作镜像神经系统有关；另一个更现代的是基于回声镜像神经系统。

EEG 和 fMRI 实验已经提供了支持远古系统的证据。Pulvermueller（2001，2002）研究了当被试听与脸部相关的单词（比如，talking）和与腿部相关的单词（比如，walking）时 EEG 的激活情况。他们发现描述腿部运动的单词激起的电位主要在背部，靠近皮层的腿部区域；然而，描述脸部运动的单词诱发的电位主要位于低下的位置，临近脸部和嘴部的运动表征。

Tettamanti 等人（2005）采用 fMRI 技术测试了动作观察的皮层激活区是否在听到动作句时也能产生激活。句子描述的动作是靠嘴、手/手臂和腿来执行的。控制条件是听抽象句。结果表明中央前回和 IFG 的后部有激活。中央前回的激活，特别是听手部动作相关的句子，基本上与动作观察时的激活一致。当听嘴部动作的句子时，IFG 的激活特别强，但是在听其他动作时也有激活。因此，很可能额下回存在动作单词的一个更一般的表征。不管对这个现象如何解释，这些数据都表明听句子描述动作激起了观察动作表征的视动回路。

当然，这些数据也并没有证明语义学应完全归因于原始的感觉运动系统。由于外侧裂周区（perisylvian region）的破坏导致语言缺损的现象证实了这个系统在行动理解上的重要性，特别是在由声音直接转换到语言运动手势方面。因此，更合适的假设应该是在语言获得过程中，这个发生的过程在某种程度上相似于从进化角度看赋予声音以意义的过程。单词的意义首先基于古老的非语言语义系统。但是，后来即使在这个系统没有显著激活的情况下，单词也能被理解。要进一步理解在语言知觉中这两个系统的相对作用，还需要更多的实验研究，比如，通过 TMS 选择性抑制或者对运动前区和顶叶区的电刺激。

五 镜像神经系统与意图理解

对他人行为意图的理解是心理理论的一个重要内容。长期以来，对心理理论的获得问题存在着理论论（theory-theory）和模仿论（simulation theory）之争。镜像神经系统的发现则为后者提供了强有力的支持，即我们对他人意图的理解的基本机制不是通过概念的推理，而是对观察到的事件通过镜像神经系统的直接模仿。例如猴的镜像神经元可以对不同意图的类似动作表现出不同的激活，而且这些激活和它自己在相应意图下执行动作时镜像神经元激活模式完全相似。这提示猴对他人动作意图的理解是通过自身镜像神经元激活进行动作重现来实现的（Fogassi, et al., 2005；黄家裕，2010）。

进一步的研究还发现，不同的意图会导致不同的镜像神经元系统激活方式。Iacoboni 等人（2005）在其实验中通过设置不同的场景区分了同样动作的两种意图（如图 5.7 所示）。其场景一为餐桌上放着茶壶、水杯、零食，动作为人手抓握水杯；场景二的区别在于餐桌上的茶壶盖是打开的，零食相比场景一少了一些，餐桌上也散落着零食，动作同样为抓握水杯。场景的不同提示着观察者场景一中拿水杯是为了喝水，场景二中拿水杯是为了整理用餐后的餐桌。fMRI 结果表明观察有动作的场景相比于仅仅观察动作和仅仅观察场景激活了腹侧运动前区皮层及额下回（IFG）的后部——传统的镜像神经系统。当进一步比较两种不同的意图时，发现 IFG 区域的激活模式也显著不同。因此，在排除了背景因素的影响后，这个研究清晰地说明，IFG 除了理解他人的动作外，还涉及对不同动作意图的理解。其随后的实验考察了我们理解他人行为的意图是否需要"自上而下"的加工，结果表明即使在被试注意力集中在与推测意图无关的任务中时，表征意图理解的 MNS 同样发生激活。这也进一步说明了理解他人行为的意图，至少在比较简单的层面上，是通过具身模仿这一更加自动化的过程而非基于意识层面上的信息推理。简单说，理解他人的行为、意图就是"perceiving is doing"这一过程：观察别人的行为等于自己也在执行这一行为，那么自己自然也就理解了这一行为的目的（Lepage & Théoret，2007）。

图 5.7　表现两种动作意图的不同场景（Iacoboni，et al.，2005）

六　镜像神经系统与移情（empathy）

对于情绪的理解，一个观点认为我们将接收到的面部表情、肢体语言等信息和存储于我们记忆、经验中的信息进行比较，来了解他人的情绪。但显然，该观点最多解释了我们如何在认知上了解他人的情绪，而非我们如何在情绪上感受他人的情绪（Rizzolatti & Craighero，2005）；而从之前的论述来看，我们观察别人的行为时大脑的镜像神经系统在腹侧额叶的运动前区皮层及初级运动皮层的激活使得我们经历着"perceiving is doing"这一过程来达到动作理解和推测他人的意图。同样，当观察他人的情绪表现时，镜像神经系统的参与也可以使得大脑激活被观察情绪的表征使得我们"感同身受"地获得对观察到的情绪的切身体验。Wicker 等人（2003）在实验中要求被试亲身体验臭气及观察他人闻臭气。臭气在这里的作用是诱发厌恶情绪。结果发现，即使在没有要求被试进行移情的情况下，观察别人的厌恶表情时激活的神经回路和自己闻臭气时激活的神经回路存在部分相似性，共同激活回路为左前脑岛和右前扣带回皮层，前者和厌恶相关，后者和害怕相关。因此，该部分也被认为是情绪的镜像神经回路，即对观察到的他人的情绪在自身内部也能形成该情绪的表征。Jackson 等人（2005）针对痛觉的研究也证明了移情的镜像神经机制，他们让被试观察痛觉的图片以及让被试亲身经历痛觉，结果发现在这两种情况下共同的激活脑区为前扣带回（anterior cingulate），前部脑岛（anterior insula）及小脑，而且前扣带回的激活程度与被试对观察图片中的痛觉的评价等级呈正相关。Singer 等人（2004）对于"痛"也做过类似的研究。结果表明，无论是被试亲身经历痛觉刺激（电击）还是观看自己的亲人受电击后的表情，被试的前部脑岛和前扣带回均被激活。而且其激活程度与被试对自己移情程度的评价存在显著正相关。虽然这些研究的结果没有显示观察他人的情绪和自己亲身体验该情绪有着完全相同的神经回路，但处理情绪（厌恶）的核心部位——前部脑岛和前扣带回在观察他人和亲身体验时都发生激活，充分体现了移情在神经机制上的镜像特征。

此外，Carr 等人（2003）采用了"社会镜像"（social mirroring）的研究范式，即要求被试分别观察和模仿呈现的情绪脸（如开心、生气、悲伤等）图片，研究动作表征和移情的关系。结果表明，观察和模仿不仅激活了颞上沟及额下回这个经典的动作观察—执行匹配神经回路，而且还激活了加工情绪的脑岛及边缘系统的杏仁核（amygdala）；此外，模仿比观察更加显著地激活了运动前区皮层、颞上沟，脑岛以及杏仁核。这可能是由于观察仅仅涉及对输入信息进行编码并建立内在动作表征，而模仿除此之外还进行了动作的输出。总的来说，模仿和观察情绪图片激活了相似的神经回路，表现出了移情神经机制的镜像特性。此外，在初级运动皮层等脑区建立的动作内部表征也调节着情感脑区的激活模式，而且脑岛从结构和功能上可能都联结着负责动作表征的额下回运动皮层及负责情绪体验的边缘系统。

在新近一项以儿童为对象的研究中，研究者不仅考察了观察及模仿表情图片时的大脑激活情况，而且还通过改编的人际关系反应量表（Interpersonal Reactivity Index，IRI）测量得到了儿童的移情能力。结果发现额下回、右侧脑岛、左侧杏仁核、左侧梭状回的激活和儿童的共情能力呈显著正相关。这也从行为指标上为镜像神经系统的确反映了移情能力这一假设提供了支持（Pfeifer, et al., 2008）。

七 镜像神经系统与社会交往

人类的镜像神经系统的社会认知功能不仅反映到对他人的意图理解以及感同身受的移情能力，还与社会交往紧密相关（胡晓晴，傅根跃，施臻彦，2009）。在 Iacoboni 等人（2004）的一项 fMRI 研究中，他们让被试观看一些描述人们日常生活的录像片段。其中有的片段描述的是一个人的日常活动，比如在做饭或在电脑前工作；有的片段描述的是同一个人与另一个人在进行一些社会交往活动，比如聊天等。结果发现当被试观看这些与社会交往有关的录像时，镜像神经系统的活动增强。

Oberman 等人（2007）的研究利用 EEG 技术更进一步地考察了镜像

神经系统在被试观察社会交往活动中的作用。他们让被试观看一组有关扔球的录像片断，一共设置了 3 个实验条件，分别为无社会交往组（演员把球扔向空中）、社会交往—旁观组（演员相互仍球，被试为观察者）和社会交往—互动组（演员互相扔球且球会有时朝向被试扔来）。研究者记录了在头皮 C3、C4、Cz 电极点（认为它们反映了感觉运动皮层 sensori-motor cortex 的放电活动）的 mu 波抑制（mu wave suppression）情况。结果显示，mu 波抑制在社会交往—互动条件下最大，反映了此时镜像神经系统最为活跃；其次是社会交往—旁观条件，最后为无社会交往条件。

而且正如前面所提到的，Pfeifer 等人（2008）的研究还考察了儿童在观察或模仿他人表情时的镜像神经元系统激活程度与儿童在人际关系能力量表（interpersonal competence scale，ICS）得分的相关。结果发现在模仿他人表情时，额下回、左侧杏仁核及双侧脑岛的激活程度和儿童的人际关系能力显著相关。该结果从发展的角度表明社会交往，至少在社会人际关系方面，和镜像神经元系统的功能有着密切联系。

八　镜像神经系统与自我认知（self-awareness）

新近的 fMRI 和 TMS 研究发现人类的镜像神经系统在自我认知中还起着重要作用。研究表明不管是看自己的静态照片还是看有关自己的动态图像，镜像神经系统都有激活（Urgesi, et al., 2006）。那么这些结果是否预示着自我认知和模仿之间存在着某种功能上的关联呢？Asendorpf & Baudonniere（1993）对此进行了专门研究，他们以相互不认识的 19 个月的幼儿为被试，并根据他们的自我再认能力进行两两配对，观察每对幼儿的模仿行为。结果发现在那些能够自我再认的幼儿中，模仿行为更多。由此表明模仿在自我意识和社交技能的发展中起着功能性的桥梁作用。从神经层面上来说，这个功能性的桥梁作用就是镜像神经元的贡献。此外，还有类似的研究表明，当被观察者与观察者具有某种程度的相似性时，比如，一个职业芭蕾舞演员在观看芭蕾舞片段时，相比其他非芭蕾舞演员来说，他的镜像神经系统更容易被激活（Calvo-Merino, et al., 2005）。而且，前面也已经提到，相比较于我们观看其他动物的活动，比如猴或狗的活动，当我们观看其他人的活动时，我们的镜像神经系统更容易被激活（Buccino, et al., 2004）。

九 人类镜像神经系统的发展及其功能障碍

(一) 人类生命早期中的镜像神经系统

前面提到，刚出生不久的婴儿就能够模仿别人的脸部和手部动作。Falck-Ytter 等人 (2006) 通过前摄目标导向的眼动研究也表明，12 个月大的婴儿就能够预测其他人的行动目标。虽然这些早期的模仿行为和动作预测能力是否由于镜像神经元的作用还缺乏直接的研究证据，但是最近的研究已经表明人类的早期模仿行为并不具有特殊性，年幼的类人猿和恒河猴与人类婴儿一样，也能够模仿脸部和手部动作 (Myowa-Yamakoshi, et al., 2004；Ferrari, et al., 2006)。这些研究至少从行为上间接地证明了在灵长类动物的生命早期存在着镜像神经系统的作用。

研究者们早就发现，当人们做诸如握拳或松手等随意性动作时，脑波中的 mu 波就会受到明显的抑制，而当人民看到别人做相同的动作时，其脑中的 mu 波也会受到抑制 (Jaime, 2005)。Hari 等人 (1998) 的一项针对儿童的 EEG 研究也表明，不管他们观看手部动作还是执行手部动作，都产生了 mu 波抑制。因此，mu 波抑制被认为是中央运动区激活的指标，它在动作观察时也出现则被认为是镜像神经活动的可能指标。Shimada & Hiraki (2006) 采用近红外光谱的方法，对成人以及婴儿 (年仅 6、7 个月大的婴儿) 进行了研究，记录他们在观看真实动作和电视上动作的脑部反应。结果发现，在成人脑中，观看真实的动作比观看电视上的动作在脑部产生了更生动的激活。婴儿的近红外光谱数据显示了相似的激活模式。即在观看真实动作和电视上动作时都导致了运动区的激活，但是观看真实动作时的激活强度更大。因此，这两项研究进一步从神经生理上表明镜像神经系统在人类生命早期确实发生着功能性作用。

(二) 镜像神经系统功能障碍与自闭症

鉴于人类镜像神经系统在社会认知中的重要作用，我们已不难推测镜像神经系统一旦发生功能性障碍，将会导致个体社会性行为的缺失，如社会交往和言语沟通障碍等。而社会性行为的缺失正是自闭症 (又称孤独症，autism spectrum disorder，ASD) 的核心特征。由此可见镜像神经系统功能障碍与自闭症的产生具有密切关系。正如 Gallese (2006) 所指出的那样，镜像神经系统活动的破坏将会导致自闭症患者丧失具身模仿的能力，最终导致社会性行为的缺失。

近年来，也有大量的研究通过采用不同的技术与方法围绕着镜像神经系统与自闭症的关系而展开。Hadjikhani 等人（2006）采用脑形态学研究，发现自闭症病人的镜像神经系统区域出现结构性异常。主要表现为自闭症患者镜像神经系统的灰质有显著减少。同时，如额下回（IFG）、顶下小叶（IPL）和颞上沟（STS）等传统 MNS 区域的大脑皮层厚度和自闭症症状严重程度呈负相关。这从解剖学上说明了自闭症患者与正常人的差异。Oberman 等研究者采用 EEG 的方法分析了正常儿童与孤独症儿童的脑电波有何不同。他们以 mu 波抑制为探测儿童镜像神经元状态的指标，在研究中对比了正常儿童与自闭症患儿在做一些随意动作与观看他人做相同动作时脑电波中 mu 波的变化。结果发现，在做手部动作时，两组儿童都出现了 mu 波抑制。但在观察他人手部运动的录像时，相比于正常儿童组，自闭症患者没有表现出显著的 mu 波抑制（Oberman, Hubbard, Mc-Cleery, et al. , 2005; Oberman, Pineda & Ramachandran, 2007）。Depratto 等（2006）采用 fMRI 方法对正常儿童与自闭症患儿在观察与模仿面部表情时脑部镜像神经系统的活动和边缘系统的活动进行了观测。结果发现，即使在控制了模仿能力、智商等因素后，和正常被试相比，自闭症患儿在模仿和观察他人表情时镜像神经系统与边缘系统的激活并不显著，而且其症状严重程度和镜像神经系统的活动强度呈显著负相关。采用经颅磁刺激（TMS）技术，加拿大蒙特利尔大学雨果·特奥雷特（Hugo Theoret）领导的研究小组研究了自闭症儿童的神经元活动。这种技术可以在运动皮质区引发电流，因而造成肌肉运动。结果显示，经颅磁刺激能诱发正常儿童的手部活动，而在自闭症患儿身上，诱发效果要微弱许多。

因此，以上研究似乎表明镜像神经元的活动水平可以作为 ASD 患者严重程度的一个有效的生物学指标。

十　镜像神经系统的性别差异

既然镜像神经系统与移情、意图理解、社会交往、自我认知等方面都有功能性作用，那么，男性和女性的镜像神经系统是否存在差异呢？毕竟我们通常认为在情绪认知和社会交往上女性通常要好于男性。在心理学测量上，女性在移情能力、社会敏感性、情绪认知等方面的测试分数通常也高于男性。

台湾学者 Cheng 等人使用了多种神经生理学方法，包括 MEG，EEG 和脊髓反射兴奋性（spinal reflex excitability）等，对此展开了一系列研究

（王丽娟、陈鑫，2009）。在最初的研究中，研究者感兴趣的是男女被试在观察手的动作和物体运动时，镜像神经系统是否会表现出性别差异。他们观察记录被试在三种实验条件下的 mu 波抑制水平：（1）休息：放松和注视十字，作为控制条件；（2）观看手的动作；（3）观看光点运动。研究中控制了手本身的性别特征，即被试认为实验中的这只手没有明显的性别特征，可视为中性。最后的实验结果表明，在观看手的动作和点的运动上，男女被试在 mu 波抑制水平上出现了显著的性别差异。如图 5.8 所示，女性被试反应到手的动作时表现出了更大的 mu 波抑制；然而，男性被试对光点运动显示了更强的 mu 波抑制。根据这些头皮电极数据，研究者还进一步分析了男女被试表征 mu 波抑制的脑地形图。如图 5.9 所示，观看手部运动时，女性在感觉运动区的 mu 波抑制更强，而男性则在观看光点运动时表现出更强的 mu 波抑制（Cheng，Tzeng，Decety，et al.，2006；Cheng，Lee，Yang，et al.，2008；Cheng，Decety，Hsieh，et al.，2007）。

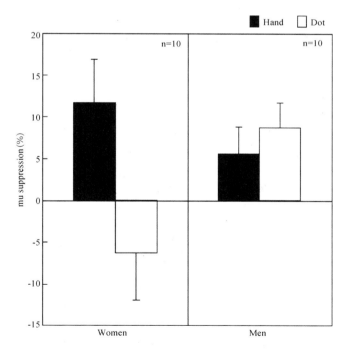

图 5.8　男女被试观看手部运动和光点运动时 mu 波抑制的性别差异。（Cheng，Tzeng，Decety，et al.，2006）

　　采用同样的电生理记录方法，研究者在随后的研究中还探索了男女被试在移情能力上的性别差异。他们让被试观看一组包含身体疼痛或不包含身体疼痛的视频，记录其脑电。结果发现，男女被试都展现出了与疼痛移情相关的感觉运动区的激活，但是，在观看包含身体疼痛的视频时，女性被试比男性显现出了更强的 mu 波抑制。而且，由疼痛移情所导致的 mu 波抑制水平与女性在人际交互量表中抑郁分量表上的得分正相关（Cheng，Decety，Yang，et al.，2009）。

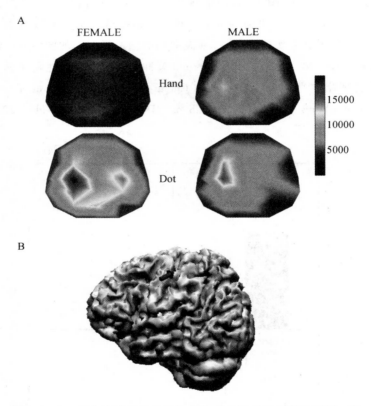

图 5.9　A：男女被试观看手部运动和光点运动时的脑地形图。观看手部运动时女性在感觉运动区（C3、Cz、C4）的 mu 抑制更强，而男性则在观看光点运动时表现出更强的激活。B：出现 mu 波的感觉运动皮层（Cheng，Lee，Yang，et al.，2008）。

　　此外，还有研究者采用 fMRI 技术，研究了被试在情绪归因任务上的

性别差异。要求被试观看带有表情的脸部图片，并报告自己的情绪反应
（自我任务）和评估图片的情绪状态（他人任务）。结果表明，女性在识
别自我相关的情绪得分上显著高于男性。所有被试在两个任务中都表现出
了与情绪观点采择相关的前额叶中后部、颞叶和顶叶区的激活。在自我相
关的任务中，女性在右侧额下皮层和颞上沟的激活比男性强。而男性则在
左侧颞顶联合区有更强的神经活动。在完成他人任务时，女性表现出右侧
额下皮层神经活动增强，而男性则无差异。这些结果表明，在进行面对面
的人际交互中，女性对自我和他人的情绪加工所调动的神经活动比男性包
含了更多的镜像神经元。这可能就是女性在情绪认知上具有优势的神经物
质基础。此结果也说明男性和女性在评估他人情绪时依赖的策略是不同的
（Schulte-Rüther，Markowitsch，Shah，et al.，2008）。

十一　人类镜像神经系统的教育启示

自闭症与镜像神经元的缺损有关，这一发现为自闭症的诊断和治疗带
来了曙光。例如，在孩子的婴幼儿时期，我们可以根据能否模仿母亲吐舌
头、mu 波是否被抑制来作为诊断依据。及早发现、及早干预是我们目前
对待特殊儿童的重要教育原则。若是过晚（通常在 1—3 岁），自闭症的
主要症状已经开始显现，那么干预的效果将大打折扣。如前所述，我们已
知人类镜像神经系统一旦失活，将会导致孤独症等以社会交往缺陷为核心
症状的社会认知障碍。同时模仿也与镜像神经系统紧密相关，而且模仿在
社会认知中起着关键作用。那么是否可以考虑把模仿作为一种对待自闭症
儿童的早期干预方式呢？目前这个假设已经得到了行为数据的支持。

Field 等人（2001）研究了重复性行为模仿对自闭症儿童社会性行为
的影响。该研究分三个阶段进行，在每一阶段中均包括两个实验条件：成
人模仿自闭症儿童的行为；仅仅与自闭症儿童玩耍。结果发现当实验进行
到第二阶段的时候，模仿组的儿童表现出了更多的朝向成人的远端社会性
行为，包括：（1）注视；（2）发声；（3）微笑；（4）与成人进行互惠游
戏等。更有意思的是，当研究进行到第三阶段时，模仿组的儿童表现出了
更多的朝向成人的近端社会性行为，包括（1）接近成人；（2）坐到成人
身边；（3）主动与成人接触。Escalona 等人（2002）进行了类似的研究，
他们的研究包括 4 个阶段，每阶段持续三分钟。在第一个阶段中，成人只
是静坐在实验室中；在第二个阶段中，成人或者模仿自闭症儿童的活动，

或者仅是对其偶尔回应；在第三个阶段中，成人再次保持静坐；在第四个阶段中，成人进行一些自发性的活动。结果发现，在实验进行到第三个阶段时，模仿组的儿童出现了更多的近端社会性行为，比如他们会主动接近成人，并试图发起交往行为；而偶尔回应组则出现了更多的诸如注视这样的远端社会性行为。这些研究都表明，成人对自闭症儿童的模仿能够增加儿童的社会性行为。

采用生物反馈法来治疗或是减轻自闭症症状，也许更让人心动。我们可以在自闭症患者面前安置显示屏，直接在上面显示监测到的 mu 波。如果患者的镜像神经元功能只是暂时处于休眠状态，而不是彻底丧失，那么经过视觉反馈、反复尝试和不断摸索后，就可以让他逐渐学会抑制 mu 波，这样就可能恢复镜像神经元的功能（Coben，Linden & Myers，2010）。

美国加州大学圣地亚哥分校的神经科学家维兰努亚·拉马钱德朗（Vilayanur S. Ramachandran）认为，平衡失调常会导致镜像神经元丧失功能。神经系统中有一种名为"共情因子"的神经递质，专门负责在参与情绪反应的镜像神经元间传递信息。根据这种假设，自闭症患者之所以缺乏共情反应是因为共情因子的局部缺失。因此提出一种新颖的治疗方法——恢复自闭症患者的化学平衡。如果研究人员能够找到刺激共情因子分泌的药物，以达到恢复患者脑内化学物质的平衡，那么就可以治愈或者至少可以缓解部分自闭症状。

总之，有关镜像神经元与孤独症之间关系的研究依然在进行，在人类社会认知与模仿学习中发挥基础作用的镜像神经元，有可能为自闭症的认知理论研究提供有力的实验依据，为深入理解自闭症的发病机理、诊断和治疗方法等提供新的思路。

参考文献

陈巍、汪寅、丁俊、张均华：《灵长类动作理解的镜像神经机制研究进展》，《人类学学报》2008 年第 27 卷第 3 期，第 264—273 页。

丁峻、张静、陈巍：《心理科学的"DNA"：镜像神经元的发现及意义》，《自然杂志》2008 年第 30 卷第 4 期，第 205—210 页。

胡晓晴、傅根跃、施臻彦：《镜像神经元系统的研究回顾及展望》，《心理科学进展》2009 年第 17 卷第 1 期，第 118—125 页。

黄家裕：《镜像神经元与他心认知》，《自然辩证法通讯》2010 年第 32 卷第 2 期，第 26—29 页。

王丽娟、陈鑫：《孤独症与镜像神经元》，《医学心理学》2009 年第 30 卷第 7 期，第 49—53 页。

姚远：《灵长类镜像神经系统研究的最新进展》，《生物物理学报》2011 年第 27 卷第 2 期，第 99—107 页。

Asendorpf, J. B. & Baudonniere, P. M. (1993). Self-awareness and other-awareness: mirror self-recognition and synchronic imitation among unfamiliar peers. *Developmental Psychology*, 29, 88—95.

Baldissera, F., Cavallari, P., Craighero, L. & Fadiga, L. (2001). Modulation of spinal excitability during observation of hand actions in humans. *European Journal of Neuroscience*, 13, 190—194.

Belmalih A, Borra E, Gerbella M, Rozzi S, Luppino G. (2007). Connections of architectonically distinct subdivisions of the ventral premotor area F5 of the macaque. 37*th Annual Meeting of the Society for Neuroscience*.

Buccino, G., Binkofski, F., Fink, G. R., Fadiga, L., Fogassi, L., et al. (2001). Action observation activates premotor and parietal areas in a somatotopic manner: an fMRI study. *European Journal of Neuroscience*, 13, 400—404.

Buccino, G., Lui, F., Canessa, N., Patteri, I., Lagravinese, G., et al. (2004). Neural circuits involved in the recognition of actions performed by non-conspecifics: an fMRI study. *Journal of Cognitive Neuroscience*, 16, 1—14.

Buccino, G., Vogt, S., Ritzl, A., Fink, G. R., Zilles, K., Freund, H. J. & Rizzolatti, G. (2004). Neural Circuits Underlying Imitation Learning of Hand Actions: An Event-Related fMRI Study. *Neuron*, 42(2), 323—334.

Calvo-Merino, B., Glaser, D. E., Grèzes, J., Passingham, R. E. & Haggard, P. (2005). Action observation and acquired motor skills: an fMRI study with expert dancers. *Cerebral Cortex*, 15, 1243—1249.

Carr, L., Iacoboni, M., Dubeau, M. C., Mazziotta, J. C. & Lenzi, G. L. (2003). Neural mechanisms of empathy in humans: A relay from neural systems for imitation to limbic areas. *Proceeding of National Academic Science*, USA, 100, 5497—5502.

Chen, W. & Yuan, T. (2008). Mirror neuron system as the joint from action to language. *Neuroscience Bulletin*, 24(4): 259
264.

Cheng, Y., Decety, J., Hsieh, J. C., Hung, D., Tzeng, O. J. (2007). Gender differences in spinal excitability during observation of bipedal locomotion. *NeuroReport* 18 (9):

887—890.

Cheng, Y. , Decety, J. , Yang, C. Y. , Lee, S. & Chen, G. (2009). Gender differences in the Mu rhythm during empathy for pain: An electroencephalographic study. *Brain Research*, 1251:176—19—84.

Cheng, Y. , Lee, P. , Yang, C. Y. , Lin, C. P. , Decety, J. (2008). Gender differences in the mu rhythm of the human mirror-neuron system. *PLoS ONE* 3 (5):e2113.

Cheng, Y. , Tzeng, O. J. , Decety, J. , Toshiaki, I. , Hsieh, J. C. (2006). Gender differences in the human mirror system: a magnetoencephalography study. Neuro Report, 17(11): 1115—1119.

Coben R, Linden M, Myers TE. (2010). Neurofeedback for autistic spectrum disorder: a review of the literature. *Appl Psychophysiol Biofeedback.* 35(1):83—105.

Dapretto, M. , Davies, M. S. , Pfeifer, J. H. , Scott, A. A. , Sigman, M. , Bookheimer, S. Y. , et al. (2006). Understanding emotions in others: mirror neuron dysfunction in children with autism spectrum disorders. *Nature Neuroscience*, 9, 28—30.

Escalona, A. , Field, T. , Nadel, J. & Lundy, B. (2002). Brief report: imitation effects on children with autism. *Journal of Autism and Developmental Disorders*, 32, 141—144.

Fadiga, L. , Craighero, L. , Buccino, G. & Rizzolatti, G. (2002). Speech listening specifically modulates the excitability of tongue muscles: a TMS study. *European Journal of Neuroscience*, 15, 399—402.

Fadiga, L. , Fogassi, L. , Pavesi, G. & Rizzolatti, G. (1995). Motor facilitation during action observation: a magnetic stimulation study. *Journal of Neurophysiology*, 73, 2608—2611.

Falck-Ytter, T. , Gredeback, G. & von Hofsten, C. (2006). Infants predict other people's action goals. *Nature Neuroscience*, 9, 878—879.

Ferrari, P. F. , Gallese, V. , Rizzolatti, G. & Fogassi, L. (2003). Mirror neurons responding to the observation of ingestive and communicative mouth actions in the monkey ventral premotor cortex. *European Journal of Neuroscience*, 17, 1703—1714.

Ferrari, P. F. , Visalberghi, E. , Paukner, A. , Fogassi, L. , Ruggiero, A. , et al. (2006). Neonatal imitation in rhesus macaques. *PLoS biology*, 4(9), e302.

Field, T. , Sanders, C. & Nadel, J. (2001). Children with autism display more social behaviors after repeated imitation sessions. *Autism*, 5, 317—323.

Fogassi, L. , Ferrari, P. F. , Gesierich, B. , Rozzi, S. , Chersi, F. & Rizzolatti, G. (2005). Parietal Lobe: from Action Organization to Intention Understanding. *Science*, 308 (5722), 662—667.

Fogassi, L. , Gallese, V. , Fadiga, L. & Rizzolatti, G. (1998). Neurons responding to the sight of goal directed hand/arm actions in the parietal area PF (7b) of the macaque mon-

key. Society of Neuroscience Abstracts,24, 257. 5（Abstr. ）

Frey,S. H. & Gerry, V. E. （2006）. Modulation of Neural Activity during Observational Learning of Actions and Their Sequential Orders. *The Journal of Neuroscience*, 26, 13194—13201.

Gallese,V. （2006）. Intentional attunement：a neurophysiological perspective on social cognition and its disruption in autism. *Brain Research*,1079, 15—24.

Gallese,V. , Fadiga, L. , Fogassi, L. & Rizzolatti, G. （1996）. Action recognition in the premotor cortex. *Brain*,119, 593—609.

Gallese,V. ,Fogassi,L. , Fadiga, L. & Rizzolatti, G. （2002）. Action representation and the inferior parietal lobule. In W. Prinz, & B. Hommel（Eds. ）, *Common Mechanisms in Perception and Action：Attention and Performance XIX*（pp. 247—266）. Oxford, UK：Oxford University Press.

Gangitano,M. , Mottaghy, F. M. & Pascual-Leone, A. （2001）. Phase-specific modulation of cortical motor output during movement observation. *NeuroReport*,12, 1489—1492.

Gastaut, H. J. & Bert, J. （1954）. EEG changes during cinematographic presentation. *Electroencephalography and Clinical Neurophysiology*,6, 433—444.

Gentilucci,M. （2003）. Grasp observation influences speech production. *European Journal of Neuroscience*,17, 179—184.

Gentilucci,M. ,Benuzzi,F. ,Gangitano,M. & Grimaldi,S. （2001）. Grasp with hand and mouth：a kinematic study on healthy subjects. *Journal of Neurophysiology*,86, 1685—1699.

Grèzes,J. , Armony, J. L. , Rowe, J. & Passingham, R. E. （2003）. Activations related to "mirror" and "canonical" neurones in the human brain：an fMRI study. *Neuroimage*, 18, 928—937.

Grèzes,J. ,Costes,N. & Decety,J. （1998）. Top-down effect of strategy on the perception of human biological motion：a PET investigation. *Cognitive Neuropsychology*,15, 553—582.

Hadjikhani, N. , Joseph, R. M. , Snyder, J. & Tager-Flusberg, H. （2006）. Anatomical differences in the mirror neuron system and social cognition network in autism. *Cerebral Cortex*,16, 1276—1282.

Hari, R. & Salmelin, R. （1997）. Human cortical oscillations：a neuromagnetic view through the skull. *Trends in Neurosciences*,20, 44—49.

Hari,R. ,Forss,N. , Avikainen,S. ,Kirveskari,E. ,Salenius,S. ,et al. （1998）. Activation of human primary motor cortex during action observation：a neuromagnetic study. *Proceedings of the National Academy of Sciences of the United States of America*,95, 15061—15065.

Heiser,M. ,Iacoboni,M. ,Maeda,F. ,Marcus,J. & Mazziotta, J. C. （2003）. The essential role of Broca's area in imitation. *European Journal of Neuroscience*,17, 1123—1128.

Hughes C. (1998). Finding your marbles: Does preschooler's strategic behavior predict later understanding of mind ? *Developmental Psychology* ,34（6）:1326—1339.

Hyvarinen,J. (1982). Posterior parietal lobe of the primate brain. *Physiological Reviews*, 62,1060—1129.

Iacoboni, M. & Dapretto, M. (2006). The mirror neuron system and the consequences of its dysfunction. *Nature Reviews Neuroscience*,7, 942—951.

Iacoboni, M. & Dapretto, M. (2006). The mirror neurons system and the consequences of its dysfunction. *Nature Reviews Neuroscience*,7, 942—951.

Iacoboni, M. , Lieberman, M. D. , Knowlton, B. J. , Molnar-Szakacs, I. , Moritz, M. , Throop,C. J. ,et al. (2004). Watching social interactions produces dorsomedial prefrontal and medial parietal BOLD fMRI signal increases compared to a resting baseline. *NeuroImage*,21, 1167—1173.

Iacoboni,M. ,Molnar-Szakacs,I. ,Gallese,V. ,Buccino,G. ,Mazziotta,J. C. & Rizzolatti, G. (2005). Grasping the intentions of others with one's own mirror neuron system. *Public Library of Science Biology*,3, 529—535.

Iacoboni,M. ,Woods, R. P. , Brass, M. , Bekkering, H. , Mazziotta, J. C. & Rizzolatti, G. (1999). Cortical mechanisms of human imitation. *Science*,286, 2526—2528.

Jackson,P. L. ,Meltzoff,A. N. & Decety,J. (2005). How do we perceive the pain of others? A window into the neural processes involved in empathy. *NeuroImage*, 24（3）, 771—779.

Jaime,A. P. (2005). The functional significance of mu rhythms :Translating " seeing" and "hearing" into "doing". *Brain Research Reviews* ,50 :57—68.

Jeannerod,M. (1994). The representing brain. Neural correlates of motor intention and imagery. *Behavioral and Brain Sciences*,17, 187—245.

Jellema,T. ,Baker,C. I. , Oram, M. W. & Perrett, D. I. (2002). Cell populations in the banks of the superior temporal sulcus of the macaque monkey and imitation. In A. N. Meltzoff & V. Prinz (Eds.),*The Imitative Mind:Development,Evolution and Brain Bases* (pp. 267—290). Cambridge,UK:Cambridge University Press.

Jellema,T. ,Baker, C. I. , Wicker, B. & Perrett, D. I. (2000). Neural representation for the perception of the intentionality of actions. *Brain and Cognition*,442, 280—302.

Kohler,E. ,Keysers,C. ,Umilt`a,M. A. ,Fogassi,L. ,Gallese, V. & Rizzolatti, G. (2002) . Hearing sounds,understanding actions:action representation in mirror neurons. *Science*,297, 846—848.

Koski, L. , Iacoboni, M. , Dubeau, M. C. , Woods, R. P. & Mazziotta, J. C. (2003) . Modulation of cortical activity during different imitative behaviors. *Journal of Neurophysiolo-*

gy,89, 460—471.

Koski, L. , Wohlschlager, A. , Bekkering, H. , Woods, R. P. & Dubeau, M. C. (2002) . Modulation of motor and premotor activity during imitation of target-directed actions. *Cerebral Cortex*,12, 847—855.

Lepage,J. & Théoret, H. (2007) . The mirror neuron system: grasping others' actions from birth? *Developmental Science*,10, 513—523.

Liberman,A. M. & Mattingly,I. G. (1985) . The motor theory of speech perception revised. *Cognition*,21, 1—36.

Liberman,A. M. & Whalen,D. H. (2000) . On the relation of speech to language. *Trends in cognitive sciences*,4,187—196.

Liberman, A. M. , Cooper, F. S. , Shankweiler, D. P. & Studdert-Kennedy, M. (1967) . Perception of the speech code. *Psychological Review*,74, 431—461.

MacNeilage,P. F. (1998) . The frame/content theory of evolution of speech production. *Behavioral and Brain Sciences*,21, 499—511.

Meister,I. G. , Boroojerdi, B. , Foltys, H. , Sparing, R. , Huber, W. & Topper, R. (2003) . Motor cortex hand area and speech: implications for the development of language. *Neuropsychologia*,41, 401—406.

Meltzoff,A. N. & Moore,M. K. (1977) . Imitation of facial and manual gestures by human neonates. *Science*,198, 75—78.

Mukamel,R. ,Ekstrom,A. D. ,Kaplan,J. ,Iacoboni,M. ,Fried,I. ,et al. (2010) . Single-neuron responses in humans during execution and observation of actions. *Current biology*,20, 750—756.

Myowa-Yamakoshi,M. ,Tomonaga,M. ,Tanaka,M. & Matsuzawa,T. (2004) . Imitation in neonatal chimpanzees (Pan troglodytes). *Developmental Science*,7, 437—442.

Nelissen K,Luppino G,Vanduffel W,Rizzolatti G,Orban GA. (2005) . Observing others: Multiple action representation in the frontal lobe. *Science*,310:332—336.

Nishitani,N. & Hari, R. (2000) . Temporal dynamics of cortical representation for action. *Proceedings of the National Academy of Sciences of the United States of America*,97,913—918.

Nishitani, N. & Hari, R. (2002) . Viewing lip forms: cortical dynamics. *Neuron*, 36, 1211—1220.

Oberman, L. M. , Hubbard, E. M. , McCleery, J. P. , Altschuler, E. L. , Ramachandran, V. S. ,Pineda,J. A. , et al. (2005) . EEG evidence for mirror neuron dysfunction in autism spectrum disorders. *Cognitive Brain Research*,24,190—198.

Oberman,L. M. ,Pineda,J. A. & Ramachandran,V. S. (2007) . The human mirror neuron system: A link between action observation and social skills. *Social Cognitive and Affective Neuroscience*, 2, 62—66.

Paget, R. (1930). *Human Speech*. London: Kegan Paul, Trench.

Perrett, D. I. , Harries, M. H. , Bevan, R. , Thomas, S. , Benson, P. J. , et al. (1989) . Frameworks of analysis for the neural representation of animate objects and actions. *The Journal of Experimental Biology*, 146, 87—113.

Perrett, D. I. , Mistlin, A. J. , Harries, M. H. & Chitty, A. J. (1990) . Understanding the visual appearance and consequence of hand actions. In M. A. Goodale (Ed.) , *Vision and Action: The Control of Grasping* (pp. 163—342). Norwood, NJ: Ablex.

Pfeifer, J. H. , Iacoboni, I. , Mazziotta, J. C. & Dapretto, M. (2008) . Mirroring others' emotions relates to empathy and interpersonal competence in children. *NeuroImage*, 39, 2076—2085.

Platek, M. , Keenan, J. & Shackelford, K. (2006) . Evolutionary cognitive neuroscience. Cambridge, US: The MIT Press.

Pulvermueller, F. (2001). Brain reflections of words and their meaning. *Trends in cognitive sciences*, 5, 517—524.

Pulvermueller, F. (2002) . *The Neuroscience of Language* (pp. 315). Cambridge, UK: Cambridge University Press.

Rizzolatti, G. & Craighero, L. (2004). The mirror-neuron system. *Annual Review of Neuroscience*, 27: 169—192.

Rizzolatti, G. & Arbib, M. A. (1998). Language within our grasp. *Trends in Neurosciences*, 21, 188—194.

Rizzolatti, G. & Craighero, L. (2005). Mirror neuron: a neurological approach to empathy. In J-P. Changeux, A. R. Damasio, W. Singer, & Y. Christen (Eds.) , *Neurobiology of Human Values* (pp. 107—123). Berlin, Heidelberg: Springer-Verlag Berlin and Heidelberg GmbH & Co. K.

Rizzolatti, G. & Sinigaglia, C. (2010) . The functional role of the parieto-frontal mirror circuit: interpretations and misinterpretations. *Nature Reviews Neuroscience*, 11, 264—274.

Rizzolatti, G. , Fadiga, L. , Gallese, V. & Fogassi, L. (1996). Premotor cortex and the recognition of motor actions. *Cognitive Brain Research*, 3(2), 131—141.

Rizzolatti, G. , Fogassi, L. & Gallese, V. (2001). Neurophysiological mechanisms underlying the understanding and imitation of action. *Nature Reviews Neuroscience*, 2, 661—670.

Schubotz, R. I. & von Cramon, D. Y. (2001). Functional organization of the lateral premotor cortex: fMRI reveals different regions activated by anticipation of object properties, location and speed. *Cognitive Brain Research*, 11, 97—112.

Schubotz, R. I. & von Cramon, D. Y. (2002a). A blueprint for target motion: fMRI reveals perceived sequential complexity to modulate premotor cortex. *Neuroimage*, 16, 920—935.

Schubotz, R. I. & von Cramon, D. Y. (2002b). Predicting perceptual events activates corresponding motor schemes in lateral premotor cortex: an fMRI study. *Neuroimage*, 15, 787—796.

Schulte-Rüther, M., Markowitsch, H. J., Shah, N. J., Fink, G. R., Piefke, M. (2008). Gender differences in brain networks supporting empathy. *NeuroImage* 42 (1): 393—403.

Seyal, M., Mull, B., Bhullar, N., Ahmad, T. & Gage, B. (1999). Anticipation and execution of a simple reading task enhance corticospinal excitability. *Clinical Neurophysiology*, 110, 424—429.

Shimada, S. & Hiraki, K. (2006). Infant's brain responses to live and televised action. *Neuroimage*, 32, 930—939.

Singer, T., Seymour, B., O 'Doherty, J., Kaube, H., Dolan, R. J. & Frith, C. D. (2004). Empathy for Pain Involves the Affective but not Sensory Components of Pain. *Science*, 303, 1157—1162.

Strafella, A. P. & Paus, T. (2000). Modulation of cortical excitability during action observation: a transcranial magnetic stimulation study. *NeuroReport*, 11, 2289—2292.

Tettamanti, M., Buccino, G., Saccuman, M. C., Gallese, V., Danna, M., Scifo, P., Cappa, S. F., Rizzolatti, G., Perani, D. & Fazio, F. (2005). Listening to Action-related Sentences Activates Fronto-parietal Motor Circuits. *Journal of Cognitive Neuroscience*, 17 (2), 273—281.

Tettamanti, M., Buccino, G., Saccuman, M. C., Gallese, V., Danna, M., Scifo, P., et al. (2005). Listening to Action-related Sentences Activates Fronto-parietal Motor Circuits. *Journal of Cognitive Neuroscience*, 17, 273—278.

Théoret, H. (2004). Unconscious modulation of motor cortex excitability revealed with transcranial magnetic stimulation. *Experimental Brain Research*, 155, 261—264.

Tokimura, H., Tokimura, Y., Oliviero, A., Asakura, T. & Rothwell, J. C. (1996). Speech-induced changes in corticospinal excitability. *Annals of Neurology*, 40, 628—634.

Umilt`a, M. A., Kohler, E., Gallese, V., Fogassi, L., Fadiga, L., Keysers, C. et al. (2001). "I know what you are doing": a neurophysiological study. *Neuron*, 32, 91—101.

Urgesi, C., Moro, V., Candidi, M. & Aglioti, S. M. (2006). Mapping implied body actions in the human motor system. *The Journal of Neuroscience*, 26, 7942—7949.

Van Hooff, J. A. R. A. M. (1967). The facial displays of the catarrhine monkeys and apes. In D. Morris (Ed.), *Primate Ethology* (pp. 7—68). New Brunswick, NJ, US: Aldine-Transaction.

Wapner, S. & Cirillo, L. (1968). Imitation of a model's hand movement：age changes in transposition of left-right relations. *Child Development*, 39, 887—894.

Watkins, K. E., Strafella, A. P., Paus, T. (2003). Seeing and hearing speech excites the motor system involved in speech production. *Neuropsychologia*, 41, 989—994.

Wicker, B., Keysers, C., Plailly, J., Royet, J-P., Gallese, V. & Rizzolatti, G. (2003). Both of us disgust in my insula：The common neural basis of seeing and feeling disgust. *Neuron*, 40, 655—664.

第 六 章
学习动机与脑的奖赏系统

如果你玩过手机游戏，或者网络游戏，很容易会有这样的体验，我们会想尽办法获得更好的装备，或者升到更高的等级。为什么游戏中掉落的物品和游戏的经验值增加让我们如此不能自拔？其原因是我们每个人脑中都有多巴胺能神经元。诺贝尔奖委员会主席彼得松在评论 2000 年诺贝尔生理学—医学奖时就说："烟民、酒鬼和瘾君子统统与多巴胺数量有关，受多巴胺控制。"那么，什么是多巴胺呢？

第一节　多巴胺与奖赏

一　多巴胺是什么

多巴胺（DA）是一种神经递质，即用来帮助细胞传送脉冲的化学物质，广泛存在于人和动物体内。它由多巴胺能神经元（dopaminergic neurons）分泌并储存于突触囊泡中（Carlson，2006）。

20 世纪 50 年代以前，人们通常认为多巴胺是合成去甲肾上腺素和肾上腺素的前体。瑞典哥德堡大学教授阿尔维德·卡尔松（Arvid Carlsson）在 50 年代进行了一系列开创性研究，证实了多巴胺是脑内的一种重要的神经递质。他也因此而获得了 2000 年诺贝尔生理学—医学奖。此后，人们对多巴胺进行了大量的研究，对其功能的认识也不断加深。

神经系统通过化学物质作为媒介进行信息传递，此过程叫做化学传递。化学传递的物质基础就是神经递质。神经递质主要是在神经元中合成，而后储存于突触前囊袋内，在信息传递过程中由突触前膜释放到突触间隙，作用于下一级神经元的突触后膜，从而产生生理效应。多巴胺被证实是一种中枢神经系统（CNS）神经递质。每种神经元通常以其释放出的递质而命名，因此，末梢释放多巴胺的神经元就被称为多巴胺神经元或多巴胺能神经元。

多巴胺能神经元在人脑中含量相对较少，约有 400,000 个，主要分布在中脑和间脑，包括中脑的腹侧被盖区（ventral tegmental area，VTA）、黑质纹状皮层和下丘脑的弓形核。尽管多巴胺只在少数区域存在，但是却投射到很多脑区，并能引起很强大的功能。

二　多巴胺的功能

作为一种重要的神经递质，多巴胺在运动控制、动机、唤醒、兴奋性、奖励、认知等功能上扮演重要角色，还与哺乳、性欲、恶心等基础功能相关。同时，它对成瘾的产生、维持和复发起重要的作用。它通过形成信号关联、强化对刺激事件的记忆、激发动机行为等多种机制来实现药物或行为给个体带来的强化和奖赏效应（Berridge & Robinson，1998；江开达，2008；刘昀，2003）。

（一）调节躯体活动

多巴胺对躯体活动的调节作用比较明显，中枢多巴胺系统，尤其是黑质—纹状体束，在躯体运动中具有举足轻重的地位。该系统的兴奋，可引起好奇、探究、运动增多等反应；而该系统的抑制，则会导致运动减少甚至生命活动受阻。多巴胺分泌不足或失调会使人失去控制肌肉的能力，在严重时导致手脚肌肉紧张和震颤，乃至罹患帕金森症。相反，多巴胺分泌过量则会过度消耗体力和热量，极端情形会产生亨丁顿舞蹈症，患者的四肢和躯干会像跳舞一样不由自主地抽动，造成日常行动的不便，生活无法自理。

（二）影响情绪和精神状态

作为一种神经递质，多巴胺能够作用于参与情绪加工的脑区，从而影响一个人的情绪和精神状态。有研究表明，中脑—大脑皮质、中脑—边缘叶的多巴胺能通路积极参与精神和情绪活动。由于多巴胺具有传递快乐和兴奋情绪的功能，因此又被称作为快乐物质。一旦脑部多巴胺分泌异常，人的精神就会迅速异常，严重时产生妄想型精神病。

（三）调节内分泌

下丘脑的多巴胺能神经元能够通过受体的活动调节内分泌功能。比如，位于弓形核和脑室旁核的多巴胺能神经元投射到脑垂体前叶，透过中央联合的循环组织，调节促性腺激素和催乳激素的分泌。另外，多巴胺还可以由漏斗柄直接进入垂体的中叶和后叶，通过受体抑制促黑激素和内啡肽的释放，并调控后叶分泌催产素。

（四）调节心血管活动

多巴胺对心血管活动的调节与其作用的位置有关。研究发现，多巴胺对心率、血压和血管阻力都有一定的作用。同时临床发现，多巴胺的剂量不同会有不同的作用结果。小剂量多巴胺主要有扩张血管的作用，使总外周阻力降低，对心脏前、后负荷均有降低。大剂量多巴胺以兴奋 α、β 受体为主，使心率加速，心肌收缩力增强，血管总外围阻力高，心肌耗氧量增加。

三　多巴胺神经通路

根据多巴胺在脑中的投射部位，可以区分出三条重要的多巴胺神经通路：黑质—纹状体通路（nigrostriatal system）、中脑—边缘系统通路（mesolimbic system）、中脑—皮层通路（mesocortical system）（田琳、李新旺、杨钒、赵钰丹，2014）。

（一）黑质—纹状体通路

黑质纹状体通路主要是由黑质的多巴胺神经元投射到基底核的背侧纹状体脑区。黑质的神经元含有黑色素，在脑区切片中，这些神经元呈现黑色，这就是"黑质"的由来。这些神经元有长且粗的树突，腹侧树突很多投射到黑质网状部，在黑质以外的中脑还弥散分布有很多类似的神经元。所有这些含有黑色素的神经元通过黑质—纹状体通路投射到纹状体，传递多巴胺。

黑质纹状体通路主要与躯体自主运动的调节有关，如姿势的维持，动作的执行等。此通路的阻断与帕金森症的产生有关。

（二）中脑—边缘通路

由中脑腹侧被盖区（VTA）经内侧前脑束到边缘系统（膈区、伏隔核和嗅结节）的通路称为中脑—边缘系统通路。该通路经多巴胺传导，故又称为中脑—边缘多巴胺通路（mesolimbic dopamine system）。它是脑内重要的奖赏系统，控制人的情绪反应，主要与奖赏行为（reward behavior）及成瘾（addiction）有关，各种成瘾物质均由此通路发生作用（Hadley, et al., 2014；Lammel, Lim & Malenka, 2014；Mahler, et al., 2014；Sun & Laviolette, 2014；Zarepour, Fatahi, Sarihi & Haghparast, 2014）。

中脑边缘多巴胺系统是奖赏系统的中枢所在。腹侧被盖区是产生该系统核心神经递质多巴胺的主要部位。腹侧被盖区位于黑质内侧、红核腹侧，由多巴胺能神经元（60%—65%）、γ 氨基丁酸能神经元（30%—35%）和谷氨酸能神经元（2%—3%）构成（Mazei-Robison & Nestler，2012；Nair-Roberts，et al.，2008；Sesack & Grace，2010；Swanson，1982；Wang，Moreau，Hirota & MacNaughton，2010）。VTA 又分为多个亚区：黑质旁核（paranigralnucleus，PN）、臂旁色素核（parabrachial pigmentedarea，PBP）、后屈束旁核（parafasciculus retroflexus area，PFR）、束间旁核（parainter fascicular nucleus，PIF）、腹侧被盖区尾（ventral tegmental tail，VTT or caudal VTA，VTAc）、视束内侧核（medial terminal nucleus of the accessory optical tract，MT）等。

中脑边缘多巴胺奖赏系统主要参与神经精神疾病及药物成瘾有关的奖赏效应。研究发现，当不同药物作用于中脑边缘多巴胺系统时，导致系统中多巴胺释放增加，使动物和人类产生陶醉感和愉悦感，正是这种奖赏效应对动物和人类的不断强化导致了成瘾行为的发生。

近年来研究发现，中脑边缘多巴胺系统也参与了机体对足底电刺激、足底注射福尔马林等厌恶刺激（aversive stimuli）的反应，由此人们对多巴胺能神经元的功能也出现了不同的认识：有的观点认为，奖赏刺激可以激活所有的多巴胺能神经元，多巴胺能神经元具有同质性（Lammel，et al.，2008；Wise，2004）；有的研究则认为，只有部分多巴胺能神经元对奖赏刺激有反应，而厌恶刺激对所有的多巴胺能神经元都产生抑制效应（Ungless，Magill & Bolam，2004）；还有的研究认为，厌恶刺激也能激活多巴胺能神经元。出现上述现象的原因可能是：（1）不同研究使用了不同标准定义多巴胺能神经元；（2）VTA 是一个广泛的脑区，不同亚区的多巴胺能神经元可能具有不同的性质和功能。因此，人们开始倾向于认为 VTA 多巴胺能神经元可能具有较大的异质性。

此外，研究还发现，奖赏刺激，如单次或连续多次腹腔注射可卡因，可增大外侧 VTA 多巴胺能神经元 AMPAR/NMDAR 比值，而连续 5 天持续注射可卡因对内侧 VTA 多巴胺能神经元的 AMPAR/NMDAR 比值却没有影响（Chen，et al.，2008；Dong，et al.，2004），上述研究说明内侧 VTA 多巴胺能神经元可能不参与奖赏过程。

（三）中脑—皮层通路

由中脑腹侧被盖区投射到皮层区（扣带回、内嗅皮层、前额区和梨状皮质）的通路称为中脑—皮层通路。该通路经多巴胺传导，故又称中脑—皮层多巴胺通路。该通路主要与动机、计划、行为组织及社会行为等有关，此路径的阻断会引发精神分裂症、认知和抑郁症状；相反，如果此路径的多巴胺分泌过量则会引起强迫症。

四　奖赏

（一）奖赏的定义

Mohr 等人（2010）将奖赏定义为个体能从主观上或客观上受益的积极的结果或事件，因此它对个体存在不同程度的诱惑力。

奖赏可以分为自然奖赏（natural reward）和药物奖赏（drug reward），前者指的就是人生来就对某些东西的渴望或者依赖，比如食物、性、金钱、音乐以及积极的社会互助等等；后者是指人接触或长期服用某种药物后形成的精神和身体依赖，也称成瘾（addiction），包括阿片类药物成瘾，酒精成瘾等。

自然奖赏还可以分为初级奖赏和次级奖赏。初级奖赏包括那些对于物种生存所必需的东西，并且具有相对固定的价值，例如食物、水和性；次级奖赏源于初级奖赏中有利的价值，例如可观的金钱、漂亮的外观以及好听的音乐等（崔彩莲和韩济生，2005；Schultz，2006）。次级奖赏可以说是人类独有的，它们对人类的生存可能不是必需的。初级奖赏的强化行为不需要学习，次级奖赏的强化行为需要学习，也称为习得性奖赏（Walter，Abler，Ciaramidaro & Erk，2005）。初级奖赏比次级奖赏更有"凸显性"，且与机体状态密切相关（Metereau & Dreher，2013）。

（二）奖赏的成分与作用

Berridge 和 Robinson（2003）认为奖赏的心理成分主要包括三方面：（1）学习（Learning），即认识到刺激和行为结果之间的关系；（2）情绪或情感（Emotion or affect），即奖赏过程中所产生的愉悦情绪反应；（3）动机（Motivation），驱动个体去学或做的动机。以上每个成分又都包含多种心理过程，而且每个成分都受到神经生理学的影响，任何一个方面发生改变都可能会影响到奖赏反应。

在奖赏的三个心理成分中，学习对奖赏反应的产生是非常重要的。因为先前的知识和经验无论是对于奖赏的预期、反应的预期、还是对目标导向行动的计划来说都是必需的。学习的过程可以是条件反应性的"联结学习"，也可以是基于因果关系的认知式学习。学习的结果可以是陈述性的（有意识的记忆），也可以是程序性的（习惯养成）。学习的要素可以是刺激（刺激—刺激的连接和预测奖赏期望），也可以是反应（刺激—反应的连接和行为—结果表征）。情绪和情感是主观的感受，包括模糊性好感（面部不自觉的表情的流露）和明确的愉悦感（可以对喜爱的程度作出主观的评价）。动机是指个体接受到来自食物、药物等信息（如形状、颜色等）时，会将这些信息后面的奖赏效应凸显出来，从而使个体产生动机，包括条件刺激诱发的不自觉行为和具有明确目标的主动行为。情绪情感与动机常常是互相伴随的，但两个过程是独立的。

Berridge 和 Robinson 用"喜欢（liking）"和"想要（wanting）"来区分奖赏功能看起来相互独立的两个维度。表面上，两者的区别似乎与"强化"和"驱动 + 诱因动机"之间的区别一致。这样，想要是指人或动物受到奖赏前的心理状态，而喜欢则是指动物接受奖赏后的心理状态。然而，Berridge 和 Robinson 认为"想要"和"喜欢"这两种心理状态均会出现在受到奖赏前，因而共同影响奖赏寻求。Berridge 和 Robinson 认为，尽管多巴胺在奖赏的"喜欢"维度并不十分重要，但其在奖赏的"想要"维度十分重要。换句话说，对于饥饿或食欲非常重要（Berridge & Robinson，1998，2003）。

奖赏具有三方面的功能：（1）诱导学习记忆，个体能够基于相关因素预测奖赏事件发生；（2）诱导动机行为，包括渴望和完成两个阶段；（3）引起愉悦的情感体验（Berridge & Robinson，1998；Schultz，2004）。因此，奖赏在引导人类和动物行为中具有关键作用。

（三）与奖赏相关的神经回路

与奖赏相关的神经回路通常也被称为脑的奖赏系统（reward system）。如前所述，由中脑腹侧被盖区（VTA）投射到边缘系统的神经通路是其主要的神经基础，多巴胺是其中最重要的神经递质。

奖赏系统的发现最初源于动物实验，研究者发现在动物的中枢神经系统（central nervous system，CNS）内存在着一个奖赏有关的神经回路，该系统主要涉及弓状核、杏仁核、中脑导水管周围灰质、腹侧被盖区、伏核等脑区，其外延包括海马、额叶皮层等与情绪、学习和记忆密切相关的结构。当这些脑区受到电刺激的作用时，动物会表现出很享受的感觉（Carlezon & Wise，1996；Olds & Milner，1954）。

后来，随着 fMRI 技术在健康人脑中的广泛应用，研究者发现人类也存在相似的奖赏系统（Davis，2001；Ono & Nishijo，2008；Roth-Deri，Green-Sadan & Yadid，2008），该系统涉及的区域和结构较多，包括前额叶背外侧面、扣带回、岛叶、尾状核、伏核、杏仁核、海马和丘脑等。这些脑区与人的快乐密切联系，当受到金钱、美食和性等内容的刺激时会产生强烈激活，甚至当人们在阅读幽默故事和漫画时也会有激活。

Haber 和 Knutson（2010）系统综述了人类的奖赏环路：一方面，腹侧纹状体（ventral striatum，VS）受到来自眶额叶皮层（orbital frontal cortex，OFC）、前扣带皮层（anterior cingulate cortex，ACC）和中脑的多巴胺投射；另一方面，VS 投射到腹侧苍白球（ventral pallidum）和 VTA/黑质体（substantia nigra），反过来又通过中间的丘脑背侧核投射回前额皮层（prefrontal cortex，PFC）。此外，Sescousse、Caldu、Segura 和 Dreher（2013）通过对大量人类成像研究的元分析，进一步总结了与奖赏加工紧密相关的主要脑区，包括腹侧纹状体、前脑岛、背中部丘脑、杏仁核、腹正中前额皮层扩展到前扣带皮层。

此外，很多研究者还进一步探究了不同类型的奖赏刺激是否会带来大脑的不同反应。比如，初级奖赏与次级奖赏，即时奖赏与延迟奖赏等。

McClure 等人（2004）研究了人脑对金钱的即时奖赏和延迟奖赏的反应。在面对"今天立即得到 5 元钱或者 6 周后会得到 40 元钱"，以及"两周后会得到 10 元钱或者 6 周后会得到 40 元钱"的奖励选择时，人脑表现出了两条分离的神经系统。研究发现，当选项中包含即时可得的奖励选项时会导致与中脑多巴胺神经通路相连的边缘系统产生强烈的激活；然而，如果选项中仅有延迟奖励则通常会激活人脑的外侧前额皮层和后侧顶叶皮层。进一步的研究还发现，额—顶区域的激活程度与被试选择的奖励延迟时间有关，即如果被试选择的奖励延迟时间越长，则能观察到其额—顶脑区的激活更强烈。因此，额—顶区被认为是进行慎重决策认知加工的脑区。

后来，McClure 等人将最初实验使用的金钱奖赏（次级奖赏）的研究范式推广到食物奖赏（初级奖赏）上，并且奖赏延迟时间缩短到几分钟，而不是之前的持续几个星期。在这个实验中，饥渴的被试在一定时间内选择小容量的饮料（例如，现在得到 2ml 或者 5 分钟后得到 3ml）。结果显示，在"即时奖赏或延迟奖赏"中进行决策比在"两个选项都是延迟奖赏"中进行决策时，边缘系统的激活程度更大。但是，外侧前额叶和后顶叶皮质在两种条件的选择中激活程度相似。这个结果表明人脑的边缘系统可能对奖赏的绝对价值而不是相对价值进行表征。而且此研究还表明，边缘系统的活动对于初级奖赏可能更加敏感，这种功能可能与进化有关，即生理（生存）的需要是人最基本的需要，是迫切需要得到即时满足的。例如缺水很短时间就可能威胁到生命；而次级奖赏可能更多的是依赖背景的，例如，对于"20 元钱是多还是少"这样的命题，更多取决于在特定情境下它与其他金钱数额的对比（McClure, et al., 2007）。

此外，也有研究者专门关注了人脑在加工初级奖赏刺激（例如，色情图片）和次级奖赏刺激（例如，金钱）之间的区别（Sescousse, Redoute & Dreher, 2010）。他们的结果表明，在做出有关决策时，两种奖赏共享一部分大脑区域，即腹侧纹状体、前脑岛（anteriorinsula）、前扣带回（anterior cingulate cortex, ACC）和中脑（midbrain/mesencephalon）。但是，在眶额皮质（orbitofrontal cortex, OFC）中，初级奖赏和二级奖赏出现了分离性表征：眶额皮质的后部区域在发展过程中是较原始而简单的神经结构，它加工更基础的色情图片刺激；而眶额皮质前部区域，是一个随种系发展进化而发展起来的最新神经结构，它加工金钱的获得。这个结果说明，随着抽象程度的增加，沿着眶额皮质后——前轴有复杂性程度增加的趋势，即奖赏越抽象、越复杂，它的表征会越来越靠近眶额皮质的前部区域。由此可知，为了加工不同类型的奖赏，许多物种共享一套核心的脑区域；但是随着进化的发展，在人类中出现了许多新的脑区域在加工比较复杂抽象的奖赏（比如金钱等次级奖赏刺激）中发挥专门作用。

总的说来，在对人类奖赏回路的认识上，目前占优势的观点认为，各种天然的奖赏性刺激都是通过各自的传入通路，激活中脑边缘多巴胺系统而实现。多巴胺能神经元的胞体主要位于中脑腹侧被盖区，其纤维主要投射到伏核区，构成奖赏系统的最终共同通路。成瘾性药物可直接或间接兴奋这一神经系统，引起多巴胺快速、大量释放，从而产生显著的奖赏效应。

第二节　多巴胺与记忆

多巴胺对于学习和记忆非常重要，无论是在黑质纹状区，中脑边缘系统，还是中脑皮质系统中，绝大多数终端区域的多巴胺都参与学习和记忆。

人们绝大多数目标导向动机是习得的，即使在饥饿或口渴时寻求食物或水的动机也是如此（Changizi，McGehee & Hall，2002）。婴儿最初的随机动作很大程度上是通过最初的选择性强化形成的，即通过环境中适当的刺激变得具有动机性（Hall，Cramer & Blass，1975；Johanson & Hall，1979）。在很大程度上，人们的动机是想得到过去我们经验过得奖赏，以及对可能通向该奖赏的线索。多巴胺在动机中的重要作用主要是通过在奖赏和其他中性刺激联结的选择性强化中实现的。一旦刺激—奖赏联结形成，即使后来由于缺乏适当的动机驱动（如饥饿和口渴）或动物多巴胺系统受阻，而导致奖赏发生贬值，这个联结在一段时间内仍是有效的（Balleine，1992；Dickinson，et al.，2000）。某种习惯一旦形成，它就会自发产生，除非诱因刺激的条件作用已经完全消失或者由于经验的作用而使奖赏完全贬值。导致诱因刺激的条件作用消失的原因可能有以下几种：（1）在没有奖赏的情况下重复训练；（2）在没有适当驱动动机状态下重复训练；（3）在神经抑制类药物的影响下重复训练。可见人的行为和动机与过去经验的记忆相关。

一　细胞水平的多巴胺和记忆

很多研究者认为，强化与长时记忆的巩固紧密相关。这也是早期促使研究者从细胞水平上来考虑强化的工作机制的原因所在（Huston，Mondadori & Waser，1974）。从这个角度来看，强化可视为学习经验的后效，它增加了短时记忆向长时记忆转化的可能性。因此，该理论最核心的思想就是，强化被视为具有增强或巩固记忆痕迹的作用。

在以海蜗牛为对象的低等动物实验中，发生在神经水平的学习已经得到了证明。在神经递质血清素的作用下，一个感觉神经元能够激活一个运动神经元（Kandel，2001）。血清素本身并不能打开或关闭运动神经元的离子通道，而是通过细胞内的神经信使的作用，使运动神经元对随后的刺激输入作出更积极的应答性反应。因此，血清素增强了感觉神经元和运动神经元之间的突触连接。

在哺乳动物中，人们详细研究了两类学习模型：长时程增强（long-term potentiation，LTP）和长时程抑制（long-term depression，LTD）。很多脑区都涉及这两种类型的学习，但不论是 LTP 还是 LTD，它们都与多巴胺受体的激活作用相关。多巴胺在海马神经结构中具有强化作用，这类似于血清素在海蜗牛中具有强化作用一样。在海马椎体细胞的兴奋性末梢可以观察到 LTP 和 LTD。海马 LTP 会被 D1 受体拮抗剂阻塞，而被 D1 受体激动剂促进（Li，Cullen，Anwyl & Rowan，2003；Otmakhova & Lisman，1998；Swanson-Park，et al.，1999）。海马 LTD 可由多巴胺受体增强或阻塞（Chen，et al.，1995）。背侧纹状体、杏仁核和前额皮层中 LTP 和 LTD 也依赖于多巴胺（Bissière，Humeau & Lüthi，2003；Centonze，Picconi，Gubellini，Bernardi & Calabresi，2001；Huang，Simpson，Kellendonk & Kandel，2004）。有趣的是，尽管在伏隔核的兴奋性神经突触中存在 LTP 和 LTD，但是多巴胺似乎对该脑区的神经可塑性作用不大（Kombian & Malenka，1994；Pennartz，Ameerun，Groenewegen & Lopes da Silva，1993）。

另一方面，多巴胺参与腹侧被盖区的 LTP 和 LTD 过程。可以在黑质和腹侧被盖区包含多巴胺的神经元中的兴奋性突触上观察到 LTP，但是在腹侧被盖区包含 GABA（γ 氨基丁酸）的神经元中未出现 LTP（Bonci & Malenka，1999；Overton，Richards，Berry & Clark，1999）。同样，在腹侧被盖区包含多巴胺的神经元中的兴奋性突触上观察到 LTD；这种 LTD 会被多巴胺受体阻塞（Thomas，Malenka & Bonci，2000）。使用安非他命、吗啡、尼古丁和乙醇等药物促进多巴胺释放也会在腹侧被盖区导致类似 LTP 的敏化作用，其效果与压力状态下所导致的多巴胺激活一样（Saal，Dong，Bonci & Malenka，2003）。

尽管多巴胺受体的强化特性已经在皮质和边缘系统的很多神经点位得到证实。但一个令人惊讶的发现是，这些区域并不包括伏隔核，而伏隔核在行为研究中是最常被认为是具有奖赏功能的区域。

二 行为水平的多巴胺和记忆

多巴胺在记忆巩固中的重要性也得到了行为研究的支持。在被试完成学习后立即给予多巴胺或多巴胺制剂，就能观察到记忆巩固的发生。比如，Messier 和 White（1984）在对大鼠的研究中发现，学习后给予蔗糖有助于巩固记忆。其他研究也发现，如果学习后向纹状体的适当位置注射安非他命或其他的多巴胺制剂也会对记忆巩固取得相同效果。例如，向腹后侧尾状核注射安非他命或其他多巴胺制剂会增强对视觉（而非嗅觉）条件刺激的条件性情感反应，然而向腹外侧尾状核注射时，会增加对嗅觉（而非视觉）条件刺激的条件性情感反应（White & Viaud，1991）。同样，Packard 等人（1994）的研究发现，向海马注射安非他命会增强对空间位置的记忆而非视觉刺激，而向尾状核注射安非他命则会增强对视觉刺激的记忆而非空间位置。类似地，在学习训练后，向海马（而非尾状核）注射安非他命或其他多巴胺受体会有助于对"追求成功"策略的记忆，而向尾状核（而非海马）注射这些介质会增强"避免失败"策略的记忆。在学习训练后注射选择性的多巴胺制剂，会让大鼠在条件性工具反应中的记忆产生不同影响，这取决于多巴胺制剂注射入了杏仁核的中央核还是基底外侧核（Hitchcott & Phillips，1998）。因此，多巴胺对学习和记忆的巩固具有多重作用，它既与不同的学习任务有关，也关系到多巴胺所作用的不同神经终端。

综上所述，多巴胺以及多巴胺奖赏回路对于记忆的巩固十分重要，无论是在细胞水平上，还是在行为水平上都得到了研究的支持。但多巴胺在伏隔核中的作用机制及其与记忆的关系还不甚明了，有待进一步研究。

第三节　学习动机与奖赏

大多数动物，包括人类，都有寻求奖赏避免惩罚的天性。学生在学习活动中，同样也有寻求奖赏避免惩罚的倾向。那么，人脑是如何进行此类活动的呢？具体来讲，我们需要搞清楚人脑是如何表征刺激的奖赏或惩罚价值的、预测奖赏和惩罚何时何地会发生以及如何使用该预测进行行为决策等。

一　刺激奖赏价值的表征

（一）眶额叶皮层

非人类灵长动物单一个体研究表明，奖赏系统中参与刺激的奖赏价值表征的最重要的神经结构是眶额叶皮层（orbital frontal cortex，OFC）。眶额叶皮层位于前额皮层的前下方，覆盖于眼眶之上，故得此名。研究表明，当动物处于饥饿状态时，该区域的神经元对特定的味道或气味会产生强烈反应；但是，一旦动物处于餍足状态，该区域神经元的兴奋性水平就会大大降低，相应的食物也不再具有奖赏价值（Critchley & Rolls，1996）。在以人为被试的研究中，大量的神经影像学研究也已经确定了人脑 OFC 具有对来自各种感觉通道刺激的奖赏价值进行编码的作用，包括来自味觉、嗅觉、躯体感觉、听觉和视觉的刺激，以及更加抽象的奖赏刺激（比如，金钱）（Blood，Zatorre，Bermudez & Evans，1999；Elliott，Newman，Longe & Deakin，2003；Kawabata & Zeki，2004；Rolls，Kringelbach & De Araujo，2003；Rolls，et al.，2003；Small，et al.，2003）。这类研究中最常用的研究方法就是比较由愉悦刺激引起的 OFC 活动和由中性刺激引起的 OFC 活动。比如，O'Doherty 等人（2003）以人脸为实验材料的面孔吸引力研究中，他们发现眶额叶皮层对漂亮面孔的反应比对不漂亮面孔的反应更强烈一些。

还有一种方法是利用选择性或感觉特异性饱足现象来进行研究（Rolls，Rowe & Sweeney，1981）。这需要首先给饥饿的被试呈现两个与食物相关的刺激，例如某种食物的气味或者就是食物刺激本身，并对饥饿被试的大脑反应进行初次功能性磁共振扫描。随后，让被试选择性地吃其中一种食物并达到饱足状态，然后再次呈现先前出现过的食物刺激，并对被试的大脑反应进行功能性磁共振扫描。结果发现人脑眶额叶皮层的反应出现了有意思的分离，在饥饿状态下，被试的眶额叶皮层对两种食物刺激的反应是相同的，即都产生了强烈的激活。在饱足状态下，当呈现所吃过的食物刺激时，被试的眶额叶皮层活动明显减弱；但当呈现的食物刺激是之前未吃过的时，被试眶额叶皮层的活动并未出现明显减弱的迹象。因此，研究者认为，人脑眶额叶皮层的反应体现了两种食物刺激奖赏价值的变化。即从饥饿状态到饱足状态，被试所吃食物的奖赏价值降低，而另一种食物的奖赏价值保持不变（Kringelbach，O'Doherty，Rolls & Andrews，2003；J O'doherty，et al.，2000）。由于该实验比较的是饱足前后相同的食物刺激，刺激的感觉特性是相同的，改变的只是刺激的奖赏价值。因此，这些研究为揭示眶额叶皮层在奖赏价值编码而非刺激感觉方面的作用提供了强有力的证据。

（二）杏仁核的作用

另一个参与刺激奖赏价值加工的区域是杏仁核（amygdala）。杏仁核位于海马末端，与尾状核相连，是边缘系统的皮质下中枢。它具有调节内脏活动和产生情绪的功能，是情绪学习和记忆的重要神经结构。早期的神经成像研究倾向于关注杏仁核对厌恶刺激的作用，如恐惧的面部表情或令人厌恶的气味（Morris, et al., 1996；Zald & Pardo, 1997）。后来，研究者发现杏仁核不但能对厌恶刺激做出反应也能对愉悦刺激作出反应（Canli, Sivers, Whitfield, Gotlib & Gabrieli, 2002；O'Doherty, Rolls, Francis, Bowtell & McGlone, 2001）。

不过，杏仁核在情绪效价编码中的作用是富有争议的。为了搞清楚杏仁核到底是对刺激的情绪效价进行反应还是仅对强度进行反应，研究者设计了两个非常精巧的实验，一个是嗅觉领域，另一个则是味觉领域。研究者给被试呈现两类刺激，一类是具有相同强度但情绪效价不同的刺激；另一类是具有相同情绪效价但强度不同的刺激。然后观察大脑对这两种刺激的反应，结果发现，眶额叶皮层一致地对刺激的情绪效价起反应，但杏仁核却主要对刺激的强度起反应，而不是刺激的情绪效价（Anderson, et al., 2003；Small, et al., 2003）。这个结果似乎表明杏仁核的基本功能与感觉特性相关而非情绪。但是此结果与先前很多神经心理学的研究结果并不一致，比如，杏仁核受损的被试，他们的情绪加工能力也有缺陷（Holland & Gallagher, 2004）。而且，研究者还认为刺激的奖赏价值不仅取决于奖赏性质本身，也取决于可获得的奖赏数量，通常得到的奖赏数量越多其价值也越大，尽管这两者并非线性关系（Dayan & Abbott, 2001）。因此，刺激的奖赏价值应是效价和强度交互作用的产物，而并不仅仅等同于效价。

二 奖赏预期

（一）预期奖赏的价值表征

除了能够对当前呈现的奖赏或惩罚刺激作出反应外，人们还能预期事物的奖惩价值，预期奖赏或惩罚什么时候会发生，以及在什么地点发生，从而在期望中组织行为。对价值预测进行研究的最简单形式就是利用经典条件反射，即先呈现任意中性刺激，然后紧跟着呈现一种偶然的奖赏或惩罚，多次强化后，中性刺激就具有了预期的价值。

早期的神经影像学研究已经表明，与奖赏预期相关的脑区主要包括杏仁核、眶额叶皮层和腹侧纹状体（Gottfried，O'Doherty & Dolan，2002；Knutson，Fong，Adams，Varner & Hommer，2001；O'Doherty，Deichmann，Critchley & Dolan，2002）。但是这些研究并没有揭示出预期奖赏的表征内容，因为一个条件刺激可能与一个非条件刺激的许多不同方面建立联系，如其感觉特性，一般情感特性（奖赏或厌恶），或具体奖赏价值。为此，研究者采用经典条件反射的实验范式，实验中出现任意两种视觉线索，使其与两种食物气味建立联系，形成条件反射。然后单独呈现视觉线索，并对被试的脑反应进行扫描。接下来让被试吃其中一种食物达到餍足状态，并再次呈现视觉刺激，记录被试的脑反应。通过比较被试在餍足前后的脑反应结果，研究者发现，随着相应食物气味的奖赏价值降低，被试对视觉线索的局部脑反应也出现了变化。这些脑区主要包括眶额叶皮层、杏仁核和腹侧纹状体，从而表明这些区域的预测性表征与相应奖赏的特定价值有关（Gottfried，O'Doherty & Dolan，2003）。

（二）预期奖赏和真实奖赏的神经表征

在动物的条件反射式学习中，条件联结的本质是一个富有争议的话题。根据刺激—替代理论，条件刺激（CS）是通过引起个体发生由无条件刺激（UCS）所引发的相同反应而获得价值（Pavlov & Anrep，2003），条件刺激作为无条件刺激本身的替代物起作用。但是，有研究者早就指出一些条件性反应与那些由无条件刺激所引起的反应并不相同，这表明条件刺激不仅仅是无条件刺激的替代物，相反，它有其独特的性质（Zener，1937）。

那么，在这里与之相关的一个问题是，预期的奖赏和真实的奖赏是否存在相区别的神经表征呢？神经影像学的研究倾向于支持条件刺激在某些脑区中有独特表征的观点。很多研究发现，在条件反射学习发生后，腹侧纹状体和杏仁核会对奖赏预测因子反应而非对奖赏本身反应（Knutson，et al.，2001；Knutson，Fong，Bennett，Adams & Hommer，2003；O'Doherty，et al.，2002；2003；O'Doherty，2004）。

（三）奖赏预期习得的运算机制

大脑是如何获得预测性价值表征的？一些动物学习模型认为学习是通过预测误差（即预期的和实际的奖赏或惩罚之间的差异）实现的（Rescorla & Wagner，1972）。根据该理论的一个变式——时间差异学习（temporal difference learning）理论认为，预期是在一轮试验中对未来奖赏的预测，预测误差是指在对未来奖赏的连续预测中出现的差异（Sutton & Barto，1990）。非人灵长类的单一个体研究表明，该信号的一种可能神经机制是多巴胺神经元的阶段性活动（Schultz，Dayan & Montague，1997）。简单地说，在学习过程中该信号从对奖赏起反应转移到对条件刺激起反应。如果奖赏的出乎意料地缺失会导致神经活动从基线水平下降，产生负性预测偏差；相反，如果奖赏出乎意料地出现则导致神经活动增加，产生正性预测偏差。采用奖赏的经典条件反射范式进行的人类神经影像学研究表明，在多巴胺神经元存在的主要目标区域（腹侧壳核和眶额叶皮层）能检测到预测误差信号（McClure，Berns & Montague，2003；O'Doherty，Dayan，Friston，Critchley & Dolan，2003）。研究者使用正电子放射断层成像技术（PET）也发现，在个体预期奖赏过程中多巴胺会得到释放（Zald，et al.，2004）。多巴胺神经元可以调控感觉和奖赏表征之间的可塑性，从而易化这些区域的奖赏价值预期的学习。

三　基于奖赏预期的行为抉择

（一）反应—奖赏联结的神经基础

在生活中，个体除了能够对奖赏形成预期外，还能够根据预期采取相应的行动。在某些条件下，个体还必须采取具体的行动才能获得奖赏。这就需要学习刺激—反应，或反应—奖赏之间的联结。当前的脑成像研究已经揭示了其中的脑机制，研究表明，当反应与奖赏之间关系偶然建立时（Haruno，et al.，2004；O'Doherty，et al.，2004），即使是这种偶然关系是感知觉层面的（Tricomi，Delgado & Fiez，2004），背侧纹状体会被激活。这些结果与纹状体（特别是其背侧）在刺激—反应学习中的作用是一致的。同时也表明反应—奖赏的建立方式类似于刺激—奖赏学习。该学习受到多巴胺神经元的调节，在特定条件下，具有更大预期奖赏价值的反应可能会得到强化，因此在将来更可能被选择（Morris，et al.，1996）。此外，也有研究表明，与奖赏相关的行为选择可能还受到其他脑区的调制，比如，外侧前额叶和前运动皮层（Ramnani & Miall，2003）。

（二）行为决策的神经基础

要在不同的行动之中进行选择，必须维持与每个行动相关的预期奖赏表征。然后，通过对这些预期奖赏价值进行比较和评估，选择总体预期价值最高的行动。这个过程远比看上去的复杂得多，因为对预测奖赏的估计随时都在发生变化，它主要取决于个体的过去经验以及奖赏分配的变异。这常常会使个体陷入一个两难困境：探索和利用，即为获得一个好的预测奖赏应花多长时间对不同行动进行评估或者直接利用一个已知的可以实现一定水平奖赏的具体行动（Dayan & Abbott，2001）。

那么，这种行为决策的神经基础是什么？来自对脑损被试的神经心理学研究表明，眶额叶皮层在行为决策中具有重要作用（Bechara，Tranel，Damasio，et al.，2000）。来自健康被试的神经影像学研究还尚未解决这么复杂的行为决策问题，但是研究者已经进行了一些更加简单的且具有较高控制性的决策研究（O'Doherty，Critchley，Deichmann & Dolan，2003；Rogers，et al.，2004）。最常见的研究范式是采用视觉线索辨别逆转学习（visual-discrimination reversal learning），在此范式中，被试需要在两个刺激中进行选择。如果选择其中一个，会使货币增值；而选择另一个则会使货币贬值。被试需要搞清楚哪一个刺激是有利的，然后不断选择这个刺激，直到后来意外发生相反情况，被试就需要改变他们对刺激的选择。在进行这个任务的过程中，如果被试在下次试验中选择相同的刺激，眶额叶区域会作出反应；但是，如果被试在下次试验中改变他们对刺激的选择时，则会产生其他区域的激活（O'Doherty，et al.，2003）。因此，这些研究在一定程度上也支持行为选择的神经基础存在于眶额叶皮层的观点。

四　教育启示

多巴胺水平的上升与愉快的情绪相关，而多巴胺水平的下降与消极的情绪相关。多巴胺的储存结构伏隔核等脑区在个体预测（选择、决定或回答）正确时，会释放出更多的多巴胺；而当脑意识到自己所犯的错误时，释放的多巴胺则会减少。由于多巴胺水平的下降，一个人在作出了错误的预测后其愉悦水平会降低。当答案正确时，多巴胺释放的增多能够产生积极的情感（Salamone & Correa，2002）。多巴胺的这种效应使其成为一种有利于学习的神经递质：它能够在产生愉快情感的同时，增强学习动机、记忆力和注意力。多巴胺使我们能够赋予那些最终提高了其释放水平的活动或想法以积极的效价，并且巩固那些在作出正确预测的过程中所运用的神经网络。正如作出错误预测时运用的神经网络的调整非常重要一样，脑在下一次也想要避免愉悦水平的下降。然而，只有得到及时、准确的反馈，这一记忆储存结构的矫正才能发生（Galvan，et al.，2006）。

多巴胺奖励系统能够解释电脑游戏中可实现的挑战对玩家不可抵抗的吸引力。当玩家在实现他们目标的过程中取得进步时，他们会感受到多巴胺对他们的正确决策（即动作、选择或回答）的奖励，即愉快的情绪，因此，他们就能够保持坚持完成下一个挑战的内在动机（Gee，2007）。同理，当学生在课堂上体验到多巴胺系统对他们正确预测的奖励——愉快的情绪时，他们也能够激发内在动机，进而坚持战胜挑战，并努力达到更深层次的学习水平（O'Doherty，2004）。

对正确答案的满意感会增加多巴胺的释放，进而巩固记忆中用于回答问题作出正确预测或是解决问题的信息。脑偏好并重复那些能增加多巴胺释放的活动，因此，所涉及的神经记忆回路会不断巩固，并在个体将来作类似选择时被优先启动。然而，如果个体的反应是错误的，多巴胺水平的下降会导致一定程度的不愉快感。脑通过改变记忆回路以避免重复先前所犯的错误，并再一次体验到多巴胺愉悦感的降低，对错误的识别作出消极的反应。

脑内多巴胺失望反应的效价与脑通过神经可塑性产生的变化相关。神经可塑性是神经网络在获取新信息、获得矫正性反馈以及获得新旧知识间联系的基础上，进行扩展、删减、重组、矫正或巩固自身的能力。神经回路发展中的变化使个体更有可能在下一次作出正确的反应，避免因犯错误而导致愉悦水平下降（Van Duijvenvoorde，Zanolie，Rombouts，Raijmakers & Crone，2008）。

参考文献

崔彩莲、韩济生：《天然奖赏与药物奖赏》，《生理科学进展》2005年第36卷第2期，第103—108页。

胡剑锋、王堂生、闫秀娟：《脑修成路——神经教育学研究进展》，人民邮电出版社2014年版。

江开达：《精神药理学》，人民卫生出版社2008年版。

刘昀：《纹状体中神经元活动的多巴胺调节》，《中国药理学通报》2003年第19卷第1期，第5—8页。

田琳、李新旺、杨钒、赵钰丹：《新颖寻求特质对药物成瘾易感性的影响及其机制》，《心理科学进展》2014年第22卷第1期，第75—85页。

王玢、罗非、韩济生：《阿片成瘾机制研究进展及治疗展望》，《生理科学进展》1998年第29卷第4期，第295—300页。

Anderson, A. K. , Christoff, K. , Stappen, I. , Panitz, D. , Ghahremani, D. , Glover, G. , et al. (2003) . Dissociated neural representations of intensity and valence in human olfaction. *Nature neuroscience*, 6(2) , 196—202.

Balleine, B. (1992) . Instrumental performance following a shift in primary motivation depends on incentive learning. *Journal of Experimental Psychology : Animal Behavior Processes*, 18 (3) , 236.

Bechara A , Tranel D , Damasio H. (2000) . Characterization of the decision-making deficit of patients with ventromedial prefrontal cortex lesions. *Brain*, 123 , 2189—2202.

Berridge, K. C. & Robinson, T. E. (1998) . What is the role of dopamine in reward : hedonic impact, reward learning, or incentive salience? *Brain Research Reviews*, 28 (3) , 309—369.

Berridge, K. C. & Robinson, T. E. (2003) . Parsing reward. *Trends in neurosciences*, 26 (9) , 507—513.

Bissière, S. , Humeau, Y. & Lüthi, A. (2003) . Dopamine gates LTP induction in lateral amygdala by suppressing feedforward inhibition. *Nature neuroscience*, 6(6) , 587—592.

Blood, A. J. , Zatorre, R. J. , Bermudez, P. & Evans, A. C. (1999) . Emotional responses to pleasant and unpleasant music correlate with activity in paralimbic brain regions. *Nature neuroscience*, 2(4) , 382—387.

Bonci, A. & Malenka, R. C. (1999) . Properties and plasticity of excitatory synapses on dopaminergic and GABAergic cells in the ventral tegmental area. *The Journal of neuroscience*, 19(10) , 3723—3730.

Canli, T. , Sivers, H. , Whitfield, S. L. , Gotlib, I. H. & Gabrieli, J. D. (2002) . Amygdala response to happy faces as a function of extraversion. *Science*, 296(5576) , 2191—2191.

Carlezon, W. A. , Wise, R. A. & Carlezon Jr, W. (1996) . Microinjections of phencyclidine (PCP) and related drugs into nucleus accumbens shell potentiate medial forebrain bundle brain stimulation reward. *Psychopharmacology*, 128(4) , 413—420.

Carlson, N. R. (2006) . *Physiology of behavior* (9th edition) . America : pearson.

Changizi, M. , McGehee, R. & Hall, W. (2002) . Evidence that appetitive responses for dehydration and food-deprivation are learned. *Physiology & behavior*, 75(3) , 295—304.

Chen, Z. , Ito, K. , Fujii, S. , Miura, M. , Furuse, H. , Sasaki, H. , et al. (1995) . Roles of dopamine receptors in long-term depression : enhancement via D1 receptors and inhibition via D2 receptors. *Receptors & channels*, 4(1) , 1—8.

Critchley, H. D. & Rolls, E. T. (1996) . Hunger and satiety modify the responses of olfactory and visual neurons in the primate orbitofrontal cortex. *Journal of neurophysiology*, 75(4) , 1673—1686.

Davis, R. A. (2001) . A cognitive-behavioral model of pathological Internet use. *Computers in human behavior*, 17 (2) , 187—195.

Dayan, P. & Abbott, L. (2001) . Classical conditioning and reinforcement learning. *Theoretical Neuroscience. MIT Press*: Cambridge, MA, 331.

Dickinson, A. , Smith, J. & Mirenowicz, J. (2000). Dissociation of Pavlovian and instrumental incentive learning under dopamine antagonists. *Behavioral neuroscience*, 114 (3) , 468.

Dong, Y. , Saal, D. , Thomas, M. , Faust, R. , Bonci, A. , Robinson, T. & Malenka, R. (2004). Cocaine-induced potentiation of synaptic strength in dopamine neurons: Behavioral correlates in GluRA mice. *Proceedings of the national academy of sciences of the United States of America*, 101 (39) , 14282—14287.

Elliott, R. , Newman, J. L. , Longe, O. A. & Deakin, J. W. (2003). Differential response patterns in the striatum and orbitofrontal cortex to financial reward in humans: a parametric functional magnetic resonance imaging study. *The Journal of neuroscience*, 23 (1) , 303—307.

Galvan, A. , Hare, T. A. , Parra, C. E. , Penn, J. , Voss, H. , Glover, G. & Casey, B. (2006). Earlier development of the accumbens relative to orbitofrontal cortex might underlie risk-taking behavior in adolescents. *The Journal of neuroscience*, 26 (25) , 6885—6892.

Gee, J. P. (2007). *Good video games good learning: Collected essays on video games, learning, and literacy*: P. Lang New York.

Gottfried, J. A. , O Doherty, J. & Dolan, R. J. (2002). Appetitive and aversive olfactory learning in humans studied using event-related functional magnetic resonance imaging. *The Journal of neuroscience*, 22 (24) , 10829—10837.

Gottfried, J. A. , O Doherty, J. & Dolan, R. J. (2003). Encoding predictive reward value in human amygdala and orbitofrontal cortex. *Science*, 301 (5636) , 1104—1107.

Haber, S. N. & Knutson, B. (2010). The reward Circuit: Linking Primate Anatomy and Human Imaging. Neuropsychopharmacology, 35 , 4—26.

Hadley, J. A. , Nenert, R. , Kraguljac, N. V. , Bolding, M. S. , White, D. M. , Skidmore, F. M. , . . . Lahti, A. C. (2014). Ventral tegmental area/midbrain functional connectivity and response to antipsychotic medication in schizophrenia. *Neuropsychopharmacology*, 39 (4) , 1020—1030.

Hall, J. , Parkinson, J. A. , Connor, T. M. , Dickinson, A. & Everitt, B. J. (2001). Involvement of the central nucleus of the amygdala and nucleus accumbens core in mediating Pavlovian influences on instrumental behaviour. *European journal of neuroscience*, 13 (10) , 1984—1992.

Haruno, M. , Kuroda, T. , Doya, K. , Toyama, K. , Kimura, M. , Samejima, K. , . . . Kawato, M. (2004). A neural correlate of reward-based behavioral learning in caudate nucleus: a functional magnetic resonance imaging study of a stochastic decision task. *The Journal of neuroscience*,24(7),1660—1665.

Hitchcott,P. K. & Phillips,G. D. (1998). Double dissociation of the behavioural effects of R (+) 7-OH-DPAT infusions in the central and basolateral amygdala nuclei upon Pavlovian and instrumental conditioned appetitive behaviours. *Psychopharmacology*, 140 (4), 458—469.

Holland,P. C. & Gallagher,M. (2004). Amygdala-frontal interactions and reward expectancy. *Current opinion in neurobiology*,14(2),148—155.

Huang,Y. -Y. ,Simpson,E. ,Kellendonk,C. & Kandel,E. R. (2004). Genetic evidence for the bidirectional modulation of synaptic plasticity in the prefrontal cortex by D1 receptors. *Proceedings of the national academy of sciences of the United States of America*,101(9), 3236—3241.

Huston,J. ,Mondadori,C. & Waser,P. (1974). Facilitation of learning by reward of posttrial memory processes. *Experientia*,30(9),1038—1040.

Johanson,I. B. & Hall,W. (1979). Appetitive learning in 1-day-old rat pups. *Science*, 205(4404),419—421.

Kandel,E. R. (2001). The molecular biology of memory storage:a dialogue between genes and synapses. *Science*,294(5544),1030—1038.

Kawabata,H. & Zeki,S. (2004). Neural correlates of beauty. *Journal of neurophysiology*, 91(4),1699—1705.

Knutson,B. ,Fong,G. W. ,Adams,C. M. ,Varner,J. L. & Hommer,D. (2001). Dissociation of reward anticipation and outcome with event-related fMRI. *Neuroreport*, 12 (17), 3683—3687.

Knutson,B. ,Fong,G. W. ,Bennett,S. M. ,Adams,C. M. & Hommer,D. (2003). A region of mesial prefrontal cortex tracks monetarily rewarding outcomes:characterization with rapid event-related fMRI. *Neuroimage*,18(2),263—272.

Kombian,S. B. & Malenka,R. C. (1994). Simultaneous LTP of non-NMDA-and LTD of NMDA-receptor-mediated responses in the nucleus accumbens.

Kringelbach,M. L. ,O'Doherty,J. ,Rolls,E. T. & Andrews,C. (2003). Activation of the human orbitofrontal cortex to a liquid food stimulus is correlated with its subjective pleasantness. *Cerebral cortex*,13(10),1064—1071.

Lammel,S. ,Hetzel,A. ,Höckel,O. ,Jones,I. ,Liss,B. & Roeper,J. (2008). Unique properties of mesoprefrontal neurons within a dual mesocorticolimbic dopamine system. *Neuron*,57(5),760—773.

Lammel,S. ,Lim,B. K. & Malenka,R. C. (2014). Reward and aversion in a heterogeneous midbrain dopamine system. *Neuropharmacology*, 76, 351—359.

　　Li, S. , Cullen, W. K. , Anwyl, R. & Rowan, M. J. (2003). Dopamine-dependent facilitation of LTP induction in hippocampal CA1 by exposure to spatial novelty. *Nature neuroscience*, 6(5), 526—531.

　　Mahler, S. V. , Vazey, E. M. , Beckley, J. T. , Keistler, C. R. , McGlinchey, E. M. , Kaufling, J. , et al. (2014). Designer receptors show role for ventral pallidum input to ventral tegmental area in cocaine seeking. *Nature neuroscience*, 17(4), 577—585.

　　McClure, S. M. , Berns, G. S. & Montague, P. R. (2003). Temporal prediction errors in a passive learning task activate human striatum. *Neuron*, 38(2), 339—346.

　　McClure, S. M. , Ericson, K. M. , Laibson, D. I. , Loewenstein, G, Cohen, J. D. (2007). Time discounting for primary rewards. *The Journal of Neuroscice*, 27(21), 5796—5804.

　　McClure, S. M. , Laibson, D. I. , Loewenstein, G, Cohen, J. D. (2004). Separate neural systems value immediate and delayed monetary rewards. Science 306:503—507.

　　Messier, C. & White, N. M. (1984). Contingent and non-contingent actions of sucrose and saccharin reinforcers: Effects on taste preference and memory. *Physiology & behavior*, 32(2), 195—203.

　　Metereau, E. & Dreher, J. (2013). Cerebral Correlates of Salient Prediction Error for Different Rewards and Punishments. *Cerebral Cortex*, 23(2), 477—487.

　　Mohr, P. N. C. , Biele, G. & Heekeren, H. R. (2010). Neural processing of risk. Journal of Neuroscience, 30(19), 6613—6619.

　　Morris, J. S. , Frith, C. D. , Perrett, D. I. , Rowland, D. , Young, A. W. , Calder, A. J. & Dolan, R. J. (1996). A differential neural response in the human amygdala to fearful and happy facial expressions.

　　O'Doherty, J. , Winston, J. , Critchley, H. , Perrett, D. , Burt, D. M. , Dolan, R. J. (2003). Beauty in a smile: the role of medial orbitofrontal cortex in facial attractiveness. *Neuropsychologia*, 41, 147—155.

　　O Doherty, J. (2004). Reward representations and reward-related learning in the human brain: insights from neuroimaging. Current Opinion in Neurobiology, 14(6), 769—776.

　　O'Doherty, J. P. , Dayan, P. , Friston, K. , Critchley, H. & Dolan, R. J. (2003). Temporal difference models and reward-related learning in the human brain. *Neuron*, 38(2), 329—337.

　　O'Doherty, J. P. , Deichmann, R. , Critchley, H. D. & Dolan, R. J. (2002). Neural responses during anticipation of a primary taste reward. *Neuron*, 33(5), 815—826.

　　O'Doherty, J. , Critchley, H. , Deichmann, R. & Dolan, R. J. (2003). Dissociating valence of outcome from behavioral control in human orbital and ventral prefrontal cortices. *The Journal of neuroscience*, 23(21), 7931—7939.

O'Doherty, J., Dayan, P., Schultz, J., Deichmann, R., Friston, K. & Dolan, R. J. (2004). Dissociable roles of ventral and dorsal striatum in instrumental conditioning. *Science*, 304 (5669), 452—454.

O'Doherty, J., Rolls, E. T., Francis, S., Bowtell, R. & McGlone, F. (2001). Representation of pleasant and aversive taste in the human brain. *Journal of neurophysiology*, 85(3), 1315—1321.

O'doherty, J., Rolls, E. T., Francis, S., Bowtell, R., McGlone, F., Kobal, G., et al. (2000). Sensory - specific satiety - related olfactory activation of the human orbitofrontal cortex. *Neuroreport*, 11(4), 893—897.

Olds, J., Milner, P. (1954). Positive reinforcement produced by electrical stimulation of septal area and other regions of rat brain. *Journal of Comparative Physiological Psychology*, 47, 419—427.

Ono, T. & Nishijo, H. (2008). Neural mechanisms of intelligence, emotion, and intention. *Brain and nerve*, 60(9), 995—1007.

Otmakhova, N. A. & Lisman, J. E. (1998). D1/D5 dopamine receptors inhibit depotentiation at CA1 synapses via cAMP-dependent mechanism. *The Journal of neuroscience*, 18(4), 1270—1279.

Overton, P. G., Richards, C. D., Berry, M. S. & Clark, D. (1999). Long - term potentiation at excitatory amino acid synapses on midbrain dopamine neurons. *Neuroreport*, 10(2), 221—226.

Packard, M. G., Cahill, L. & McGaugh, J. L. (1994). Amygdala modulation of hippocampal-dependent and caudate nucleus-dependent memory processes. *Proc. Natl Acad. Sci.* 91, 8477—8481.

Pavlov, I. P. & Anrep, G. V. e. (2003). *Conditioned reflexes* (Vol. 614): Courier Corporation.

Pennartz, C., Ameerun, R., Groenewegen, H. & Lopes da Silva, F. (1993). Synaptic plasticity in an in vitro slice preparation of the rat nucleus accumbens. *European journal of neuroscience*, 5(2), 107—117.

Ramnani, N. & Miall, R. (2003). Instructed delay activity in the human prefrontal cortex is modulated by monetary reward expectation. *Cerebral cortex*, 13(3), 318—327.

Rescorla, R. A. & Wagner, A. R. (1972). A theory of Pavlovian conditioning: Variations in the effectiveness of reinforcement and nonreinforcement *Classical conditioning: Current research and theory*.

Rogers, R. D., Ramnani, N., Mackay, C., Wilson, J. L., Jezzard, P., Carter, C. S. & Smith, S. M. (2004). Distinct portions of anterior cingulate cortex and medial prefrontal cortex are activated by reward processing in separable phases of decision-making cognition. *Biological psychiatry*, 55(6), 594—602.

Rolls, B. J. , Rolls, E. T. , Rowe, E. A. & Sweeney, K. (1981). Sensory specific satiety in man. *Physiology & behavior*, 27(1), 137—142.

Rolls, E. T. , Kringelbach, M. L. & De Araujo, I. E. (2003). Different representations of pleasant and unpleasant odours in the human brain. *European journal of neuroscience*, 18(3), 695—703.

Rolls, E. T. , O'Doherty, J. , Kringelbach, M. L. , Francis, S. , Bowtell, R. & McGlone, F. (2003). Representations of pleasant and painful touch in the human orbitofrontal and cingulate cortices. *Cerebral cortex*, 13(3), 308—317.

Roth-Deri, I. , Green-Sadan, T. & Yadid, G. (2008). β-Endorphin and drug-induced reward and reinforcement. *Progress in neurobiology*, 86(1), 1—21.

Saal, D. , Dong, Y. , Bonci, A. & Malenka, R. C. (2003). Drugs of abuse and stress trigger a common synaptic adaptation in dopamine neurons. *Neuron*, 37(4), 577—582.

Salamone, J. D. & Correa, M. (2002). Motivational views of reinforcement: implications for understanding the behavioral functions of nucleus accumbens dopamine. *Behavioural brain research*, 137(1), 3—25.

Schultz, W. (2004). Neural coding of basic reward terms of animal learning theory, game theory, microeconomics and behavioural ecology. *Current opinion in neurobiology*, 14(2), 139—147.

Schultz, W. , Dayan, P. & Montague, P. R. (1997). A neural substrate of prediction and reward. *Science*, 275(5306), 1593—1599.

Sescousse, G. , Caldu, X. , Segura, B. & Dreher, J. (2013). Processing of primary and secondary rewards: A quantitative meta-analysis and review of human functional neuroimaging studies. *Neuroscience & Biobehavioral reviews*, 37(4), 681—696.

Sescousse, G. , Redoute, J. & Dreher, J. (2010). The Architecture of Reward Value Coding in the Human Orbitofrontal Cortex. *The Journal of Neuroscience*, 30(39), 13095—13104.

Small, D. M. , Gregory, M. D. , Mak, Y. E. , Gitelman, D. , Mesulam, M. M. & Parrish, T. (2003). Dissociation of neural representation of intensity and affective valuation in human gustation. *Neuron*, 39(4), 701—711.

Sun, N. & Laviolette, S. R. (2014). Dopamine receptor blockade modulates the rewarding and aversive properties of nicotine via dissociable neuronal activity patterns in the nucleus accumbens. *Neuropsychopharmacology*, 39(12), 2799—2815.

Sutton, R. S. & Barto, A. G. (1990). Time-derivative models of Pavlovian reinforcement.

Swanson-Park, J. , Coussens, C. , Mason-Parker, S. , Raymond, C. , Hargreaves, E. , Dragunow,M. ,... Abraham,W. (1999). A double dissociation within the hippocampus of dopamine D 1/D 5 receptor and β-adrenergic receptor contributions to the persistence of long-term potentiation. *Neuroscience*,92(2),485—497.

Thomas,M. J. ,Malenka,R. C. & Bonci,A. (2000). Modulation of long-term depression by dopamine in the mesolimbic system. *The Journal of neuroscience*,20(15),5581—5586.

Tricomi,E. M. ,Delgado,M. R. & Fiez,J. A. (2004). Modulation of caudate activity by action contingency. *Neuron*,41(2),281—292.

Ungless,M. A. ,Magill,P. J. & Bolam,J. P. (2004). Uniform inhibition of dopamine neurons in the ventral tegmental area by aversive stimuli. *Science*,303(5666),2040—2042.

Van Duijvenvoorde, A. C. , Zanolie, K. , Rombouts, S. A. , Raijmakers, M. E. & Crone, E. A. (2008). Evaluating the negative or valuing the positive? Neural mechanisms supporting feedback-based learning across development. *The Journal of neuroscience*, 28 (38), 9495—9503.

Walter,H. ,Abler,B. ,Ciaramidaro,A. & Erk,S. (2005). Motivating forces of human actions:Neuroimaging reward and social interaction. *Brain research bulletin*,67(5),368—381.

White,N. M. & Viaud,M. (1991). Localized intracaudate dopamine D2 receptor activation during the post-training period improves memory for visual or olfactory conditioned emotional responses in rats. *Behavioral and neural biology*,55(3),255—269.

Wise,R. A. (2004). Dopamine,learning and motivation. *Nature reviews neuroscience*,5(6),483—494.

Zald,D. H. & Pardo,J. V. (1997). Emotion,olfaction,and the human amygdala:amygdala activation during aversive olfactory stimulation. *Proceedings of the National Academy of Sciences*,94(8),4119—4124.

Zald, D. H. , Boileau, I. , El-Dearedy, W. , Gunn, R. , McGlone, F. , Dichter, G. S. & Dagher,A. (2004). Dopamine transmission in the human striatum during monetary reward tasks. *The Journal of neuroscience*,24(17),4105—4112.

Zarepour,L. ,Fatahi,Z. ,Sarihi,A. & Haghparast,A. (2014). Blockade of orexin-1 receptors in the ventral tegmental area could attenuate the lateral hypothalamic stimulation-induced potentiation of rewarding properties of morphine. *Neuropeptides*,48(3),179—185.

Zener,K. (1937). The significance of behavior accompanying conditioned salivary secretion for theories of the conditioned response. *The American Journal of Psychology*,384—403.

第 七 章
压力、脑与学习

　　我们的日常生活里充满了各种各样的情绪唤醒性事件，范围从小的烦恼到大的生活变故。比如，很多人遇到尴尬的情况会脸红或者在公共演讲前会双手颤抖，这些现象对于我们来说太过正常以至于我们常常并不把它当一回事儿。但是，我们所观察到的现象事实上已经反映出个体内在生理（包括脑）正在发生微妙的变化，通常是个体感知到压力或威胁的结果。压力性事件可以由实实在在的物理刺激所激起，也可以由看不见摸不着的心理事件所引发。人脑对压力信息非常敏感，并会引发一系列的生理反应。这些反应会影响到人们的身体健康，也会影响到人们的学习与记忆等认知能力。正如 Wentworth 所说，也许你一直很惧怕学习与考试，但其实这真的并不需要。因为这种惧怕的最终结果可能是让你的思维失去作用，并被感性控制。现在你需要做的是让自己振作起来，然后冷静思考！

第一节　压力与脑

一　压力是什么

　　压力可以从不同角度来定义。在物理学上，"压力"是指作用于物体表面的力。比如，如果施加压力到一块金属板上，当这个压力达到一定程度就会导致它破成碎片。1936 年，Hans Selye 从物理学中借用了这个术语来描述存在于人身上的压力。她指出压力是一种非特异性现象，对人产生有害反应的综合症状即为压力。Selye 测试了大量条件下（比如，饥饿、极寒/热、外伤、疼痛等）的压力反应，这些条件会导致被试的身体产生形态学变化，比如，肾上腺增大、胸腺萎缩、胃溃疡等。在 Selye 的压力概念里，她强调压力反应的决定因素是非特异的，也就是说，很多非特定的条件都能使机体产生压力并导致疾病，类似于很多非特定的条件都能使一块金属片破成碎片一样。

但是，并非所有的研究者都同意 Selye 关于压力的定义，毕竟生活中我们遭遇的最主要的压力源基本还是来自心理层面，特别是与我们对所遭遇事件的认识有关。为此，Mason（1968）通过测量人们遭遇压力反应时的荷尔蒙水平，认为能够导致身体产生压力反应的情景通常包括以下三个特征：(1) 新异性；(2) 不可预期；(3) 没有掌控感。并首次确认了引起压力反应的决定性因素是高度特异的，因而是可预期和测量的。后来进一步的研究根据人们表现出的各种心理特征进行重要性排序，把人们的心理压力分成了四个等级，如表 7.1 所示（Dickerson & Kemeny，2002）。

表 7.1　评估压力反应的四级量表（Rome & Braceland，1952）

压力等级	表现
一级	情绪反应适中
	较少疲劳
	注意力集中
	心情愉悦
二级	情绪反应较为强烈
	思维跳跃
	缺少判断力
	失眠
	食欲增加
	记忆受损
三级	焦虑
	恐惧
	轻度躁狂
	抑郁
四级	精神错乱

二 压力的相对性

压力可以是绝对的，也可以是相对的。比如，地震发生后会使每一个人产生压力反应，这是一种实实在在的真正的威胁，这种压力就是绝对的。相对的压力是指一种潜在的威胁，通常会在我们面临新的、不可预测的或不可控的情景时产生，比如，将要进行一个公开的演讲（Lupien，et al.，2006）。由绝对压力源所导致的身体反应本身具有自适应性。当大多数人第一次遭遇车祸、面对攻击性的动物、或遭受极冷或极热刺激时都会产生压力反应。这些极端的、特殊的情景成为绝对的压力源，因为它们本身是有害于身体，会给个体带来生存或健康问题。

相反，相对压力源是指那些仅对部分人群产生压力的情景。这种反应可能是温和的而不是强烈的。例如，临时接到任务要上一堂大型公开课，这对部分老师来说就具有极大的压力，但并不是对所有老师都如此。因此，这种心理压力反应的个体差异是非常明显的。绝对压力源跟生理系统紧密联系，因为它具有生存威胁的本质。相反，相对压力源并不会直接诱发生理反应，因为它需要认知解释之后才会产生，也就是说，生理反应的产生与否主要依赖于认知分析的结果。

总之，压力源是事件本身。如前所述，地震是绝对压力源的例子，公开演讲是相对压力源的例子。压力反应是身体对事件作出的反应（Selye，1998）。如果要研究压力对认知功能的影响，首先得关注身体反应，因为这才是基础。当人们面临绝对或相对压力源时，机体里由类固醇分泌的压力荷尔蒙很容易突破血脑屏障进入脑，从而影响人们的学习和记忆。

三 压力的类型

压力在生活中随处可见，但并不是所有压力都是有害的。事实上，生活中没有压力是不可能的。总的说来，压力对人的影响按其程度可表现为由适应到疾病的过程。

Hans Selye（1998）把压力分为两类，一种是好的情形，称作"积极压力"（好的，精神愉快）；一种是坏的情形，称作"消极压力"（不满，失望）。在这两种压力情景中，身体会对不同的积极和消极刺激作出相应的非特异性反应。

也有研究者把压力的类型分为积极的压力、可容忍的压力和毒素性的压力三类，它们各自对人带来不同的影响（McEwen，2007；Shonkoff，2010）。

积极的压力的特点是会引起心率、血压和应激激素缓慢的短暂升高，面临着包括处理挫折和分离焦虑之类的挑战。积极压力对人来说是必不可少的，这关系到健康发展的重要方面。

可以忍受的压力指的是有可能破坏大脑结构的生理状态，（比如，通过皮质醇诱导损伤神经回路或引起神经细胞死亡），但能被促进适应的有支持性的因素所缓冲。比如，当我们经历爱人死亡或重病或自然灾害时产生的压力就属于此类。这类压力有一个很明显的特征，就是它只发生在有限的时间内，在这期间身体系统会调动各方面力量自动调节压力反应系统回到稳态，从而使大脑有时间从潜在的破坏性影响中恢复过来。

毒素性的压力是指在没有任何支持缓冲保护下所经历的激烈的、频繁的或长时间激活人体的应激反应和植物神经系统的压力。主要的危险因素包括长期遭受忽视，经常被虐待，或母亲患有严重的抑郁症，父母吸毒，家庭暴力，经济压力。毒素性的压力本质特点在于，它扰乱了大脑的结构和神经化学，对其他器官产生不良影响，并导致压力管理系统失调。

四　压力反应系统

当人遭遇压力情境的时候，脑会激活很多神经回路去应对它，从而产生适应性的行为和代谢反应。压力反应的关键系统是下丘脑—垂体—肾上腺素（HPA）轴，如图7.1所示。压力反应中有两种神经肽在此过程中发挥重要作用，它们是：促肾上腺皮质激素释放激素（corticotropin-releasing hormone，CRH）和抗利尿激素（vasopressin，AVP）。压力情境会促使下丘脑释放这两种激素，这些激素通过身体循环到达每一个器官，协调脑和身体功能去处理压力、防御和适应。激素对压力的作用就像消防队员灭火一样。其中的机制涉及一个完整的反应，这个反应起始于受体系统中由激素引起的快速变化。

CRH的释放会触发另一种叫作促肾上腺皮质激素（ACTH）的分泌。ACTH由脑下垂体分泌后，通过血液进入肾上腺，从而触发压力荷尔蒙的分泌。

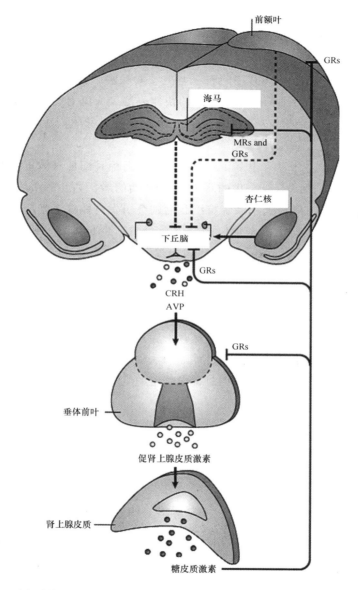

图 7.1 压力系统（Lupien，et al.，2009）。当人脑觉察到威胁的时候，相应的生理反应也被激活了，其中包括来自于自主神经系统的、神经内分泌的、新陈代谢的和免疫系统的反应。注：GRs：糖皮质激素受体（glucocorticoid receptors），MRs：盐皮质激素受体（mineralocorticoid receptors），CRH：促肾上腺皮质激素释放激素，AVP：抗利尿激素。

五 压力荷尔蒙

压力荷尔蒙主要可以分为两类，糖皮质激素（在动物身上叫皮质酮，在人身上叫皮质醇）和儿茶酚胺（肾上腺素和去甲肾上腺素）。当人们面对压力情景时，皮质醇和儿茶酚胺的快速分泌成为压力反应链条上的主要媒介物。这两种压力荷尔蒙作用于身体，会引起身体产生兴奋反应，比如，心率加快或血压升高。

皮质醇在身体里有很多作用，但其主要目标是增加身体不同部位的能量获得，从而适应不断变化的环境。HPA 轴的激活可以被认为是应对变化的基本适应机制，这个系统持续激活则会引发身体健康问题，易引发糖尿病、高血压和其他心血管疾病，也会影响到生长发育和组织修复等问题。此外，HPA 轴的激活还会抑制免疫功能，长此以往会对身体有害，增加感染的风险（McEwen，1998，2000）。

皮质醇具有脂溶性特征，它们很容易突破血脑屏障进入人脑并与受体相结合。含有皮质醇受体的三个重要脑区是：海马、杏仁核和前额叶，这些脑区都与学习和记忆有关。虽然肾上腺素并不容易接近脑，但它仍然可以通过血脑屏障之外的体感迷走神经的活动影响脑。包含肾上腺素受体的主要脑区是杏仁核，杏仁核在对害怕情绪的觉察和情绪性记忆中起了重要作用。

由于压力荷尔蒙与觉察害怕和情绪性记忆有关，因此容易形成所谓的"闪光灯记忆"（即那些含有强烈情绪的事件记忆，其中的情绪既可以是害怕也可以是正性情绪）。而且，研究表明如果阻断糖皮质激素或去甲肾上腺素的活动，将会影响到对情绪性事件的回忆（Maheu，Joober，Beaulieu & Lupien，2004）。因此，压力荷尔蒙的分泌对于情绪性事件的记忆是必要的。人类具有超强的情绪性记忆能力对于物种生存来说具有重要意义。

六 糖皮质激素的重要特征

在基础条件下，人类的糖皮质激素一天 24 小时都在分泌。体内糖皮质激素的水平在早上出现一个最大值（即生理高峰）；下午和晚上会慢慢下降，深夜时出现低谷，刚开始睡眠后的几个小时又会出现突然上升的现象。

体内循环的糖皮质激素由两种相互关联的受体分子组成：盐皮质激素受体（MR，也叫Ⅰ型受体）和糖皮质激素受体（GR，也叫Ⅱ型受体）。它们在脑内与共同的配体（皮质醇——人，皮质酮——鼠）相结合，普遍存在于神经细胞和神经胶质细胞中，并在脑内一些区域大量共存，也是适应性压力反应的快速反应阶段和后期恢复阶段的物质基础。

虽然两者都在调节糖皮质激素的反馈效应中起作用，但他们还是有两点重要区别：第一，MR受体的亲和力比GR受体高6—10倍。它们在受体亲和力上的差异导致了它们在一天中不同条件下的分布出现了惊人的不同。在糖皮质激素分泌的低谷期皮质醇占据了90%的MR受体，但只有10%的GR受体。然而，在压力状态下或糖皮质激素分泌的高峰期，MR受体是饱和的，GR受体仅被占据了70%左右（如图7.2所示）。

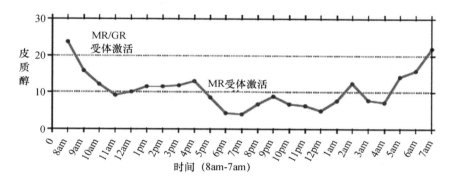

图7.2　血清皮质醇水平的生理节律。皮质醇在早上达到峰值，同时被Ⅰ型和Ⅱ型糖皮质激素受体激活；在下午出现低谷，主要被具有高度亲和力的Ⅰ型受体激活。

两个受体类型的第二个区别是它们在脑中的分布不同。MR受体广泛分布在边缘系统中，特别偏好分布在海马、海马旁回、嗅回和岛叶。但是，GR受体既出现在皮层下组织，又出现在皮层结构上，特别偏好分布在前额叶。压力荷尔蒙对认知功能的影响就与这两类受体的不同特点有很密切的关系。

七　压力反应的运行模式

压力反应的运行模式主要包括快速反应模式和较慢的反应模式两种

（如图7.3所示）（De kloet，Joels & Holsboer，2005）。

　　快速模式涉及由促肾上腺皮质激素释放激素（corticotropin-releasing hormone，CRH）驱动的交感神经系统的和行为的反应，这个过程受到 CRH1 感受器（CRHR1）的调制。CRHR1 也激活下丘脑—垂体—肾上腺 （HPA）轴。HPA 轴包括促肾上腺皮质激素释放激素（CRH）和抗利尿激 素（AVP），它们由下丘脑室旁核（paraventricular nucleus，PVN）的小细 胞神经元产生。这些神经元分泌多肽进入门脉系统，促使垂体前叶中类吗 啡样神经肽（POMC）的合成，从而加工处理促肾上腺皮质激素 （ACTH），阿片样物质（poioid）和黑皮质素多肽。ACTH 刺激肾上腺皮 质分泌可的松（人类）和皮质酮（鼠类）。几个不同的神经通路激活了 PVN 的 CRH 神经元，这些神经通路包括心理压力导致的边缘系统的激 活，以及传递内脏和感觉刺激的上行脑干系统的激活。

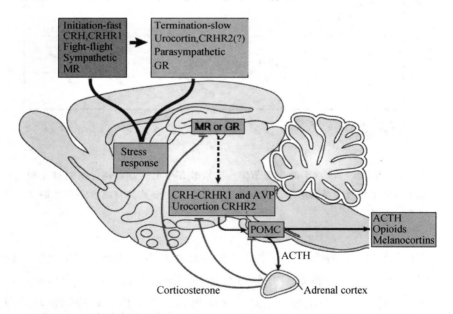

图7.3　压力反应的两个运行模式（De kloet，Joels & Holsboer，2005）。

　　另一个较慢的压力反应模式主要与适应和恢复有关，这个过程受到 CRH2 感受器（CRHR2）的调制。CRHR1 和 CRHR2 系统在脑中存在部分 交叠，并分别对应于各自的 CRH 和尿肾上腺皮质激素（urocortin）。总之，CRH 激起了最初的行为的和神经内分泌的压力反应，是焦虑性因素的来源；然而，尿肾上腺皮质激素却具有抗焦虑性的特质。

两个压力系统模式中的皮质激素通过盐皮质激素受体（MR）和糖皮质激素受体（GR）来运作。MR 产生于压力情境的评估过程中，并发起压力反应。大量的皮质激素产生后会激活 GR，以终止压力反应，并调动各方面的能量来促进身体恢复。此外，GR 还促进了对压力事件及反应的记忆储存，为应对将来的事件作准备。

第二节 压力与认知

一 糖皮质激素与人类认知

糖皮质激素的增加会对人类认知带来什么影响呢？早期研究主要采用人为干预的方法，即通过糖皮质激素的外源性摄入，揭示了其对个体的警觉能力、记忆等方面的影响。

（一）糖皮质激素对警觉的影响

1970 年，Kopell 及其合作者首次尝试研究糖皮质激素应用在人类被试上会带来什么影响，并运用当时最为先进的 ERPs 记录技术探究糖皮质激素摄入后的脑活动。在研究中，他们发现当被试摄入糖皮质激素后，由视觉刺激引发的 ERP 振幅显著降低。他们认为这可能反映了糖皮质激素具有降低被试警觉能力的作用。这个研究结果与当时的某些临床观察也非常一致，比如，艾迪森病人（Addison's patient）通常会出现较低的糖皮质激素水平，他们的感觉敏锐度也非常高，但是一旦给他们摄入类固醇类药物，他们的感觉敏锐度就会回到正常水平（Henkin, McGlone, Daly & Bartter, 1967）。

但是，后来类似的研究并没有总是获得一致的结果，比如，Bore 等人（1988）的研究就出现了相反的结果，他们给被试滴注了糖皮质激素后，采用 ERP 测量其对听觉刺激的反应，结果发现听觉刺激诱发的 ERPs 振幅提高了，并且改善了行为成绩。尽管造成研究结果差异的原因不得而知，但可以确认的是糖皮质激素的摄入肯定会影响到人的警觉状态，从而影响人的认知。

（二）糖皮质激素对陈述性记忆的影响

人类记忆可以分为陈述性记忆和程序性记忆。陈述性记忆是有关事实和事件的记忆，它的习得和提取都需要意识的参与。程序性记忆是指如何做事情或者如何掌握技能的记忆，这类记忆往往需要多次实践练习才能逐渐获得，在提取时通常不需要意识的参与。海马在人类学习和记忆中起着重要作用，但研究表明它主要是与陈述性记忆有关，而不是程序性记忆（Scoville & Milner，1957；Squire，1992）。

由于海马区域有大量的糖皮质激素受体，那么，糖皮质激素的大量分泌或增加是否会影响到陈述性记忆？这也是很多研究者感兴趣的问题。在以人为被试的研究中，主要通过控制人工糖皮质激素的摄入量来检验其对记忆的影响及其作用阶段。比如，有研究者让被试在学习与记忆的不同阶段来进行高剂量的糖皮质激素摄入，这三个阶段是：（1）词表学习前摄入；（2）词表学习后立即摄入；（3）词表回忆前摄入。结果发现仅在第三种条件下，被试的陈述性记忆受到显著影响（Domes，Rothfischer，Reichwald & Hautzinger，2005）。采用类似的研究范式，很多研究都确认了压力荷尔蒙对陈述性记忆的影响主要表现在对先前习得信息的提取阶段（De Quervain，Roozendaal，Nitsch，McGaugh & Hock，2000；Wolkowitz，et al.，1990）。

此外，压力荷尔蒙对陈述性记忆提取的影响还得到了 PET 研究的证实。研究者首先让被试进行陈述性记忆任务的学习，24 小时后给予他们中等剂量的人工合成糖皮质激素，摄入 1 小时后再接受 PET 扫描。糖皮质激素的摄入极大地减少了被试右后内侧颞叶（与记忆储存相关）的激活，同时伴随对先前学习内容的记忆缺损。此结果第一次在活的有机体内演示了压力荷尔蒙是怎么影响陈述性记忆的提取的（De Quervain，et al，2003）。类似的研究还表明即使小剂量摄入人工合成糖皮质激素也会导致难以提取个体的过去经历，即影响到自传体记忆的提取（Buss，et al.，2004）。

事实上，糖皮质激素的摄入不仅会影响到陈述性知识的即时记忆，研究表明它还具有延迟效应。即在摄入"强的松"等药物后，被试的记忆在几天后都出现缺损（Wolkowitz，et al.，1990；Newcomer，et al.，1999）。

（三）糖皮质激素对人类记忆的积极作用

尽管大量研究都表明压力会有害于人类的认知活动，但是很多来自动物的研究却显示，压力对认知的作用方向到底是正性的还是负性的主要还取决于 MR 和 GR 受体的比例（de Kloet，Oitzl & Joels，1999）。当糖皮质激素水平轻微提升时，比如 MR/GR 受体的比率较高时，记忆效果是最好的。相反，如果把肾上腺切除，MR 受体的占有量非常低，则会降低记忆效果（Diamond，Bennett，Fleshner & Rose，1992；Dubrovsky，Liquornik，Noble & Gijsbers，1987）。

　　有研究者进一步提出了记忆效果与压力激素水平的倒 U 型模式（如图 7.4 所示）。该模式表明，如果多数 MR 和部分 GR 被激活的时候，记忆效果是最好的；但是，当压力激素显著地减少或增加（即处于倒 U 型曲线的两端）时，即 MR 和 GR 两种受体都不被占有（倒 U 型曲线的最左端），或者 GR 受体处于饱和状态（倒 U 型曲线的最右端），往往会导致记忆的缺损（de Kloet，Oitzl & Joels，1999）。

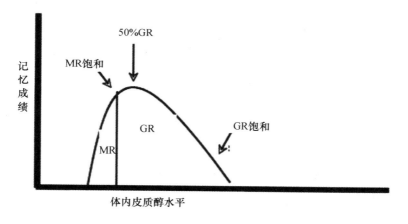

图 7.4　体内皮质醇水平与记忆成绩的倒 U 型关系
（**de Kloet，Oitzl & Joels，1999**）。

（四）糖皮质激素对工作记忆的影响

　　工作记忆能力是在短时间内对少量信息的保持，这些信息通常是与当前任务有关，这是人类所具有的一种非常重要的认知机制。来自于非人类的灵长类动物和人类研究都表明，负责工作记忆的皮层区域主要位于背外侧前额叶（the dorsolateral prefrontal cortex，DLPFC）（Baddeley，1995）。如前所述，糖皮质激素受体除了大量分布于海马外，还广泛存在于前额叶。那么，糖皮质激素的摄入是否会影响到工作记忆呢？

确实，研究发现，糖皮质激素的摄入不仅会影响到陈述性记忆，还会造成人们工作记忆的缺损，而且对后者的影响似乎还更明显。Young 等人（1999）在给被试使用了为期 10 天的糖皮质激素后，测量其工作记忆能力和陈述性记忆能力。结果发现，与使用安慰剂的对照组相比，糖皮质激素使用组确实表现出工作记忆的缺损，但并对陈述记忆的影响并不显著。此研究结果也得到了后续研究的证实（比如，Hsu, Garside, Massey & McAllister-Williams, 2003）。

（五）糖皮质激素与情绪记忆

事实上，前额叶不仅是工作记忆的物质基础，还与情绪加工有关。那么，糖皮质激素的摄入是否会影响到情绪记忆呢？很多研究都获得了肯定的结果，比如，Buchanan & Lovallo（2001）让被试接受小剂量的人工糖皮质激素后，再呈现具有高度情绪唤醒度的情绪图片或者没有情绪唤醒作用的自然图片给他们看，但并不告知被试将用于日后测试。几个星期之后，研究者再去测试这些被试的记忆情况（即测试他们的无意记忆），结果发现，这些被试对情绪图片的回忆能力相当的差，但是对自然图片的回忆能力并没有受显著影响。

二　压力、情绪和认知

前面提到的压力荷尔蒙对认知的影响，主要探查的是糖皮质激素外在摄入产生的外源性影响。事实上，人体在面对压力情景时体内自然就会分泌糖皮质激素，它同样也会突破血脑屏障进入人脑，从而影响认知。为了更好地认识压力与认知的关系，有必要了解压力与情绪的区别。

生活中的每一个人可能都有经历过高度的情绪唤醒或者压力性事件。这些体验往往是很多精神和身体疾病的诱因，不仅如此，它们还会影响我们的记忆。比如，在超负荷的工作重压之下，人们可能会忘记一个重要的会议或某些纪念日。当然，在某些条件下，情绪唤醒和压力体验也会对人们的记忆带来积极的作用。比如，在某种压力下形成的"闪光灯记忆"。

情绪与压力的关系非常密切。当人们在经历有压力的事件的时候，通常会产生特别的情绪，比如害怕、惊奇等。反过来，特定的情绪有时候也会造成压力性情景，比如，羞怯和紧张就会造成个体的压力性情景。此外，情绪拥有很多压力源的特征。第一，它通常具有明确的来源，即情绪通常由特定的刺激或事件所引起；第二，它会在短时间内导致强烈的意识体验；第三，情绪会带来明显的身体反应，比如，增加心率、血压和呼吸等。总之，情绪和压力状态都会增强个体的生理唤醒程度。

尽管情绪和压力的关系如此密切，但是它们却是不同的实体。压力情景总是会触发特定的情绪，但特定的情绪并不总是引发压力反应。情绪对记忆的促进主要是靠儿茶酚胺的维持。压力对记忆的损害主要是糖皮质激素的作用。

三　压力对人一生的影响

在人的一生中，从胚胎期到老年，不管哪个时间段，如果长时间处于压力情境之中，都会影响到人的认知和心理健康。但其影响的程度与压力产生的时期和压力的持续时间有关（Lupien, et al., 2009）。

（一）出生前的压力

研究表明，处于胚胎期的孩子，如果其母亲经历了心理压力或不利事件，或者是接受过外因性的糖皮质激素，将会给孩子带来长期的神经发展性影响。首先，母亲的压力和焦虑、抑郁以及怀孕期间经历过糖皮质激素的治疗，会导致孩子出生时体重较轻和个头偏小。更重要的是，母亲的压力、抑郁和焦虑会使后代在不同年龄时增加基础性的 HPA 活动水平，包括 6 月龄、5 岁和 10 岁（O'Connor, et al., 2005；Glover, 1997；Trautman, 1995）。

胚胎期母亲经历的压力反应或糖皮质激素的治疗还会对儿童后期的行为和发展带来不利的影响。比如，儿童会出现一些社交障碍、注意缺陷多动症、睡眠失调，甚至出现一些精神疾病，包括抑郁症、、情绪失调、焦虑症等（Kapoor, et al., 2008；Lyons-Ruth, K., et al., 2000；Gutteling, et al., 2005）。尽管这个领域相关的脑功能研究还较少，但最近的研究表明，出生时低体重儿与母亲关爱的低水平有关，还会导致成年期海马体积较小，延迟大脑的发育（Buss, et al., 2007）。

（二）出生后的压力

研究者专门对全天候放置于日托中心的儿童进行了研究，结果发现这些处于分离焦虑中的孩子的糖皮质激素水平显著升高了，相对于大一点的学前儿童来说，2 岁左右幼儿的糖皮质激素升高得更为显著（Gunnar & Donzella, 2002）。此外，研究还发现，较差的托幼机构的照料质量也是产生糖皮质激素增加的一个重要原因。如果儿童长时间生活于较差的托幼机构中，他们在将来的发展中会增大问题行为发生的风险（Geoffroy, et al.，2006）。

父母与儿童的交互作用以及母亲的心理状态也会影响到儿童的 HPA 轴的活动。在生命的第一年，婴儿的 HPA 系统是相当容易发生变化的，它们对养育状况是非常敏感的。父母亲的抑郁状态通常会影响到对孩子需求的敏感度感知，以及随后提供的相应支持性照料方式。研究表明，抑郁母亲的后代，或者在生命早期自己亲身经历过抑郁的儿童在青少年期更容易发生抑郁（Albers, et al.，2008）。此外，还有 EEG 研究表明，如果学前儿童的母亲罹患抑郁，他们的前额叶活动会发生改变，在行为上表现为缺乏同情心或出现其他问题行为（Jones, et al.，2000）。

相对于那些长时间处于日托中心的儿童来说，在另一些情境中的儿童的情况更糟，比如那些处于孤儿院的完全缺乏母爱的孤儿，或是那些长期遭受虐待或忽视的儿童，他们糖皮质激素基础水平更低。生命早期如果经历过不幸的事件，还会导致 GR 受体发生外因性改变（McGowan, et al.，2009）。

（三）青春期的压力

青春期的压力会导致 HPA 轴的基础活动水平和由压力诱导的活动水平提高。这可能与此时期性激素水平的变化有关，这些性激素水平会影响到 HPA 轴的活动。青春期，人脑对糖皮质激素水平的提高和压力都非常敏感。最近，有关 MR 受体和 GR 受体的个体发生学研究表明，在青春期和成年晚期，GR 的信使核糖核酸（mRNA）水平比在婴儿期和成年早期以及老年期都要高。这表明这些脑区调制的认知和情感加工以一种年龄依赖的方式敏感于糖皮质激素的调节。在这个时期，人们增加了患精神疾病的可能，比如抑郁和焦虑症在青春期都是很普遍的。青春期处于较差的经济环境中，会导致较高的糖皮质激素的基线水平，其表现正如那些在胚胎期其母亲经历了抑郁状况的青少年一样。尽管此时的糖皮质激素水平并不一定表现为抑郁症状，但其将来抑郁的风险却随年龄增长而增加（Perlman, et al.，2007；Evans & English，2002）。

脑功能研究发现，如果青春期经历过灾难或持续经历不幸事件，会导致灰质体积和前额叶神经完整性发生改变，前扣带回面积减小（Cohen, et al.，2006）。由此看来，前额叶在人的一生中都一直在发展，在青春期特别敏感于压力的影响；然而，海马主要在生命早期发展，青春期的压力对其影响较小。

（四）成年期的压力

如今，老年痴呆正以每5—7年翻一倍的速度迅速发展，它的发展威胁着占人口相当比重的老年人的健康，也是未来几十年内全社会面临的公共健康问题。为了尽快地发展出有效的干预措施，研究者已经从分子水平、病理学以及运用神经成像等方法对老年痴呆的病因展开了研究。尽管现在其致病机制仍然不清楚，但是研究者发现有两个非特异性的风险因素与老年痴呆的患病有关，它们是中年时期的压力和受教育程度（White，2010）。

Johansson等人（2010）的一项纵向研究指出，中年时期承受过巨大压力的人会增大几十年后患老年痴呆的风险，两者存在显著的相关。研究者认为这可能与压力会增加脑血管的动力性加工有关，并加剧随年龄增长而出现的脑萎缩。而这种由于长期累积而导致的神经毒素是可以通过饮食调节或者使用药物来控制的。如果确实是这样的话，那么这或许将会对老年痴呆的干预产生实质性的影响。但是由于老年痴呆的病理学机制还不甚清楚，对此还需谨慎。

Brayne等人（2010）的研究表明人们的受教育水平也是影响老年痴呆的一个重要因素。他们指出老年时期在各项认知能力测试中表现出的成绩下降与童年时期的受教育水平低有关。由于这些测验同时也可用来评估老年痴呆疾病，因此老年痴呆与教育有关也就并不令人惊奇。但是，较低的受教育水平真的就能导致老年痴呆吗？如果是这样，那么它是怎样发生作用的呢？是由于其直接影响导致发展性的结构性脑损伤，还是由于与临床表现相关的神经认知机制所致？这些问题都还有待进一步研究。

第三节 压力与学习

一 学习焦虑

美国教育心理学家科克（S. Kirk）于1963年提出了学习障碍（learning disabilities，LD）的概念。学习障碍是指与理解、运用语言有关的一种或几种基本心理过程上的异常，导致个体在听、说、读、写、思考或数学运算方面显示出能力不足的现象。

与学习障碍患者不同，生活中还有一类人属于学习焦虑。他们不存在严重的学习障碍，但却对学习具有一种焦虑心理。比如，一些数学高焦虑患者（high levels of mathematics anxiety, HMAs）一提到数学，或是一旦要参与任何需要数学技能的活动，便会产生焦虑、恐惧等负面情绪，身体感到极度不适，甚至产生一种类似于生理性疼痛的内部感觉。他们的数学学业成绩通常低于低焦虑水平的同伴，而且总是试图回避数学学习以及与数学有关的情景。这样的现象在儿童身上往往会产生恶性循环，对其学习带来极大的负面影响（Ashcraft & Krause, 2007）。

那么，这些学习焦虑所产生的这种生理性不适（比如，疼痛感）到底是由于学习本身所引起的呢？还是由于焦虑情绪使然？Lyons 等人对数学焦虑进行了专门的研究，其研究表明后者起了最主要的作用。他们让高/低数学焦虑被试完成一个数学任务和词汇任务，在每个任务之前均有任务类型的线索提示。结果发现，高、低数学焦虑被试在任务预期阶段的神经反应出现差异。对于高数学焦虑者而言，仅仅是数学任务提示线索出现即可导致其产生额顶区神经网络的激活。这个神经网络包括双侧额下联合区（负责认知控制和负性情绪反应评估）、背外侧脑岛和扣带中回（与疼痛知觉相关），而低数学焦虑者则没有这些反应。有意思的是，当被试在实际完成数学任务时，这个异常的神经网络激活现象并没有发生。而且，预期数学任务所产生的额顶区域激活与高数学焦虑者的数学障碍之间的关联受到皮层下神经活动的调制，诸如尾核、横核以及海马。在完成数学任务的过程中，这些皮层下区域对于协调任务需要和动机因素方面具有非常重要的作用。数学焦虑者表现在执行数学任务前的认知控制资源分配以及在完成数学任务时的动机因素方面的个体差异能够预测其数学学习障碍的程度。个体的认知控制能力越差，以及完成数学任务的动机不强，会导致其随后的数学任务表现也越差。也就是说，尽管数学是一门深奥难懂的学科，但数学本身并没有对人带来伤害性影响，而是对数学的焦虑让人产生极度不适。且仅仅是对数学任务的预期就足以令高焦虑患者产生生理上的疼痛感，从而削弱其数学成绩（Lyons & Beilock, 2012a; 2012b）。

目前，关于焦虑对认知绩效的负面影响的主要理论解释来自于注意控制理论（attentional control theory）（Eyesenck, et al., 2007），该理论认为焦虑会削弱个体的注意转移和抑制控制能力，并使工作记忆能力降低。比如，焦虑型个体在面对情绪诱导性刺激时，通常会表现出较差的眼跳控制能力（Ansari, et al., 2008; Wieser, et al., 2009）；在心算任务中表现出较差的任务切换能力（Derakshan，et al.，2009）；以及在情绪 Stroop 任务中表现出较差的抑制控制能力（Reinholdt-Dunne，et al.，2009）。

因此，对学习焦虑与学习障碍患者的教育干预一定要区别对待。在教育实践中，如果仅仅对学习焦虑患者进行大量的习题及解题方法训练，是难以达到预期效果的。对于学习焦虑者而言，提升其情绪控制能力显得尤为重要。特别是在负性情绪反应被唤醒之前，通过对即将面临的学习任务进行积极而客观的认知评价，能更加有效地缓解焦虑情绪，避免随后发生学习困难。

二 压力、记忆与测试环境

在 20 世纪 90 年代初期的时候，心理学家对记忆进行了广泛深入的研究，提出了很多记忆模型，其中多数都是基于信息加工的计算机模型。记忆的信息加工模型认为记忆的过程就是信息的编码、储存和提取的过程。这个模型能够很好地说明记忆的加工阶段，但是却没有考虑记忆的生理或神经机制。在后期的动物和人类研究中，很多研究都表明记忆成绩是受到测试环境本身调制的，因为不同的学习和训练条件会导致体内的压力荷尔蒙水平发生变化（Cordero，Kruyt，Merino & Sandi，2002；Sandi，Loscertales & Guaza，1997；Sandi & Rose，1997）。

如前所述，任何新异的、出乎意料的、无法控制的环境都会导致人们产生压力情景，从而影响到考试成绩。比如，个体被告知需要住院治疗、或者预期到这个任务非常艰巨将会显著提高其压力荷尔蒙水平。而且这种影响对老年人更加明显。

有研究探查了新异的测试环境对老年人和年轻人的压力影响。在实验中，仅仅告知被试将要对其进行语言能力测试，记录其在此过程中的皮质醇分泌量。如图 7.5 所示，老年人从到达实验室之时起，其皮质醇水平就显著高于年轻人。60 分钟后年轻人和老年人的皮质醇水平都显著降低。随后压力情景出现（即告知他们要进行语言测试），此时老年人的皮质醇水平急剧上升，而年轻人则缓缓增加。45 分钟后老年人的皮质醇水平持续下降并最终与年轻人达到同一水平。

为什么从一开始老年人就表现出比年轻人更大的皮质醇水平呢？研究者认为，这主要与环境的新异性有关，相对于年轻人而言，这些老年人对实验室的测试环境更加陌生。老人需要自己开车、打的或者坐公交车去实验地点（通常在医院或者大学），一到那儿就会被要求进行单词记忆、段落回忆等任务。总之，老年人需要自己寻找去学校或医院的路、进入一个不熟悉的建筑物，面对一群陌生人，接受一些对他们没有任何意义的任务来测试他们"可能下降了的记忆力"。种种这些事情都构成了一种新奇的、无法预测的和不可掌控的压力环境。后来进一步的研究证实，如果在实验之前就邀请老年人先来熟悉实验室环境，则他们后来的皮质醇水平就与年轻人没有差异。

在此研究中，告知被试的是要进行一个词表学习的记忆任务，这个任务对老年人来说比年轻人更加困难。所以在得知实验任务后，老年人会立即表现出皮质醇的急剧上升。而如果把任务换成是讲故事，并不再强调测试的记忆成分，则皮质醇水平的年龄差异也会消失。此外，测试时间也非常重要，老年人记忆最好的时候通常是早上，如果把测试时间放在下午，则会加大他们与年轻人的差距（Lupien，et al.，2007）。

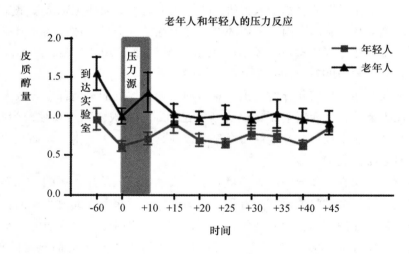

图 7.5　测试环境对老年人和年轻人的不同影响
（Lupien，et al.，2007）。

尽管这些研究是以老年人为被试来做的，但其实验结果仍然对儿童及青少年的学习有重要启示，即新异的考试环境和测试形式，以及不可预期的测试内容等都会导致压力，影响到最终的测试成绩。

三　压力对学习影响

尽管压力对学习的影响会受到遗传基因、个人经历、性别、年龄等个体因素的影响，但最主要还是依赖于压力源的严重程度。适度的压力会有助于学习，提高学习效率，但高焦虑的压力却会阻碍学习，降低学习效率（De Kloet，et al.，1999）。

在以大鼠为被试的实验研究中，大鼠需要在一个水迷宫中利用空间线索去寻找一个隐藏的平台，如果失败则会掉进水里。因此，在这里水温成为了大鼠的压力源。研究者发现大鼠在进行这个任务时，糖皮质激素水平通常会升高，表明这个任务对它们而言是有压力的（Martin & Morris，2002）。进一步的研究发现，当水温降低时，糖皮质激素的升高就越明显。而且糖皮质激素的水平与大鼠的学习成绩成正相关，这种正相关关系甚至在学习发生后相当长时间都还能观察到。但是，这种依赖于糖皮质激素升高而导致的学习进步并非总是有效的，研究者发现当水温降低到一定程度，就观察不到这样的学习促进作用了，相反，会引起相反的损害学习的结果发生。这也就是通常所谓的学习与压力的倒 U 型关系，即只有中等程度压力有利于提高学习效率，严重的压力则不会有这样的效果（Sandi，1997；Kim & Diamond，2002）。

大脑好像是一个相机镜头。当它受到挑战、激起兴趣或者感到好奇时，大脑的"镜头"就会打开以搜集信息；当它感受到威胁并产生无助感时，它就会关闭。很显然，当前一种情况发生时会促进人们的学习，而后者则会对学习起抑制作用。

当个体感知到威胁时，会下意识地"缩小感知范围"。Leslie Hart（1983）将这种缩小感知范围的现象称为"降低速率"（downshifting）。当我们降低速率时，无论新刺激为我们提供了何种信息，我们通常会返回到那些久经考验的传统观念和行为。我们的反应变得更加自动化，并且非常有限。我们很难接近我们所知道的和真实看见的，我们感知环境中微妙变化和内在因素的能力在逐渐减弱。同时，我们胜任智力上复杂任务的能力在减弱，尤其是那些需要创造力、开放性思维以及质疑的工作。也就是说，特定刺激引起的潜在威胁会使我们的思想和行为变得畏缩。降低速率会影响人脑的很多高级认知功能，并因此妨碍我们的学习和问题解决能力。

也许你一直很惧怕学习与考试，但其实这真的并不需要。因为这种惧怕的最终结果可能是让你的思维失去作用，并被感性控制。现在你需要做的是让自己振作起来，然后冷静思考！

四　教育启示

（一）　通过威胁来激发学习动机可行吗？

每个教育者和家长都知道，奖励和惩罚在很多教育情景中是能起作用的，比如奖励和惩罚有助于儿童的记忆，不管是对陈述性知识的记忆还是程序性知识的记忆。这一点在实际生活中也有很重要的价值。年幼的孩子们需要在脑中建立一些安全常规，比如，知道如何安全地过马路。这种常规的建立方式在一定程度上和电脑编程的方式差不多。这些常规的形成对于个体生存来说也具有重要意义。相似的，那些需要从事应激工作的人员，比如，军人或消防员，当他们处理紧急情况时，在极度威胁面前，他们必须要能够毫不犹豫地作出合适的反应。因此，他们在训练的课程中，经常被置于高强度的压力和威胁之中。这是确保他们能在实地战场或高度威胁的情况下作出合适举动的很好的途径。这些训练就是要保证他们无论在什么情况下，都能作出可预测的反应。

由此看来，程序化的反应在威胁条件下也能发生。其实，一些富有创新性和创造性的思考和问题解决也是可能的。比如，学生为逃学能找出很多新的借口。在面对威胁时，比较困难的是质疑常规的理念。人们在受到威胁的条件下可以找到创造性的途径来执行预定程序。他们能改变主题，但不能彻底改造它。

尽管在实际生活中，一些训练在威胁条件下是可以成功的。但是对于教育，这一引导复杂和创新性思维的训练来说，是不大可能有结果的。然而，现实中的很多教学都发生在以低分数或者考试失败为威胁的背景下，并以是否诱发自动化的记忆作为衡量成功的重要标准。这一过程确实能够引发一些记忆。但是，如果想让学生明白新知识的含义，扩展并质疑它，并且和他们已有的其他知识相联系，教师就必须在具有丰富刺激和低威胁的环境中激励这些学生的内在动机。

正如 Hart（1983）所说，在威胁条件下能进行机械学习，但是有意义学习则会遭到严重抑制。通过游戏建构的意义学习，当然也就完全停止了；威胁会阻碍游戏，游戏只有在没有威胁的情况下才会发生。因此，脑的学习和威胁是直接冲突并完全矛盾的。

因此，教育的首要目标一定是为学生创造低威胁的、宽松的学习环境。

（二）如何做到放松性警觉

学习是脑的功能。只有当脑处于最佳运行状态时，学习才能取得最好的效果。对人脑来说，最佳的刺激就是足够新奇，并可以逐渐被同化的刺激，这样的刺激能够使我们保持兴趣与探索，但又不会使我们恐惧和沮丧。学习的最佳状态大致相当于顶级运动员处于巅峰状态时的表现，此时既高度投入，又没有任何不适宜的紧张。这种状态可以被称为放松性警觉（Caine & Caine，1991）。它只有在满足以下两种条件时才会出现：

1. 一般程度的放松

这里所讲的放松包含两方面的内容。第一，教师和学生的神经系统需要得到放松。也就是要让脑处于"深层次生理休息"的状态。这对于身体和心理的持续有效运转都是至关重要的。研究表明，经常进行冥想练习也许有助于这一状态的保持。冥想能有效降低血液中的皮质醇水平，同时也提高了交感神经活动，这包括肾上腺素和去肾上腺素的生成。这意味着冥想可能减少了和威胁有关的荷尔蒙，但没有降低与挑战有关的荷尔蒙。

第二，学生和老师必须感受到冒险是足够安全的。这是一种特殊的安全，没有任何人为强加的压力存在。这种安全更像孩子们在玩耍中参与实验时所感受到的那种安全。

2. 内在动机

研究表明，创造力和挑战可以促进学习。这些因素合在一起就形成了内在动机。那么，如何才能激发学生的内在动机呢？一方面，教师需要引导学生把当前所学的内容与头脑里已知的内容建立起有意义联系；另一方面，鼓励学生进行创造性思考。

综上所述，低压力和高挑战的学习氛围对有效学习而言都是非常重要的。尽管我们一再强调需要建立一个低威胁的学习环境，但我们在生活中不得不面临一些威胁。对这些威胁的有效处理使机体恢复一些自动化的生存模式有时是既不可避免又至关重要的。事实上，学生必须学会如何处理危机，而不仅仅是被保护着免受伤害。社会的高速发展和瞬息万变可能是多种压力的源头，人们需要有冷静的头脑（放松的神经系统），把危机转化为挑战。人们在当下生活中面临着学业和工作竞争，信息过度，截止日期以及很多其他方面的压力。如果认为仅仅通过在学校里进行程式化的学习和反复练习就能克服这些压力，这肯定是不可行的。有效学习的关键可能还需要帮助学生建立起成就感，自信心和实用知识，使学生不断发展。唯有这样，他们能够有效应对的情景范围才能不断扩大。

参考文献

Albers, E. M. , Riksen-Walraven, J. M. , Sweep, F. C. G. J. & de Weerth, C. (2008). Maternal behavior predicts infant cortisol recovery from a mild everyday stressor. *Journal of Child Psychology and Psychiatry*,49,97—103.

Ansari, T. L. , Derakshan, N. & Richards, A. (2008). Effects of anxiety on task switching: evidence from the mixed antisaccade task. *Cognitive*, *Affective*, *& Behavioral Neuroscience*,8(3),229—238.

Ashcraft, M. H. & Krause, J. A. (2007). Working memory, math-performance, and math anxiety. *Psychonomic Bulletin & Review*,14(2), 243—248.

Baddeley, A. (1995). Working memory: The interface between memory and cognition. In D. L. Schacter & E. Tulving (Eds.), *Memory Systems* (pp. 351—368). Boston: MIT Press.

Born, J. , Hitzler, V. , Pietrowsky, R. , Pauschinger, P. & Fehm, H. L. (1988). Influences of cortisol on auditory evoked potentials (AEPs) and mood in humans. *Neuropsychobiology*, 20,145—151.

Brayne, C. , Ince, P. G. , Keage, H. A. D. , McKeith, I. G. , Matthews, F. E. , Polvikoski, T. , et al. (2010). Education, the brain and dementia: neuroprotection or compensation?: E-ClipSE Collaborative Members. *Brain*,133,2210—2216.

Buchanan, T. W. & Lovallo, W. R. (2001). Enhanced memory for emotional material following stress-level cortisol treatment in humans. *Psychoneuroendocrinology*,26(3),307—317.

Buss, C. , Lord, C. , Wadiwalla, M. , Hellhammer, D. H. , Lupien, S. J. , Meaney, M. J. , et al. (2007). Maternal care modulates the relationship between prenatal risk and hippocampal volume in women but not in men. *The Journal of Neuroscience*,27,2592—2595.

Buss, C. , Wolf, O. T. , Witt, J. & Hellhammer, D. H. (2004). Autobiographic memory impairment following acute cortisol administration. *Psychoneuroendocrinology*, 29 (8), 1093—1096.

Caine, R. N. & Caine, G. (1991). Teaching and the human brain. *Association for Supervision and Curriculum Development Alexandria*, *Virginia*.

Cohen, R. A. , Grieve, S. , Hoth, K. F. , Paul, R. H. , Sweet, L. , Tate, D. , et al. (2006). Early life stress and morphometry of the adult anterior cingulate cortex and caudate nucle-

i. *Bioligical Psychiatry*, 59, 975—982.

Cordero, M. I., Kruyt, N. D., Merino, J. J. & Sandi, C. (2002). Glucocorticoid involvement in memory formation in a rat model for traumatic memory. *Stress*, 5(1), 73—79.

De kloet, E. R., Joels, M. & Holsboer, F. (2005). Stress and the brain: from adaptation to disease. *Nature reviews neuroscience*, 6, 463—475.

De Kloet, E. R., Oitzl, M. S. & Joels, M. (1999). Stress and cognition: Are corticosteroids good or bad guys? *Trends Neuroscience*, 22(10), 422—426.

De Quervain, D. J., Henke, K., Aerni, A., Treyer, V., McGaugh, J. L., Berthold, T., et al. (2003). Glucocorticoid-induced impairment of declarative memory retrieval is associated with reduced blood flow in the medial temporal lobe. *European Journal of Neuroscience*, 17(6), 1296—1302.

De Quervain, D. J., Roozendaal, B., Nitsch, R. M., McGaugh, J. L. & Hock, C. (2000). Acute cortisone administration impairs retrieval of long-term declarative memory in humans. *Nature Neuroscience*, 3(4), 313—314.

Derakshan, N., Smyth, S. & Eysenck, M. W. (2009). Effects of state anxiety on performance using a task-switching paradigm: an investigation of attentional control theory. *Psychonomic Bulletin & Review*, 16(6), 1112—1117.

Diamond, D. M., Bennett, M. C., Fleshner, M. & Rose, G. M. (1992). Inverted-U relationship between the level of peripheral corticosterone and the magnitude of hippocampal primed burst potentiation. *Hippocampus*, 2(4), 421—430.

Dickerson, S. S. & Kemeny, M. E. (2002). Acute stressors and cortisol reactivity: A meta-analytic review. *Psychosomatic Medicine*, 54, 105—123.

Domes, G., Rothfischer, J., Reichwald, U. & Hautzinger, M. (2005). Inverted-U function between salivary cortisol and retrieval of verbal memory after hydrocortisone treatment. *Behavioral Neuroscience*, 119(2), 512—517.

Dubrovsky, B. O., Liquornik, M. S., Noble, P. & Gijsbers, K. (1987). Effects of 5-alpha-dihydrocorticosterone on evoked responses and long-term potentiation. *Brain Research Bulletin*, 19(6), 635—638.

Evans, G. W. & English, K. (2002). The environment of poverty: multiple stressor exposure, psychophysiological stress, and socioemotional adjustment. *Child Development*, 73, 1238—1248.

Geoffroy, M. C., Cote, S. M., Parent, S. & Seguin, J. R. (2006). Daycare attendance, stress, and mental health. *Canadian Psychiatric Association*, 51, 607—615.

Glover, V. (1997). Maternal stress or anxiety in pregnancy and emotional development of the child. *The British Journal of Psychiatry*, 171, 105—106.

Gunnar, M. R. & Donzella, B. (2002). Social regulation of the cortisol levels in early human development. *Psychoneuroendocrinology*, 27, 199—220.

Gutteling, B. M., deWeerth, C. & Buitelaar, J. K. (2005). Prenatal stress and children's cortisol reaction to the first day of school. *Psychoneuroendocrinology*, 30, 541—549.

Henkin, R. I., McGlone, R. E., Daly, R. & Bartter, F. C. (1967). Studieson auditory thresholds in normal man and in patients with adrenal cortical insufficiency: The role of adrenal cortical steroids. *Journal of Clinical Investigation*, 46(3), 429—435.

Hsu, F. C., Garside, M. J., Massey, A. E. & McAllister-Williams, R. H. (2003). Effects of a single dose of cortisol on the neural correlates of episodic memory and error processing in healthy volunteers. *Psychopharmacology* (*Berlin*), 167(4), 431—442.

Jackson, D. C., Malmstadt, J. R., Larson, C. L. & Davidson, R. J. (2000). Suppression and enhancement of emotional responses to unpleasant pictures. *Psychophysiology*, 37, 515—522.

Johansson, L., Guo, X., Waern, M., Östling, S., Gustafson, D., Bengtsson, C., et al. (2010). Midlife psychological stress and risk of dementia: a 35-year longitudinal population study. *Brain*, 133, 2217—2224.

Kapoor, A., Petropoulos, S. & Matthews, S. G. (2008). Fetal programming of hypothalamic-pituitary-adrenal (HPA) axis function and behavior by synthetic glucocorticoids. *Brain Research Reviews*, 57, 586—595.

Kim, J. J. and Diamond, D. M. (2002). The stressed hippocampus, synaptic plasticity and lost memories. *Nature Review of Neuroscience*. 3, 453—462.

Kopell, B. S., Wittner, W. K., Lunde, D., Warrick, G. & Edwards, D. (1970). Cortisol effects on averaged evoked potentials, alpha-rhythm, time estimation, and two-flash fusion threshold. *Psychosomatic Medicine*, 32(1), 39—49.

Lupien, S. J., Ouelle-Morin, I., Hupback, A., Walker, D., Tu, M. T., Buss, C. (2006). Beyond the stress concept: Allostatic load—a developmental biological and cognitive perspective. In: D. Cicchetti (Ed.), *Handbook series on developmental psychopathology* (pp. 784—809). Wisconsin.

Lupien, S. J., Maheu, F., Tu, M., et al. (2007). The effects of stress and stress hormones on human cognition: Implications for the field of brain and cognition. *Brain and Cognition*, 65: 209—237.

Lupien, S. J., McEwen, B. S., Gunnar, M. R., et al. (2009). Effects of stress throughout the lifespan on the brain, behaviour and cognition. *Nature reviews neuroscience*, 10, 434—445.

Lyons, I. M. & Beilock, S. L. (2012a). Mathematics Anxiety: Separating the Math from the Anxiety. *Cerebral Cortex*, 22, 2102—2110.

Lyons, I. M. , Beilock, S. L. (2012b). When Math Hurts: Math Anxiety Predicts Pain Network Activation in Anticipation of Doing Math. *Plos One*, 7(10), e48076.

Lyons-Ruth, K. , Wolfe, R. & Lyubchik, A. (2000). Depression and the parenting of young children: making the case for early preventive mental health services. *Harvard Review Psychiatry*, 8, 148—153.

Maheu, F. S. , Joober, R. , Beaulieu, S. & Lupien, S. J. (2004). Differential effects of adrenergic and corticosteroid hormonal systems on human short-and long-term declarative memory for emotionally arousing material. Behavioral neuroscience, 118(2), 420—428.

Martin, S. J. & Morris, R. G. (2002). New life in an old idea: the synaptic plasticity and memory hypothesis revisited. *Hippocampus*, 12, 609—636.

Mason, J. W. (1968). A review of psychoendocrine research on the sympathetic-adrenal medullary system. *Psychosomatic Medicine*, 30(Suppl. 5), 631—653.

McEwen, B. S. (1998). Stress, adaptation, and disease. Allostasis and allostatic load. *Annals of the New York Academy of Sciences*, 840, 33—44.

McEwen, B. S. (2000). Allostasis and allostatic load: Implications for neuropsychopharmacology. *Neuropsychopharmacology*, 22(2), 108—124.

McEwen, B. S. & Milner, T. A. (2007). Hippocampal formation: shedding light on the influence of sex and stress on the brain. *Brain Res. Rev.* 55, 343—355.

McGowan, P. O. , et al. (2009). Epigenetic regulation of the glucocorticoid receptor in human brain associates with childhood abuse. *Nature Neuroscience*, 12, 342—348.

Newcomer, J. W. , Selke, G. , Melson, A. K. , Hershey, T. , Craft, S. , Richards, K. , et al. (1999). Decreased memory performance in healthy humans induced by stress-level cortisol treatment. *Archives of General Psychiatry*, 56(6), 527—533.

O'Connor, T. G. , et al. (2005). Prenatal anxiety predicts individual differences in cortisol in pre-adolescent children. *Biological Psychiatry*, 58, 211—217.

Perlman, W. R. , Webster, M. J. , Herman, M. M. , Kleinman, J. E. & Weickert, C. S. (2007). Age-related differences in glucocorticoid receptor mRNA levels in the human brain. *Neurobiology of Aging*, 28, 447—458.

Reinholdt-Dunne, M. L. , Mogg, K. & Bradley, B. P. (2009). Effects of anxiety and attention control on processing pictorial and linguistic emotional information. *Behavior Research and Therapy*, 47, 410—417.

Rome, H. P. & Braceland, F. J. (1952). The psychological response to ACTH, cortisone, hydrocortisone, and related steroid substances. *American Journal of Psychiatry*, 108(9), 641—651.

Sandi, C. (1997). Experience-dependent facilitating effect of corticosterone on spatial memory formation in the water maze. *European Journal of Neuroscience*, 9, 637—642.

Sandi, C. & Rose, S. P. (1997). Training-dependent biphasic effects of corticosterone in memory formation for a passive avoidance task in chicks. *Psychopharmacology* (*Berlin*), 133 (2), 152—160.

Sandi, C., Loscertales, M. & Guaza, C. (1997). Experience-dependent facilitating effect of corticosterone on spatial memory formation in the water maze. *European Journal of Neuroscience*, 9(4), 637—642.

Scoville, W. B. & Milner, B. (1957). Loss of recent memory after bilateral hippocampal lesions. *Journal of Neurochemistry*, 20(1), 11—21.

Selye, H. (1998). A syndrome produced by diverse nocuous agents. *The Journal of Neuropsychiatry and Clinical Neurosciences*, 10(2), 230—231.

Shonkoff, J. P. & Levitt, P. (2010). Neuroscience and the future of early childhood policy: moving from why to what and how. Neuron, 67(5), 689—691.

Squire, L. R. (1992). Memory and the hippocampus: A synthesis from findings with rats, monkeys, and humans. *Psychological Review*, 99(2), 195—231.

Trautman, P. D., Meyer-Bahlburg, H. F., Postelnek, J. & New, M. I. (1995). Effects of early prenatal dexamethasone on the cognitive and behavioral development of young children: results of a pilot study. *Psychoneuroendocrinology*, 20(4), 439—449.

Wentworth, P. (1950). Through the wall. New York: Harper and Row.

White, L. (2010). Educational attainment and mid-life stress as risk factors for dementia in late life. *Brain*, 133, 2180—2184.

Wieser, M. J., Pauli, P. & Muhlberger, A. (2009). Probing the attentional control theory in social anxiety: an emotional saccade task. *Cognitive Affective & Behavior Neuroscience*, 9, 314—322.

Wolkowitz, O. M., Reus, V. I., Weingartner, H., Thompson, K., Breier, A., Doran, A., et al. (1990). Cognitive effects of corticosteroids. *American Journal of Psychiatry*, 147(10), 1297—1303.

Young, A. H., Sahakian, B. J., Robbins, T. W. & Cowen, P. J. (1999). The effects of chronic administration of hydrocortisone on cognitive function in normal male volunteers. *Psychopharmacology* (*Berlin*), 145(3), 260—266.

第 八 章
基于脑的学校教育实践

在很多时候，我们常常低估了人类的大脑和智力水平。比如，关于人的学习能力。如今的学校教育已经变成了一种复杂的、需要他人严格监管的活动，以至于人们普遍认为学习是一种大脑并不情愿进行的艰苦活动。但事实上，不情愿学习并不能归咎于是大脑的原因。相反，学习是大脑的一个主要功能，也是大脑的一项持续性活动。我们是有能力去完成艰难和难以预料的学习任务的。如果我们不学习，我们反倒会感到不安和沮丧（Smith，1986）。

前面几章已经介绍了很多关于人脑是如何工作与学习的研究成果，这些研究成果对教育理论与实践有许多启发。本章的主要目的是对先前研究理论观点进行归纳整理，抽取关于教与学的主要原则，以此来促进教育者的实践工作。我们期待这些教学原则将给我们提供一种新的学与教的模式，而在过去沿用了一个多世纪的主流的教学模式和方法，将也会被这种新的开放性的教学实践模式取而代之。如果作为教育工作者的我们现在正因为缺乏正确的方法而沮丧，或许可以从下述的观点和思想中找到合适的答案。总之，既然基于脑的学习的大门已经打开，那我们就是时候该采取行动了。

第一节　基于脑的教育教学原则

教育以育人为目的。传统教育学通过研究教育现象和问题来揭示教育规律。神经教育学则更注重对人脑的研究，主张在神经科学基础上探究教育理论和实践的问题，从而揭示教育规律。神经科学的研究表明，脑与智能有许多特性。比如，脑是智能的基础；脑具有可塑性；脑的发展具有敏感期；脑功能具有复杂性与多元性；脑功能具有能动性；心智与行为具有统一性；脑功能是遗传与环境相互作用的产物；脑与智能具有个体差异性；脑功能具有终身可塑性；等等。基于这些神经科学的研究成果，我们可以总结出神经教育学的主要原则。

一　基于脑的重要性的以脑为基础的教育原则

人脑是人类所拥有的一切高级认知功能的物质基础。脑是学习的器官，学习也是脑的功能。只有当我们真正理解了其加工过程，我们才能接近人脑的巨大潜能，并能从实际意义上改善教育。因此，神经教育学强调认识脑、研究脑、开发脑，顺应脑的教育才是好的教育。

二　基于脑可塑性的人人可教育的教育原则

神经科学研究表明，经验不仅会导致行为的变化，还会带来脑的形态结构以及功能的变化，比如，脑重、皮层厚度、突触、树突结构等。这是人脑适应环境变化的一种能力，这种能力人人都具有，且持续终身。因此，每个人都具有超强的学习的潜能。教育者应当认识到教育的必要性和重要性，树立人人可教、终身可学的教育理念。

三　基于脑的早期发育特性的教育宜早的教育原则

在个体成长过程中，脑和神经系统的发育是最早也是最快的。生命早期是大脑发育的关键时期，也是智力发展的重要时期。新生儿的大脑皮层表面比较光滑，构造十分简单，沟回很浅。此后，婴儿皮层细胞迅速发展，细胞体积扩大，层次扩展，沟回变深，神经细胞突触日益复杂。同时，神经纤维发生髓鞘化。大脑皮层在婴儿 1 岁时开始发挥主要作用；到 2 岁时，大脑皮层大部分已经发育成熟；8 岁时，人的神经系统的各个部分几乎完全发育成熟。弗洛伊德坚持认为生命的头五年对于后期健康人格的形成是非常重要的。皮亚杰和其他认知心理学家告诉我们生命的早期是认知发展的关键期。因此，教育者应充分认识到早期教育的重要性，坚持教育宜早的原则。

四　基于脑发展规律的循序渐进的教育原则

出生的时候，人脑就具有了特定的结构。正是人脑所拥有的这些基本装备使得我们能与外界交互。关于婴儿的研究表明，这个能力从我们出生时就具有了。只是早期展现出来的脑结构主要还是与生存息息相关的。随着脑的不断发展，它应对环境的方式也在不断拓展。大量的神经连接在发展中形成。脑的发展有时候突飞猛进，有时候则会停下来巩固或休息。因此，教育要顺应脑的发展规律，遵循循序渐进的教育原则。

五　基于脑的动机功能的启发式教育原则

多巴胺是一种有利于学习的神经递质，多巴胺水平升高会产生愉快情感，同时增强学习动机、记忆力和注意力。传统教育基于行为主义心理学的思想，过于强调学习的外部动机，认为奖赏和惩罚有助于产生理想的学习。一张笑脸贴纸并不仅仅是对一个单一行为的奖励。贴纸的使用可以让学生产生期望、偏好和形成习惯，而习惯的形成所产生的影响又远远大于单个事件的影响。因此，教师的行为会对学生带来巨大的影响，而这种影响最初可能是看不见的。比如，很多儿童会形成学习就是为了获得分数或某些即时可得的奖赏。当奖赏和惩罚受他人控制的时候，多数儿童就学会了通过观察他人来获得指引和答案。这导致的一个结果就是他们会在很多方面逐步丧失动力，比如，他们会忽略对知识内在意义的搜寻。此外，这实际上也剥夺了一些更重要的奖赏，即由真正的学习所导致的欢乐和兴奋。因此，神经教育学强调教师应重视激发学生的内在动机和创造力。

六　基于脑发育差异性的因材施教的教育原则

虽然我们的脑和神经系统的发展都是按预设的路线进行的，但是个体脑之间在发育过程、细胞形态、神经元的连接模式、细胞结构、神经递质、动态响应、神经传递等方面还是表现出很多差异。同样，尽管我们每个人都拥有相同的身体结构系统，包括我们的感知觉和情绪情感，但他们在人脑中的整合却是不同的。此外，由于学习本身会改变脑结构，因此我们学得越多，我们的脑就变得越独特。世界上不可能有两个相同的脑，过去没有，将来也不可能有。即使是同卵双生子，他们也不是两个一模一样的人（Posner & Rothbart，2005）。

因此，教育者应当充分认识到每个学生的独特性，允许所有的学生表达他们在视觉、触觉、听觉、和情感等方面的偏好。每一个人都是独特的个体，教育过程中我们需要随时考虑到学生的个体差异，为他们提供丰富多彩的兴趣活动，使学校可以表现出生活中的复杂性。总之，教育要使每个独特的大脑发挥最优的功能。

第二节 基于脑的教与学

一 基于脑的教学特点

教学是教育的重要组成部分。它是由教师的教和学生的学所组成的一种人类特有的人才培养活动。通过这种活动，教师有目的、有计划、有组织地引导学生学习和掌握文化科学基础知识和基本技能，促进学生多方面素质全面提高，使他们成为社会所需要的人。教学是实现教育的重要手段和方式。

在传统教学中，学科之间相互分离，每个学科都是在一个相对独立的时间里来教，学生根据课程表的安排不断地在不同学科之间转移。学习和休息的时间和地点都是根据课程需要来决定的，而不是根据学生对知识的需求。由于内容是预先就设定好的，因此，结果也是特定的，通常由一般的标准、技能和事实组成，这也使得最终取得考试成功相对容易。对学生学习的奖赏主要通过外在动机的激励来体现，比如，自由时间、额外分数和等级等。教学中比较强调记忆，事实上，学校运作的重要方面就是把他们所认为的重要信息教给学生。因此，其产出就是学生对特定知识的记忆。

长期以来，我们的学生从小学到大学，对下列问题的回答几乎都是千篇一律的。

问："你是怎样学习的？"

答："我通过读、记笔记、列提纲、记忆等方法学习。"

问："你这样做是为什么呢？"

答："为了考试。"

问："考试之后会怎样呢？"

答："我很快就忘记了！"

因此，传统教学中死记硬背的学习并无助于奠定学生的基本技能和基础知识。刻板的学校组织方式并不能打开通向未来的门户，反而禁锢了学生的思想。

基于脑的教学更强调复杂的教学组织形式，强调学科之间的融会贯通，以及内在动机的激发。表 9.1 从信息来源、课堂组织、课堂管理、教学结果等方面简要说明了基于脑的教学与传统教学的差别。

表 9.1　传统教学和基于脑的教学的差异

教学元素	传统教学	基于脑的教学
信息来源	简单；主要来自教师、书本。	复杂；来自社会性互动，小组讨论，个别研究及反思，角色扮演，学科整合等。
课堂组织	是线性的；教师指令。	是复杂的，主题式的，综合的，合作的。
课堂管理	分等级，由教师控制。	复杂；责任下放给学生、由教师监控
教学结果	是特定的及汇聚的，强调对内容、词汇及技能的记忆。	复杂的，强调用不同方式对信息进行再组织、其结果是可预测的、具有发散性和汇聚性。提升学生的学习能力

二　脑的学习原则及教育启示

根据脑的学习规律，借鉴前人的研究，我们总结形成了一些基于脑的学习原则。这些原则均可作为基于脑的教学的理论基础。同时，这些原则也可以作为如何选择教学内容和教学方法的指南。

（一）学习是平行加工

大脑是一个平行处理器，人类大脑能够同时做很多事情。我们的思想、情感、意志和气质倾向总是同时运行的，并且还会与其他的信息加工模式以及积累的社会文化知识发生相互作用（Wise，2004）。

教育启示：好的教学能精心组织学习者的已有经验，使大脑各部分的功能都得以较好地运行。所以，教师要依据那些能够对组织学生已有经验具有指导作用的理论和方法来组织教学。可以提供视觉、听觉、触觉等多感觉通道的信息促进学生对新知识的理解，进行知情意相统一的教学。

（二）学习涉及人的整个生理机能

大脑不同部分的相互作用表明个体完整的生理机能的重要性。大脑是根据生理规律运行的生理器官。学习就跟我们日常的呼吸一样，但它是能够被抑制或促进的。神经元的生长和相互作用跟人的知觉和经验有很大关系（Diamond，1988；Gaser & Schlaugv，2003；Maguire，et al.，2003）。压力和威胁对大脑的影响也不同于平静、挑战、愉悦和满意（Lupien，et al.，2009；Ornstein & Sobel，1987）。事实上，大脑的实际发展线路也是受学校教育和生活经验影响的。

教育启示：一切影响我们生理机能的事情都会影响我们的学习能力。压力管理、营养、锻炼、放松，以及健康管理的其他方面，必然被全面并入到学习过程中。由于许多药物（包括处方药和消遣性药物）能够抑制人们的学习能力，所以应当慎重使用，或者在使用前详细了解其效用及可能副作用。习惯和信念也会在生理上产生根深蒂固的影响，因为一旦它们成为个性的一部分就会很难改变和消除。除此之外，学习的时间进程会受到身体和脑自然发展的影响，以及个体生理节律和自然界循环的影响。任意两个同龄的孩子在发展成熟的时间表上都可能会存在五年左右的时间差异。因此，期望同龄孩子在同一时间达到相同的水平或取得相同的成就，这种想法是不切实际的。

（三）学习是对意义的搜寻

对意义（意识到我们的经验）的探寻以及随之发生的作用于环境的行为都是自动化的。对意义的探寻对于人脑来说是最基本的能力，也是具有生物适应意义的生存导向行为。当人脑搜寻到新异刺激的时候，它同时也需要自动提取熟悉的信息（O'Keffe & Nadel，1978；Shanks，2010）。在清醒状态下，这种双重加工过程时刻在发生（在睡眠状态下，有时候也如此）。总之，人是意义的制造者，对意义的寻求不会停止。

教育启示：学习环境应当是稳定和熟悉的，因此，相对稳定的教室和日常例行的教学程序是有益的。同时，所提供的东西要能满足人们的好奇心，以及对新异事物、对发现和挑战的渴望。课程要尽量趣味横生和意义丰富，并且还能给学生提供多种选择。学习越接近生活，学习效果就越好。学习者总是在以这样或那样的方式，知觉或创造意义。我们虽然不能阻止，但是我们可以影响它的方向。

（四）情绪对学习有重要影响

我们并不是简单地学习一些东西。我们的学习受到多种因素影响，比如情绪，期望，个人偏见，自尊水平以及对社交的需要，等等。情绪和认知往往是不能分开的（Ornstein & Sobel，1987；Lakoff，1987；Mcguinness & Pribram，1980），情绪对记忆也有重要影响，因为它有助于信息的储存和提取（Rosenfield，1988；Maheu，Joober，Beaulieu & Lupien，2004）。此外，很多情绪是不可以随时开启或停止的。情绪就像天气一样有很多不同的水平，它们是持续不断地进行着的，而且情绪的影响可以持续到事情发生过后的很长时间。

教育启示：教师需要事先了解学生学习时的情绪情感和态度，并据此来安排随后的教学活动。由于认知不可能从情绪中分离出来，因此，学校和教室的情绪氛围必须受到持续的关注。总的说来，我们需要支持性的整体环境氛围，不管教室内外都需要相互尊重和接纳。

（五）学习需要整体与部分相结合

大脑对整体和部分的加工是同时进行的。关于大脑存在偏侧化优势的证据表明人类的左右脑半球存在着明显的不同（Springer & Deutsch，1985）。然而对于一个健康人来说，不论他在进行的是语言、数学、音乐、还是艺术活动，他的两个大脑半球之间总是协同作用和相互影响的（Levy，1985；Mason & Just，2004；Schmithorst，et al.，2006）。大脑两个半球的学说作为一个隐喻，它最大的价值就在于，可以帮助教育者认识到大脑可以分成两个部分，但它又是同时进行信息加工的。即一方面可以将信息分解成部分；另一方面又可以将信息知觉为一个整体或整体中的一部分来进行工作。

教育启示：在学习中，不论是忽略了部分还是整体，人们都会遇到巨大的困难。良好的教学必然会增进人的理解和技能，因为人的学习是不断累积和发展的。但是，部分和整体总是相互作用的。整体从部分中获得意义，部分也从整体中获得意义。因此，在语言教学中，词汇和语法只有被整合在真实的、完整的语言经验中时，它们才能够被很好地理解和掌握。同理，方程式和科学原理也应在真实生活的背景下才能获得意义。

（六）重视内隐学习的力量

学习既包括集中注意也包括外围感知。人脑能够接收那些直接意识到或正在注意的信息，也可以接收一些那些游离在注意之外的信息或信号。这些信息可能是由眼睛的余光扫到的，比如，教室里灰暗的、不太引人注意的墙壁。也可以是在注意之中但还没进入意识的一些"光"或微弱信号，比如，一个微笑的暗示或身体姿势的轻微变化。这意味着人脑是对教学中的整个感知情境作反应的（O'Keefe & Nadel，1978）。

"暗示教学法"的创立者，保加利亚的心理分析教育家洛扎诺夫（Georgi Lozanov）曾指出，教学中的每一个刺激都被编码、相互联系和被符号化（Lozanov，1978）。因此，每一个声音，从单词到警笛声；每一个可视信号，从黑色的屏幕到竖起的手指，都蕴含着丰富的意义。例如，一个简单的敲门声能吸引我们注意，并蕴含着多种潜在的意义，这极大地取决于学习者先前的知识经验和当时正在发生的事情。因此，外围的信息是能够被有目的的组织起来促进学习的。

学习涉及有意识加工和无意识加工。当我们在进行有意识学习的时候，其实大量无意识的加工也正在进行（Campbell，1989）。大多数外围感知的信息是在学生无意识状态下进入人脑的，并在无意识水平上发生相互作用。已经到达人脑的信息经过数日的延迟，它便会上升到意识水平，或者影响人们的动机和决策。因此，我们所拥有的经验，并非都是我们被告诉的事情。比如，一个学生可以学会唱歌不跑调，同时他也可能学会讨厌唱歌这件事。因此，在做教学设计的时候，我们要考虑如何才能让学生从无意识加工中获得最大受益。

教育启示：教师能够也应该组织一些在学习者集中注意以外的一些材料。除了受到传统关注的噪音、温度等之外，边缘刺激还包括一些可视的东西，比如，图表、插图、设计图、艺术品等。同时，这些艺术展示还应当经常更换，以反应学习重点的变化。音乐也可以成为一种促进学习的重要方式，即通过音乐帮助学生自然而然地获得信息。同时，来自教师身上的细微信号会对教学产生重要影响。我们内在心理状态可以通过皮肤的颜色、肌肉紧张程度、呼吸速率以及眼睛的运动表现出来。教师需要通过他们自己的热情、教学和示范来激发学生的学习兴趣和热情，在此，一些无意识的信号就显得非常重要。这就是我们所谓的"身教重于言教"。例如，我们需要发自内心地同情他人而不是虚假同情，因为我们内心的实际状态很容易被学习者识别和理解。实际上，一个学生生活的方方面面，包括社区、家庭和科技都能够影响到他的学习。创造一个良好的学习环境，对孩子的发展显得尤为重要。

（七）学习要善于利用空间记忆系统

我们拥有一种自然的空间记忆系统，它无须复述和任何即时记忆（Nadel & Wilmer 1980）。比如，记得昨天晚上我们晚饭吃了什么以及在哪里吃的这样的问题是不需要任何记忆术的。实际上，我们至少有一种记忆系统是专门用来记忆日常三维空间中的生活经历的。这是一个被人们长期使用并用之不竭的记忆系统。任何性别、国籍或种族背景的人都拥有这一记忆系统。这一记忆系统会随着时间的推移逐渐丰富起来，我们可以增加我们认为合理的项目、类别以及程序。这个记忆系统易受好奇心驱使，它也是驱动我们搜寻事物意义的系统之一。

对孤立的事实和技能的记忆在脑中的组织方式与空间记忆不同，它们是需要较多的练习或复述才能记住的。与空间记忆系统相对的是一套专门来储存零散孤立信息的记忆系统。比如，无意义音节就是其中最极端的例子。对于那些与先前的知识和实际经验相分离的信息和技能，则更多的需要依赖机械的记忆和重复。头脑中记忆的项目越多，我们在需要时能提取的项目就会越多，这会极大地提高我们的工作效率。但是，如果我们过分强调对这些孤立信息的死记硬背，则会犯顾此失彼的错误。即尽管我们记住了很多信息，但我们可能忘记了该怎么使用它们或在什么时候该使用的问题。因此，强调对无关信息的存储和记忆并不是对人脑的有效使用。

教育启示：教育者要适应各种不同记忆类型的教学。比如，乘法表、拼音表、单词表、抽象的概念或原理的学习等。不可否认，有时候记忆确实是重要的，也是有用的。但是，总的说来，如果教学仅仅致力于巩固人类的记忆，是不利于学习的迁移的，反倒有可能干扰随后对知识的理解。因此，教学是不能忽视学习者先前的知识经验的，否则不利于脑功能的正常发挥。

（八）情景教学有助于理解和记忆

当事实和技能纳入与生俱来的空间记忆系统时，我们的理解和记忆才会最好。我们的母语就是在包含有词汇和语法的多元交互经验中习得的。它是由先天的内在语言发展机制和社会互动的共同作用下形成的（Vygotsky，1978）。语言学习的这个例子很好地说明了一个特定事物的意义是如何从日常经验中获取的。如果我们能采用这种"嵌入式"教学方法，所有的教育都可能得到促进和发展。这就是以脑科学为基础的学习理论所共有的最为重要的因素。

教育启示：嵌入式的加工过程是十分复杂的，因为它取决于这里所讨论的所有其他的学习原则。情景记忆最容易通过经验性学习而引发。这种教学方法要求教师采用大量真实生活中的活动，包括在教室中演示、投影、实地考察、某些经验的视觉图像、表演和不同学科之间的交互作用等。词汇可以通过滑稽短剧习得，语法可以通过故事和写作来进行练习。数学、科学和历史可以整合到一起以便更多的信息能够被理解和吸收。教学的成功需要调动所有感官的参与，同时将学习者置身于一个复杂并存在多重相互作用的经验环境中。

（九）挑战能促进学习，威胁会抑制学习

当人脑感知到威胁的时候会抑制我们的学习，相反，在轻松的、富有挑战性的环境中会产生积极的学习（Hart，1983；De Kloet，et al.，1999）。知觉到威胁会使我们产生无助感，感知觉范围会变得更加狭窄。学习者会变得不够灵活，难以恢复到先前的自动化加工水平，并且常常会产生更多的退化性日常行为表现。认知灵活性降低导致的反应变慢，就像我们照相机的焦距调错了一样。海马作为大脑边缘系统的一部分，是脑中对压力最敏感的区域（Jacobs & Nadel，1985）。在感知到压力的情况下，我们的部分脑功能也不能最优地发挥其作用（De kloet，Joels & Holsboer，2005；Lupien，et al.，2009）。

教育的启示：教师和管理者应该营造一种放松的学习环境。这样的环境需要低威胁和高挑战的结合，并在课堂中持续存在。我们的教育内容应该处于适宜的难度当中，即不会让学生因为太简单而懈怠学习，也不会因为太难而放弃学习。学习的难度最好处于学生的最近发展区当中，具有一定的挑战性，保持学生对学习的兴趣，以及探究的欲望。

三 基于脑的学校教育在行动

教育乃国之大计，未来国家的竞争就是人才的竞争。因此，世界各国政府都非常重视教育的研究。自 20 世纪 90 年代以来，教育与认知神经科学相结合的研究已成为国际上备受关注的新兴研究领域。许多国家政府或机构组织都采取了一系列重要措施，大力支持脑与教育或学习科学的研究与应用。比如，1999 年经济合作与发展组织（OECD）启动了"学习科学与脑科学研究"项目，强调在教育研究者、教育决策者和脑科学研究者之间建立起紧密的合作关系，通过跨学科的整合来探究与学习有关的脑活动，从而更深入地理解个体的学习过程。欧盟启动"计算技能与脑发育"项目，研究计算能力的脑机制，并将研究成果运用于数学教育中。日本文部科学省启动"脑科学与教育"研究等。2004 年，"国际心智、脑与教育协会"（International Mind，Brain and Education Society，IMBES）成立，标志着科学界与教育界更加紧密的合作，共同探究人类的教育与学习问题。

在微观层面，大量的神经教育学研究成果如雨后春笋般涌现出来，很多研究成果已经在教育实践中应用，基于脑的学校教育正在展开。比如，在关于数学的研究中，研究者发现人脑中存在一条心理数字线（mental number line），即数字按照从小到大，从左到右被表征为一条直线（De-haene，et al.，1993）。它体现的是数字在人脑的中的空间表征方式，在儿童数感发展中具有重要意义。在实践中，有教师就通过教儿童运用数轴来帮助儿童理解数字。数轴模型为算术奠定了基础，明确地教儿童运用数轴，可以促进儿童对数量的理解并产生有效的迁移（Griffin & Case，1997）。在荷兰的数学教育中，采用空的数字线（the empty number line）来帮助小学生进行100以内的加减运算（Klein & Beishuizen，1998）。还有研究者开发了空间数字训练计划，通过身体运动的游戏活动来帮助幼儿建立心理数字表征（Fischer，et al.，2011），等等。这些都是非常有效的教育干预措施。

还有更多的教育神经科学研究体现在语言、科学等领域的教学实践中（Wolfe，2001/2005；Sousa，2010/2013）。目前，已在实践中得到广泛应用的浸入式语言教学法（Altweger，Edelsky & Flores，1987；Goodman，1986），主题教学法（Kovalik，1986），整合课程，紧贴生活的学习法等都是基于脑的教学的体现。总之，学习的本质是脑建立神经连接的过程。优秀的教师不仅仅是教学生学会考试，更要通过教学促进学生发展。

总之，基于脑的教与学的大门已经打开，尽管前行的道路上会遇到挫折和障碍，但一个全新的教育时代的到来是势不可当的。

参考文献

Altweger, B. , Edelsky, C. , Flores, B. (1987). Whole language: what's new? *The reading teacher*, 41,2: 144—154.

Campbell, I. (1989). *The improbable machine.* New York: Simon and Schuster.

De kloet, E. R. , Joels, M. & Holsboer, F. (2005). Stress and the brain: from adaptation to disease. *Nature reviews neuroscience*,6, 463—475.

De Kloet, E. R. et al. (1999). Stress and cognition: are corticosteroids good or bad guys? *Trends of Neuroscience.* 22 ,422—426.

Dehaene, S. , Bossini, S. & Giraux, P. (1993). The mental representation of parity and number magnitude. *Journal of Experimental Psychology: General*,122(3),371—396.

Diamond, M. (1988). *Enriching heredity: the impact of the environment on the anatomy of the brain.* New York: The free press.

Gaser, C. & Schlaugv, G. (2003). Brain Structures Differ between Musicians and Non-

Musicians. *The Journal of Neuroscience*,23(27),9240—9245.

Goodman,K. (1986). *What's whole in whole language?* Portsmouth,N. H. : Heinemann.

Griffin,S. & Case,R. (1997). Rethinking the primary school math curriculum. *Issues in Education: Contributions from Educational Psychology*,3(1),1—49.

Hart,L. (1983). *Human brain,human learning.* New York: Longman.

Jacobs,W. J. & Nadel,I. (1985). Stress-induced recovery of fears and phobias. *Psychological Review*,92(4):512—531.

Kovalik,S. (1986). *Teachers make the difference—with integrated thematic instruction.* Oak Creek,Ariz. : Susan Kovalik and Associates.

Lakoff,G. (1987). *Women,fire and dangerous things.* Chicago: University of Chicago Press.

Levy,B. (1985). Right brain,left brain: fact and fiction. *Psychology today*,19:38.

Lupien,S. J. ,McEwen,B. S. ,Gunnar,M. R. ,et al. (2009). Effects of stress throughout the lifespan on the brain,behaviour and cognition. *Nature reviews neuroscience*,10,434—445.

Maheu,F. S. ,Joober,R. ,Beaulieu,S. & Lupien,S. J. (2004). Differential effects of adrenergic and corticosteroid hormonal systems on human short-and long-term declarative memory for emotionally arousing material. Behavioral neuroscience,118(2): 420—428.

Maguire,E. A. ,Spiers,H. J. ,Good,C. D. ,Hartley,T. ,Frackowiak,R. S. & Burgess,N. (2003). Navigation expertise and the human hippocampus: a structural brain imaging analysis. *Hippocampus*,13(2),250—259.

Mason,R. A. & Just,M. A. (2004). How the brain processes causal inferences in text: A theoretical account of generation an integration component processes utilizing both cerebral hemipheres. *Psychological Science*,15(1), 1—7.

McGuinness,D. & Pribram,K. (1980). *The neuropsychology of attention: emotional and motivational controls.* In the brain and psychology,edited by M. D. Wittrock,New York: Acacemic Press.

Nadel,L. & Wilmer,J. (1980). Context and conditioning: a place for space. *Physiological psychology*,8:218—228.

Nummela,R. & Rosengren,T. (1986). What's happening in students' brain may redefine teaching. *Educational leadership*,43,8:49—53.

Ornstein,R. & Sobel,D. (1987). *The healing brain: breakthrough discoveries about how the brain keeps us healthy.* New York: Simon and Schuster.

Posner,M. I. & Rothbart,M. K. (2005). Influencing brain networks: implications for education. *Trends in cognitive sciences*,9(3),99—103.

Rosenfield,I. (1988). *The invention of memory.* New York: Basic Books.

Schmithorst, V. J. , Holland, S. K & Plante, E. (2006). Cognitive modules utilized for narrative comprehension in children: A functional magnetic resonance imaging study. *NeuroImage*, 29(1), 254—266.

Shanks, D. V. (2010). Learning: from association to cognition. *Annual review of psychology*, 61, 273—301.

Smith, F. (1986). *Insult to intelligence: the bureaucratic invasion of our classroom.* Heinemann Educational Publishers.

Sousa, D. A. (Eds.):《心智、脑与教育:教育神经科学对课堂教学的启示 》,周加仙译. 华东师范大学出版社 2013 年版。

Springer, S & Deutsch, G. (1985). *Left brain, right brain.* 2ⁿᵈ ed. New York: W. H. Freeman.

Vygotsky, L. S. (1978). *Mind in society.* Cambridge: Harvard University Press.

Wise, R. (2004). Dopamine, learning and motivation. *Nature Reviews Neuroscience*, 5, 483—494.

Wolfe, P.:《脑的功能——将研究结果应用于课堂实践》,董奇等译. 中国轻工业出版社 2005 年版。